多媒体课件开发实例教程系列丛书

FLASH 多媒体课件开发实例教程

吴锐　何源　编著

中国建筑工业出版社

本书是作者结合长期的多媒体开发应用的实践经验编写而成的。全书以精彩翔实的案例，全面而有序地展示了多种不同开发软件的应用步骤。在编排上既吸取众多教程和教材类的优点，又具有自身独特的风格。本书包括6章，分别是多媒体技术概述、开发方案与制作脚本、交互界面图形设计、交互内容动画制作、音频制作与控制、多媒体课件打包与发包。附赠光盘包括“琉璃瓦多媒体课件”的案例演示工程文件和全部素材、课件界面截图、2个附件和2个附录。

本书最大的特色是采用实例带动理论教学的编写模式，以获得全国多媒体课件大赛一等奖和最佳艺术效果奖的《建筑装饰材料——琉璃瓦》多媒体课件完整的开发过程贯穿全书。在编写的过程中，注重降低理论难度，增强实践环节的应用技巧。适合作为普通高校本专科、成人教育多媒体开发应用课程的教材，也可作为提高教师制作精品课件水平的培训教材，还可供多媒体开发应用技术人员自学和参考使用。

前言

随着多媒体信息技术的迅猛发展，这种能将文本、图形、图像、动画和声音等信息结合在一起，通过计算机进行综合处理和控制，完成一系列交互式操作的信息技术，已被广泛应用于商业广告、家庭娱乐、职业培训、工业生产、军事指挥、教育教学等多个领域。

本教材的编写以多媒体信息技术的发展作为大背景，以国家教育领域中精品课程建设的展开和不断深入作为基础。精品课程的核心内容就是多媒体课件的开发，而课件开发能够体现多媒体信息技术应用的优势。本教材以获得全国多媒体课件大赛一等奖和最佳艺术效果奖的作品——《建筑装饰材料——琉璃瓦》作为素材，详尽、通俗易懂地介绍课件的开发思路和开发步骤。其目的有三：第一，帮助、培训专业教师，按书中步骤学习制作精品课件的方法，可举一反三地用于自己的教学工作、参赛或课件制作；第二，帮助多媒体信息开发类公司的相关从业人员、多媒体信息技术爱好者在很短的时间内掌握一门实用技术，将多种软件综合应用，完成一件完整的好作品。第三，本教材可供培训机构培训学员所用，而且本教材所附光盘中有完整的教程案例和练习制作所需的全部素材图片，可供学习者使用。

本教材的特色是采用实例带动理论教学的写作模式，在编写的过程中，注重降低理论难度，增强实践环节的应用技巧，且案例为大赛获奖精品，具有典型性，非常适合计算机专业、艺术类专业综合实训课程。

本教材由吴锐和何源共同编写制作，是作者结合长期多媒体开发应用的实践经验编写而成的。由于作者水平有限，书中难免存在不妥之处，敬请读者批评指正，以期进一步修订和完善。

目 录

1

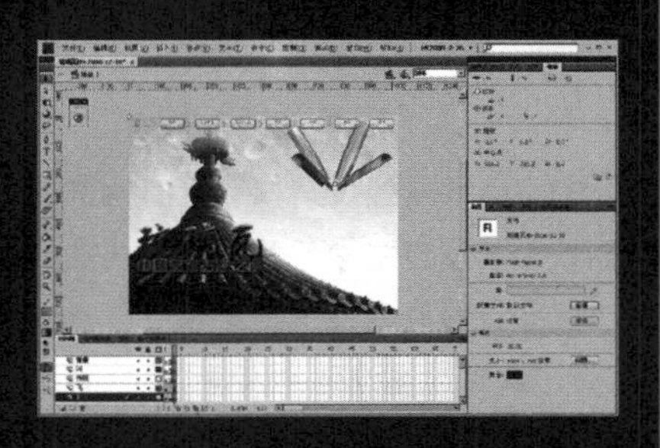

多媒体技术概述

- 1.1 多媒体技术简介
- 1.2 多媒体开发软件
- 1.3 多媒体开发硬件设备
- 1.4 本章小结

1 多媒体技术概述

1.1 多媒体技术简介

多媒体课件是先进的信息化教学手段。任何类型的网络课程建设其核心价值就是课件，尤其是高品质的多媒体课件。多媒体课件是辅助教学以及自主学习最有效的认知方式。要想开发出优秀的多媒体课件，就必须了解和掌握多媒体开发技术。多媒体课件的开发需要综合多媒体技术来实现，单一的课件表现形式不能体现多媒体的内含。

● 1.1.1 多媒体技术的概念

多媒体(Multimedia)一词是由multi和media两个英文单词组成的，即多种媒体的综合。多媒体技术就是利用计算机技术对文本(Text)、图形(Graphics)、图像(Images)、动画(Animation)和声音(Sound)等形式的信息进行综合处理，并能支持人机交互功能的信息技术。多媒体技术具有集成性、控制性、非线性、交互性和实时性等特点。

● 1.1.2 多媒体技术发展历程

多媒体技术已经广泛应用于科研教学、军事训练、宣传广告、生产管理以及生活娱乐等领域。科学技术的进步和社会的需求促进了多媒体技术的发展，在信息化社会里，多媒体技术已经发展成为一门综合的技术。

1965年，美国人泰德·纳尔逊（Ted Nelson）在计算机协会（ACM）年会上，首次提出了Hypertext（超文本）概念，随后引发了WWW、HTML、XML、XHTML和Wiki等网络技术的飞速发展，造就了全新概念的多媒体Internet（互联网）世界。

1968年，尼古拉斯·尼葛洛庞帝（Nicholas Negroponte）在美国麻省理工学院（MIT）创办了体系结构机器组（Architecture Machine Group）。这是针对新媒体进行钻研的前瞻计算机科学实验室，主要用以学习研究新的人机互动接口方式。

1976年，美国麻省理工学院体系结构机器组向美国国防部高等研究计划局，提出多种媒体（Multiple Media）的建议。

1984年，美国Apple公司推出革命性的Mac（Macintosh）计算机，首次将图形用户界面广泛应用到个人电脑之上。

1985年，美国的IEEE（国际电子电气工程学会）计算机杂志首次出版了完备的“多媒体通信”的专集，是文献中可以找到的“多媒体”一词的最早的出处。同年，美国Commodore公司也推出了世界上第一台多媒体计算机——Amiga系统。

1986年荷兰Philips公司和日本Sony公司联合研制并推出交互式紧凑光盘系统（CD-I，Compact Disc Interactive），同时公布了该系统所采用的CD-ROM光盘的数据格式，并经过国际标准化组织（ISO）的认可成为国际标准。

1987年，美国无线电公司RCA研究中心在国际第二届CD-ROM年会上，发布了交互式数字视频（DVI——Digital Video Interactive）系统技术的研究成果。

1989年，英国人蒂姆·伯纳斯（Tim Berners-Lee）向核研究欧洲委员会（CERN，European Council for Nuclear Research）建议建立万维网（WWW，Word Wide Web）。

1990年，K. Hooper Woolsey建立苹果公司多媒体实验室（Apple Multimedia Lab）。

1991年，交互式多媒体计算机协会（IMA，Interactive Multimedia Association）成立。

1995年，多媒体个人计算机市场协会（MPMC，The Multimedia PC Marketing Council）发布了多媒体个人机的性能标准MPC 3.0。

多媒体技术的广泛应用促进了多媒体教室、电子图书室、计算机模拟实验室的普及发展。可以预见，未来的多媒体技术发展趋势将是把计算机技术、通信技术和网络技术融合在一起，建立一个更广泛意义上的多媒体平台，实现更深层次的技术支持和应用。在科研设计、远程教育、远程医疗、信息检索、文化娱乐、智能家电等领域，多媒体技术会得到更蓬勃的发展。

1.1.3 多媒体系统的构成

多媒体系统主要是由多媒体软件系统和多媒体硬件系统所构成的，依据使用目的的不同，基本分为多媒体演示系统和多媒体开发系统。

多媒体软件系统包含驱动软件、信息发布演示应用软件以及信息内容开发制作软件。

多媒体硬件系统包含有高性能的计算机平台、音频与视频专业处理芯片和显卡以及输入与输出设备和存储驱动器等。专业的多媒体开发，使用的都是高性能的工作站级计算机，普通的计算机配上光驱、声卡、音箱等，也可以作为多媒体信息开发和演示平台，如果再配套相关的显示设备，可以实现用户在不同的场合对交互多媒体信息的需求。

1.1.4 多媒体图形图像格式

在多媒体课件开发中，图形图像是最常用的表现形式，如何正确合理地使用它们，关系到课件制作的成败。我们常见的图形图像文件分为两大类——位图文件和矢量文件。位图也被称为点阵图像，当放大位图到一定比例时，就可以看见图像是由无数个小方块所构成的，这是因为位图是由像素的单个点组成的，并且这些点可以进行不同的排列和染色以构成图样。而矢量图形是由基于数学方程的几何图元组成的，特点是存储文件小，图形大小可以无级缩放。

在多媒体应用中，矢量图形构成的动画，一般在以小尺寸窗口播放时电脑运行效率较高，所以它在Web（全球信息网）网页上比较常见。但在高分辨率的动画播放中，位图图像更加真实和高效，所以影视动画中的视频图像基本上都是位图文件。下面介绍一些在多媒体课件制作中常见的图形图像文件格式。

BMP（Bit Map Picture）：微软公司制定的图像格式标准，在Windows操作系统环境下兼容性最好，也是最常用的位图格式。

JPEG（Joint Photographic Expert Group）：是一个高效的有损文件压缩格式，最高可达到24位真彩色。由国际标准化组织 (ISO)和国际电报电话咨询委员会 (CCITT)共同制定，并在1992年后被广泛采纳，成为国际标准。

GIF（Graphics Interchange Format）：在互联网上最常用的动画文件压缩格式。缺点是存储色彩最高只能达到256种。

PNG (Portable Network Graphic Format)：采用无损数据压缩算法，可存储16位灰度图像、48位彩色图像以及16位的Alpha通道数据。开发之初是想替代GIF和TIFF文件格式，所以增加一些GIF文件格式所不具备的特性。

PSD（Photoshop Standard）：是图像设计软件Photoshop的专用格式，PSD文件可以存储成RGB或CMYK模式，包括图像编辑的层、通道和路径等信息。

TGA（Tagged Graphic）：是由美国True Vision公司为其显示卡开发的一种图像文件格式，最高色彩数可达32位，其中包含8位Alpha通道。支持行程编码压缩，已被国际上的图形、图像工业所接受。

TIFF（Tagged Image File Format）：文档图像和文档管理系统中的标准格式。支持多页存储，有压缩和非压缩两种格式，最高支持16M色彩数，适合存储数字艺术图像。

IFF（Image File Format）：主要用于AMIGA等大型超级图形处理平台，美国的好莱坞特技大片制作中多采用这种文件格式。

EPS（Encapsulated PostScript）：跨平台打印输出专用的文件格式，可用于像素图像、文本以及矢量图形的编码。主要用于矢量图像和光栅图像的存储打印，是行业标准格式。

DIF（Drawing Interchange Former）：AutoCAD中的图形文件，它以ASCII方式存储图形，能精确表现图形元素，可以被CorelDraw，3DS Max等大型软件调用编辑。

PCD (Kodak Photo CD)：由Kodak公司开发，主要用于存储只读光盘上的彩色扫描图像，是一种高质量的Photo CD文件格式。

CDR（CorelDraw）：属于CorelDraw软件专用文件存储格式。

● 1.1.5　多媒体音频文件格式

音频也是多媒体最重要的构成文件，数字音频一般包括声音文件、MIDI文件和模块文件。声音文件是指通过声音录入设备录制的原始声音，直接记录了真实声音的二进制采样数据，可以通过音频专业软件进行一些处理。而MIDI文件则是一种音乐演奏指令序列，相当于乐谱，可以利用声音输出设备或与计算机相连的电子乐器进行演奏，由于不包含声音数据，所以文件较小。模块文件同时具有声音文件和MIDI文件的特性，既包括了如何演奏乐器的指令，又包括了数字声音信号的采样数据，因此其声音回放质量对音频硬件的依赖性较小，在不同的机器上可以获得基本相似的声音回放质量。模块文件根据不同的编码方法有MOD、S3M、XM、MTM、FAR、KAR、IT等多种不同格式。下面介绍一些音频文件格式。

WAV：是由微软和IBM联合开发的用于音频数字无损存储的标准。符合 RIFF(Resource Interchange File Format)规范，被Windows平台及其应用程序所广泛支持，但是在32位的WAV文件中有2GB的数字存储限制。

WMA (Windows Media Audio)：由微软公司推出的压缩格式。在128kbps以下码流中，

WMA听感效果要好于MP3格式。

MP2（MPEG-1 Audio Layer 2）：是MPEG音频文件的一种有损压缩格式。MPEG音频根据压缩质量和编码复杂程度的不同分为三层(MPEG Audio Layer 1/2/3)，分别简称MP1、MP2和MP3。层次越高压缩性能越好。MP2均衡了性能和复杂度，它能在192～256kbps的速率下实现CD级的音质。

MP3（MPEG-1 Audio Layer 3）：Web上最流行的数字音频编码和有损压缩格式，由Fraunhofer-Gesellschaft研究组织工程师1991年发明和标准化。其采样率为16～48kHz，编码速率为8k～1.5Mbps，也是Flash CS4软件支持的音频格式。

MP4（MPEG-2 AAC）：MP3音频格式的加强型，支持数字音乐作品版权保护功能。

MIDI (Musical Instrument Digital Interface)：即乐器数字化接口。MIDI是一个通信标准，它传输的不是声音信号，而是音符、控制参数等指令。传输时采用异步串行通信，标准通信波特率为31.25×(1±0.01) kBaud。

MOD（Module）：由一组乐器的声音采样、曲谱和时序信息组成，告诉一个MOD播放器何时以何种音高去演奏某条音轨的某个样本和效果，多在游戏程序中使用。

RA（Real Audio）：由RealNetworks公司所开发的一种流式音频压缩格式，主要特点是压缩比和容错性好，在低速网络上比较实用。

APE（Monkey'sAudio）：Monkey's Audio提供的一种开源代码无损压缩格式，而且效率高、速度快。

AIFF(Audio Interchange File Format)：Apple计算机的音频文件格式。AIFF支持ACE2、ACE8、MAC3和MAC6压缩，支持16位44.1kHz立体声。

AC-3（Dolby Digital AC-3）：杜比公司开发的新一代家庭影院多声道数字音频系统。杜比数字AC-3提供的环绕声系统，由五个全频域声道加一个超低音声道组成，所以被称做5.1个声道，它也是美国高清晰电视（HDTV）音频系统采用的技术。

AAC（Advanced Audio Coding）：高级音频编码，兼容多种语言，有很高的译码效率，有多种取样率和比特率，支持48个音轨，在高比特率下音质仅次于MPC。

MPC（MusePack）：由Andree Buschmann开发的一种完全免费的高品质音频格式。低比特率下表现一般，不及MP3Pro编码的MP3和OGG，高比特率下音质最好。

OGG（OGG Vobis）：低比特率下音质最好，支持多声道，编码速度稍慢。

CDA（CD Audio）：CD音乐光盘采用的格式，音频以波形流为记录方式，质量很好。

DTS（Digital Theatre System）：即数字化影院系统。是一种用于电影和音乐的高质量多音轨环绕声技术。DTS采用声音的相关性高效的压缩数据，24-bit采样率下能达到192kHz。

PCM（Pulse Code Modulation）：即脉码调制数字音频格式。支持立体声和5.1环绕声，Audio CD就是采用了PCM编码的。PCM有E1和T1两个标准，T1的速率是1.544Mbit/s，E1的速率是2.048Mbit/s。我国采用的是欧洲的E1标准。

FLAC（Free Lossless Audio Codec）：一种非常成熟的开源代码的无损压缩格式，几乎兼容所有的操作系统平台。

ASND（Adobe Sound Document）：这是Soundbooth™ 软件专用的音频文件格式。

● 1.1.6 多媒体视频文件格式

在各种类型的多媒体课件制作中，视频也是最有效的表现形式之一。能否合理地应用不同的视频标准格式，事关多媒体课件的制作成败。下面介绍一些常见的视频文件格式。

MPEG (Moving Picture Experts Group)：由国际标准组织（ISO）和国际电信联盟（ITU）共同制定的多媒体数据封装工业标准。主要包含以下五个标准：MPEG-1、MPEG-2、MPEG-4、MPEG-7及MPEG-21。MPEG在提供高压缩比的同时，对数据的损失较小，而且具有很好的兼容性。

MPEG-1标准于1992年发布，对于NTSC制为352×240、PAL制为352×288的视频图像进行压缩，传输速率约为1.5Mbits/s，相当于VHS级别质量。

MPEG-2标准于1994年发布，对于NTSC制为720×480、PAL制为720×576的视频图像压缩编码。具有3～10Mbits/s传输率，能够提供CD级的音质。

MPEG-4标准于1998 年发布，利用很窄的带宽，通过帧重建技术、数据压缩，以求用最少的数据获得最佳的图像质量。广泛应用于视频电话、视频邮件和视频新闻等领域。

MPEG-7(Multimedia Content Description Interface)：多媒体内容描述接口，并不针对某个具体的应用。而是其他MPEG标准的补充，因为MPEG-1、 MPEG-2和MPEG-4是内容本身的表示，而MPEG-7是有关内容的信息。

MPEG2-TS（Transport Stream）： MPEG-2视频流编解码格式，应用于实时传送的节目。

MOV：Apple公司开发的QuickTime影片文件格式。是Web常用的视频流格式。

MKV（Matroska）：不是什么压缩格式，是一种新型的多媒体封装格式，它可将多种不同编码的视频、16条以上不同格式的音频以及不同语言的字幕流全都封装到一个Matroska Media文件中。需安装解码分离器插件，任何基于DirectShow的播放器都可以播放。

ASF（Advanced Streaming Format）：微软公司推出的MPEG-4压缩算法的流媒体格式。

WMV（Windows Media Video）：微软公司开发的一组数字视频编解码格式的通称。ASF是其封装格式，具有数字版权保护功能。

SWF（Shock Wave Flash）：Flash软件专用的交互视频动画格式，支持矢量图形和位图图形，采用流媒体播放技术，可以一边下载一边播放。

RM（Real Media）：Real Networks公司real8.0播放器格式，采用的是固定码率编码。可根据不同的网络传输速率制定出不同的压缩比率，从而实现在低速率的网络上进行影像数据实时传送和播放。

RMVB：是RM的升级格式。VB即VBR（Variable Bit Rate），可改变它的比特率。

FLV（Flash Video）：一种全新的流媒体视频格式，一般形成的文件小、网络加载速度快，已经成为当前互联网上主流的视频文件格式。

DIVX：由Div X Networks公司推出的基于MPEG-4标准的多媒体压缩技术，DIV X影片的音频由MP3来压缩、视频由MPEG-4技术来压缩，最后再将两部分进行合成制作。播放这种编码的视频，对机器的要求不是很高，适合网络传播。

H.264：一种高性能的视频编解码技术。最大的优势是具有很高的数据压缩比率，在同等图像质量的条件下，H.264的压缩比是MPEG-2的2倍以上，是MPEG-4的1.5～2倍。H.264在具有高压缩比的同时还拥有高质量流畅的图像。

目前，国际上制定视频编解码技术的组织有两个；一个是国际电信联盟（ITU），它制定的标准有H.261、H.263、H.263+等；另一个是国际标准化组织（ISO），它制定的标准有MPEG-1、MPEG-2、MPEG-4等。而H.264则是由两个组织联合组建的联合视频组（JVT）共同制定的新数字视频编码标准，所以它既是ITU-T的H.264，又是ISO/IEC的MPEG-4高级视频编码（AVC__ Advanced Video Coding），而且它将成为MPEG-4标准的第10部分。因此，不论是MPEG-4 AVC、MPEG-4 Part 10，还是ISO/IEC 14496-10，都是指H.264。

X264：是一种免费的，采用H.264标准的视频压缩编码格式。其解码时对硬件要求高。

VP6：On2 Technologies公司开发的编码器，在同等的码率下，视频压缩质量要好于Media 9、Real 9和H.264。VP6视频编码器目前被中国的EVD所采用，也是很多大型游戏过场动画视频压缩格式。

HDV：一种使用在数码摄像机上的高清视频标准。符合这一标准的数码摄像机能以720P或1080 i规格进行拍摄。HDV采用的是MPEG-2技术编解码器。

HDTV (High Definition Television)：高清数字影视片主要有MPEG2-TS、WMA-HD、H.264、XVID、DIVX、MKV等编码格式。HDTV分别有三种显示格式：720P（1280×720）场频为24、30或60；1080 i（1920×1080）场频为60；1080P（1920×1080）场频为24或30。它们之间播放画面大小的比例关系如图1-1-1所示。

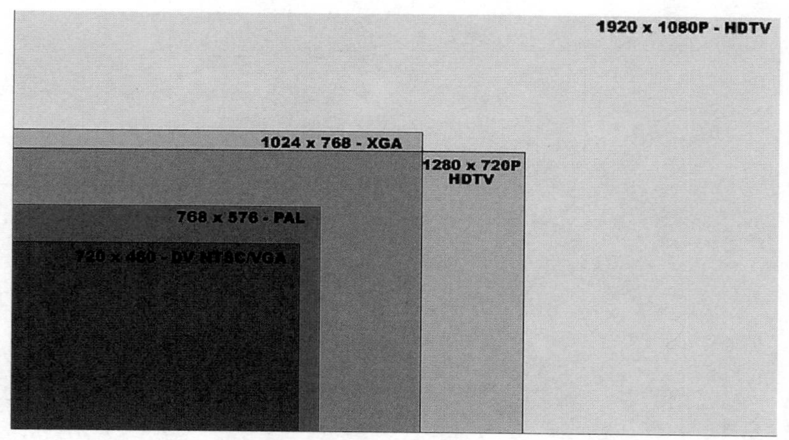

图1—1—1　视频画面大小的比例图

● 1.1.7　AVI视频格式压缩编译码器

AVI（Audio Video Interleaved）：是一种将音频和视频同步组合在一起的文件格式，是由微软公司于1992年推出的，在Windows平台上最常用。AVI本身也是一种多媒体封装格式，这一点与MKV格式类似，只是MKV更加先进些。MKV能够支持很多最新的编解码器功能，AVI不支持。例如，微软公司研发的高清编码格式VC1是封装在WMV里面的。AVI是兼容性比较好的多媒体封装格式，下面介绍一些常见的AVI格式封装的编译码器。

Cinepak Codec by Radius：在高数据压缩率下，有很高的播放速度。利用这种压缩方案可以取得较高的压缩比和较快的回放速度，但是它的压缩时间相对较长。

Microsoft Video1：主要用于对模拟视频的压缩，仅有256色，是一种有损的压缩方案。

Microsoft RLE：一种8位的编码方式，只能支持到256色。适合压缩具有大面积色块的图像素材，是一种无损的压缩方案。

Microsoft H.261和H.263 Video Codec：一般用于视频会议的编译码器，其中H.261适用于ISDN、DDN线路传播，H.263适用于局域网传播。

Intel Indeo Video R3.2：由Intel架构实验室开发，适用于Windows平台。它的压缩率比Cinepak大，不适合表现细线条或大色彩值变化的视频画面。

Intel Indeo Video 5.10：压缩质量比Cinepak和R3.2要好，可以适应不同带宽的网络，但系统中必须要有相应的解码插件才能播放。

Intel IYUV Codec：可以将普通的RGB色彩模式转变为YUV色彩模式。图像的压缩质量好，但是生成的文件比较大。

Microsoft MPEG-4 Video Codec：有1.0、2.0、3.0三种版本，基于MPEG-4的技术。其中的3.0版本不能用于AVI的编码，只能用于生成支持视频流技术的ASF文件。

PIC Video：专门为要求高速度、低损失、压缩和解压缩方案设计的一款高质量的编译码器，系统需要安装解码插件才能播放。PICVideo有以下三种不同的编码方式。

PIC Video Lossless JPEG Codec：适合高速度、低损失视频编码；

PIC Video M-JPEG Codec v3：适合最快JPEG动画视频编码；

PIC Video Wavelet2000 Codec：适合低带宽流格式视频编码。

1.2 多媒体开发软件

如果多媒体课件是以个人或小团队的形式开发的，而且没有雄厚的资金支持，并且开发使用的都是普通家用型计算机，那么，合理选择软件的组合是成功的关键。要想开发出高质量的、精彩的多媒体课件，用一个软件来完成所有的多媒体开发工作是不行的。因此，软件的性能、操控难度以及协同工作的效率，是组合选择的重要因素。下面简单介绍一组多媒体课件开发软件。

1.2.1 Flash CS4

在交互多媒体制作领域，自从Flash MX版本问世后，Director软件的地位就被逐渐取代了。这主要是因为多媒体信息的传播形式发生了根本改变，由光盘载体转向网络平台。

2009年，Adobe公司发布了功能更加强大的Flash CS4，它代表着多媒体信息制作的最新理念。全新的软件界面设计，显得更加专业合理，最值得肯定的是把菜单栏和窗口栏合并在一起，如图1-2-1所示。还增加了基于对象的动画编辑功能，使用贝赛尔手柄就能更改运动路径。其中Adobe Media Encoder新增了H.264高清编码的支持。

图1—2—1　Adobe Flash CS4 Professional软件主界面

1.2.2 Photoshop CS4

Photoshop软件是Adobe公司最负盛名的产品，最新的CS4版本功能更加强大。新的接口功能能简化工作流程，提高创造力，其中的旋转画布、笔刷尺寸窗口预览功能很实用。如图1-2-2所示。

图1—2—2 Adobe Photoshop CS4软件主界面

● 1.2.3 Fireworks 8.0

Fireworks是Macromedia(2005年被Adobe公司以34亿美元的天价收购)公司开发的一款专为网络图形设计的图形编辑软件，可以创建和编辑矢量图像与位图图像。

图1—2—3 Adobe Fireworks 8.0软件主界面

在本教案中未采用最新的CS4版本。原因是，在实际项目制作中，常需要同时打开三个以上的不同制作软件协调工作，况且使用的是普通家用计算机，这就必须考虑计算机运行效率的问题。Fireworks 8.0对工作计算机的要求不高、运行稳定、资源占用率低，在本教案中被选用，负责处理PNG图形文件。如图1-2-3所示。

● 1.2.4 Vegas Pro 8.0

Sony Vegas是PC平台比较专业的影像编辑软件，原先由Sonic Foundry公司开发。在2003年7月，Sony集团下属软件公司Sony Pictures Digital并购了Vegas开发部门。

目前，国内影像后期编辑专业领域的中端市场上，比较有影响的软件有EDIUS、Vegas和Premiere。相对高端的主要有Avid Media Composer、Apple Final Cut Pro 、Autodesk Smoke、Fire等。其中，EDIUS与Premiere都是基于专业视频编辑硬件卡使用环境设计开发的。如果我们的工作计算机里，没有专业的非线性视频编辑硬件卡，仅就软件本身的性能而言，Vegas要好用一些。只要工作计算机主机配有1394接口，Vegas可以采集任意尺寸的视频，并能够将剪辑、特效、合成、渲染等工作流程一气呵成。如图1-2-4所示。

图1—2—4　Sony Vegas Pro 8.0软件主界面

● 1.2.5　Nuendo 3.0

Nuendo是德国STEINBERG公司开发的数字音乐创作系统，它最大的优点是不需要昂贵的音频硬件设备支持，能够高效地组建非常强大的音频工作站，是VST(Virtual Studio Technology)插件最好的平台。Nuendo发展到3.0版本时，已经是PC平台上先进的影视音频创作系统，Nuendo运行效率取决于工作计算机的CPU、内存和硬盘的综合性能。如图1-2-5所示。

图1—2—5　Steinberg Nuendo 3.0软件主界面

● 1.2.6　Combustion 2008

Combustion具有专业的工作界面、高效的工作流程，是PC平台上优秀的特效合成系统。原先是由Paint和Effect合并而成的，并汲取了Discreet获奖系统Inferno的制作特性和先进的缓存体系结构。Combustion系统包含矢量绘画、粒子、视频效果处理、轨迹动画以及3D效果合成等工具模块，可以与3D Studio Max软件集成。如图1-2-6所示。

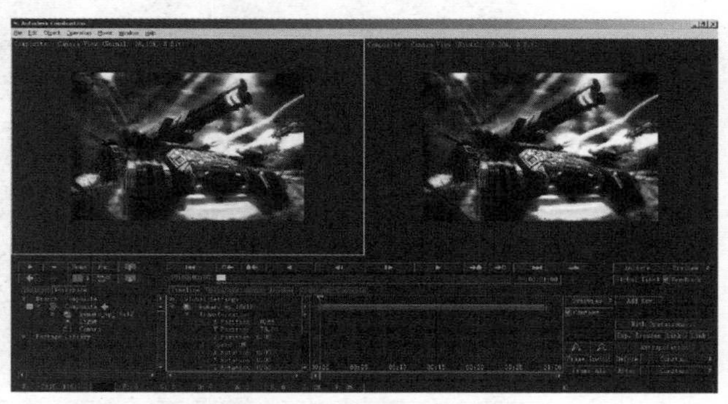

图1—2—6　Autodesk Combustion 2008软件主界面

● 1.2.7　3DS Max 8.0

3D Studio Max是基于PC系统的三维动画渲染和制作软件。在可视化艺术领域中，3D Studio Max让许多人在家用级计算机上实现了自己的CG艺术梦想。如图1-2-7所示。

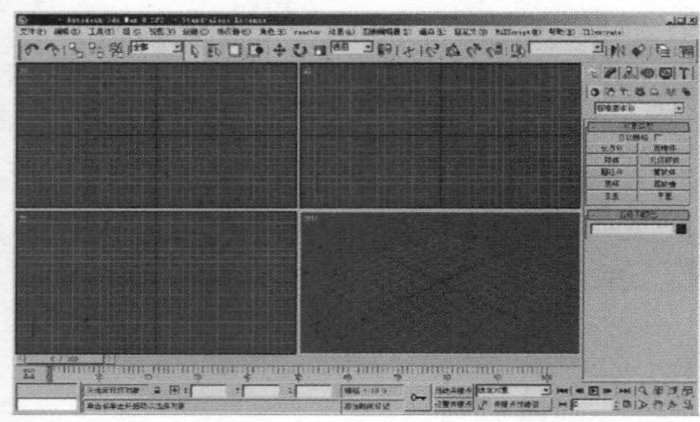
图1—2—7 Autodesk 3D Studio Max 8.0软件主界面

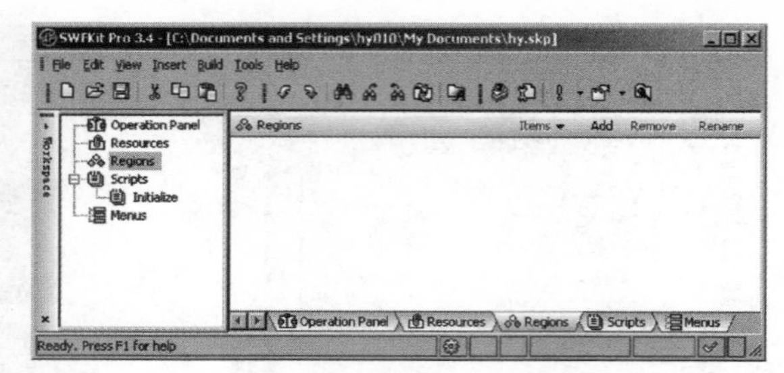
图1—2—8 SWFKit Pro3.4软件主界面

● 1.2.8 SWFKit Pro 3.4

SWFKit是Flash项目打包工具，功能强大，在国内比较流行。它不仅能创建 Flash播放程序以及屏幕保护程序，而且还能建立标准的安装程序，是多媒体课件实用的打包工具。SWFKit Pro 3.4版本能够支持Flash Player V9.0播放器。如图1-2-8所示。

● 1.2.9 ACDSee 32 v2.3

ACDSee是非常流行的看图工具之一，它有着非常快速的图形浏览速度，支持的图形格式也很丰富。在很多类型的多媒体课件制作中，看图工具往往是使用频率最高的辅助软件，因此要求它具备小巧、快速和稳定的特点。ACDSee 32 v2.3版本比较符合这个要求。如图1-2-9所示。

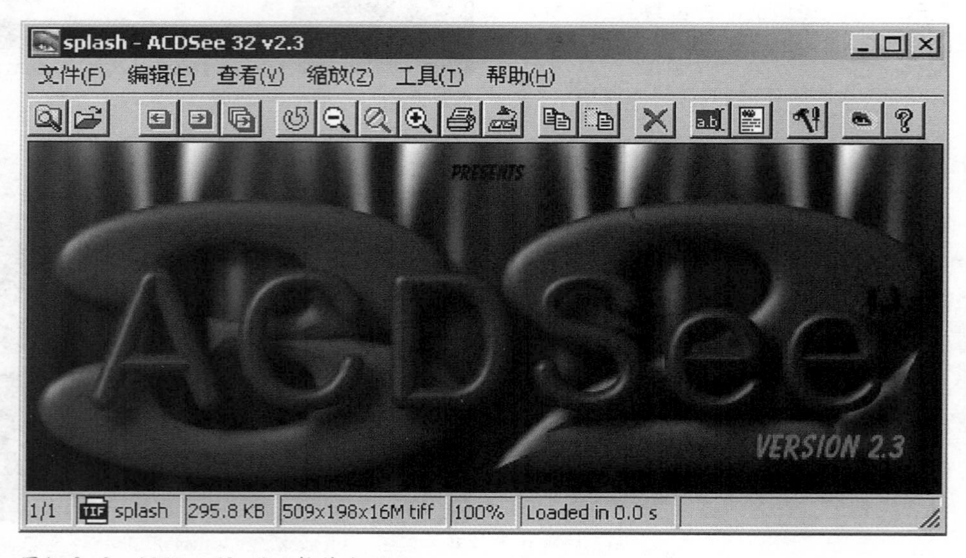

图1—2—9 ACDSee 32 v2.3软件主界面

1.3 多媒体开发硬件设备

多媒体课件是复杂的多媒体应用系统，如果你没有积累一定的软硬件操控经验，就很难设计出合理的开发方案，在项目的制作中，也会出现意想不到的困境。高水准综合性开发项目，不仅需要多种软件协同合作，而且还需要多种硬件设备支持，这就是其开发技术的复杂性、高难度的原因所在。下面简要介绍一些相关多媒体开发硬件设备。

● 1.3.1 计算机平台

计算机也称电脑，是整个多媒体信息开发系统的核心平台。我们首先要了解多媒体制作对工作电脑的性能要求，才能合理地选购，并保证开发工作能够顺利进行。

目前针对PC系统而言，如果从事高端多媒体开发工作，其理想的工作平台是64位操作系统+64位CPU+64位应用软件。原则上，CPU越快越好，因为动画的渲染速度主要取决于CPU的性能；其次是内存越快越大越好；而专业的显示卡更能发挥3D场景制作效率；音频与视频的合成剪辑工作，需要经常读写海量的数据，那么高速的硬盘系统是首选；当然，给主机配置高品质有足够功率的电源系统，才能保证整个系统安全、高效、稳定地运行。

1. 家用品牌电脑

因为市场化竞争的需要，这类计算机产品的共同特点是追求性价比，主要体现在其内部硬件配置设计上。一般而言，所配置的CPU、显示器不会太差，但是其内存、显卡、电源和主板就比较弱一点。如图1-3-1所示。

因为多媒体制作对计算机中的CPU、内存、显卡、电源、硬盘的性能要求基本上是同等重要的，并且由于普通家用品牌机不便于升级，所以不太适应专业的多媒体制作要求。

图1－3－1　家用品牌电脑

2.专业图形工作站

图形工作站有PC系统、Apple系统以及SGI系统等，它们都是多媒体专业制作比较理想的工作平台。但选购时要注意鉴别不同厂家产品的设计定位，由于它们的价格一般都比较昂贵，所以适合那些拥有雄厚资金的开发团队或制作者。 如图1-3-2所示。

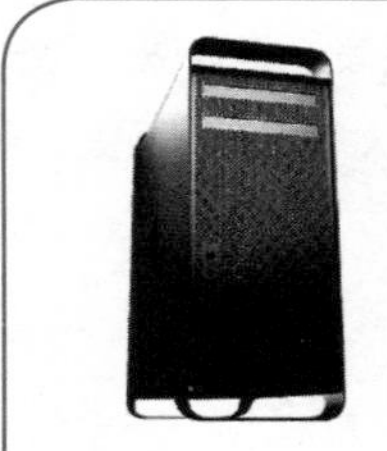

苹果图形工作站

HP图形工作站

联想图形工作站

SGI图形工作站

图1－3－2 专业图形工作站

3. 组装兼容电脑

多媒体课件制作者，也可以自己选购配件组装高性能的电脑，前提是需要具备一定的电脑硬件知识。这样做的好处是明显的：可根据多媒体开发项目的特点与类型，重点选购关键性的应用设备。例如，侧重于音频制作，可选购专业的声卡；侧重于视频后期制作，可选购非线性视频编辑卡；侧重于三维动画制作，可选购专业图形显示卡等。如果多个制作软件安装在一台电脑里，那就需要配置一台综合性能强劲的电脑主机。

配件选购时要注意其性能指标。例如，主板要能经得起超长时间工作。品牌大厂的产品更有保障，英特尔的CPU兼容性好一些。SCSI硬盘或ID硬盘阵列，都能够获得高速的读写性能，普通的7200转硬盘也能满足一般的制作需要。主要的组装配件如图1-3-3所示。

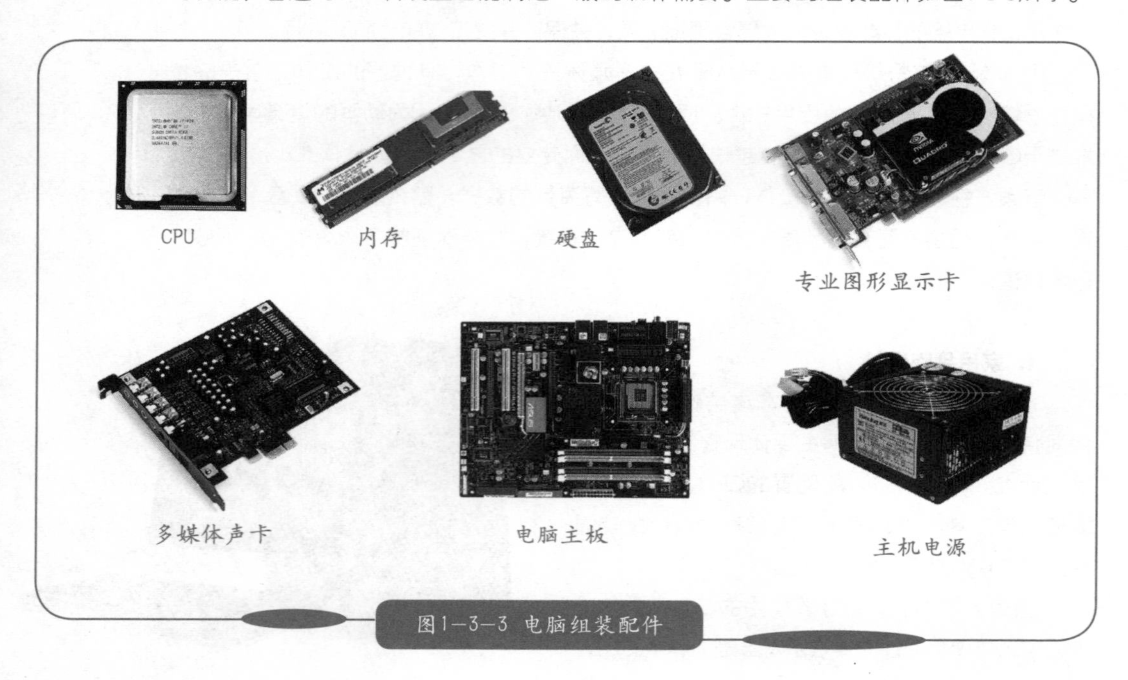

图1-3-3 电脑组装配件

图1-3-4 图形工作站笔记本电脑

4.笔记本电脑

便携性是笔记本电脑相对于台式机最大的优势，一般商用笔记本电脑性能不如台式机。但是图形工作站级的笔记本电脑，也是开发多媒体课件的很好的工作平台，缺点是价格昂贵。如图1-3-4所示。

● 1.3.2 数字绘图板

数字绘图板也称手写板或数位板，是CG绘画最重要的工具，同键盘、鼠标一样也是计算机的输入设备。数字绘图板通常由一块感应板子和一支压感笔组成，结合Painter、Photoshop等绘图软件，可以创作出各种风格的艺术作品，尤其是在影视艺术创作中应用广泛。例如，美国的《星球大战前传》、《泰坦尼克号》、《魅影危机》等影片中的一些壮观场景，有许多背景是通过数字绘图板绘制的。它同样是多媒体课件动画制作中不可缺少的工具，如图1-3-5所示。

图1—3—5 数字绘图板

● 1.3.3 平板式扫描仪

在开发多媒体课件时，常有许多文字、图片等内容素材，需要通过扫描仪输入电脑才能编辑。因此扫描仪也是多媒体课件制作常用的设备。扫描仪从使用类型上，可分为平板式、滚筒式和笔式扫描仪；从光电转换原理上可分为CCD和CIS两种技术。在使用性能上，CCD要优于CIS，但是CIS技术产品具有价格低廉、体积小巧等优点。无论是哪种技术产品，具备2400dpi光学分辨率的性能，都可以满足多媒体课件制作的需要。如图1-3-6所示。

图1—3—6 平板式扫描仪

● 1.3.4 数码照相机

数码照相机（Digital Camera）简称DC，是一种利用电子传感器把光学影像转换成电子数据的照相机。与普通照相机用胶卷感光成像的原理不同，数码相机是依靠感光元件CCD或CMOS成像，并记录在各种类型的存储器里。数码相机的诞生是影像记录的一场革命，它可以随时随地拍摄对象，并能及时查看所拍的内容，而且还可以通过电脑进行任意编辑。

常见的数码相机有单反相机、卡片相机、长焦相机和普通家用相机，其中单反相机是专业应用型的。单反就是单镜头反光的意思，即Single Lens Reflex，简称SLR。单反数码相机最主要的特点是可以更换不同规格的镜头，同时具有高规格、先进的图像传感器，能够拍摄高质量的图像，是多媒体课件图片素材最重要的采集工具。如图1-3-7所示。

卡片式数码相机

家用型数码相机

专业单反数码相机

专业长焦距镜头

图1—3—7 数码照相机

● 1.3.5 数码摄像机

数码摄像机（Digital Video）简称DV，是多媒体课件制作视频录制的必需设备。

与传统的录像带摄像机不同，数码摄像机都有一个液晶显示屏（Liquid Crystal

Display）简称LCD，在摄像时，使用者可以通过LCD观看所拍摄的动态影像。DV的核心元件与DC相同，也有CCD和COMS之分。像素是DV重要的技术指标，像素越高图像分辨率也越高。DV可以通过电视机播放画面，也可以录制电视节目内容。

DV按照存储介质大约可以分为DV带类、光盘类、硬盘类和存储卡类四种类型；按使用类型可分为一般家用型、专业级、广播级，它们之间的市场价格相差很大。如图1-3-8所示，为目前市场中最有影响的三个不同品牌专业级数码摄像机。

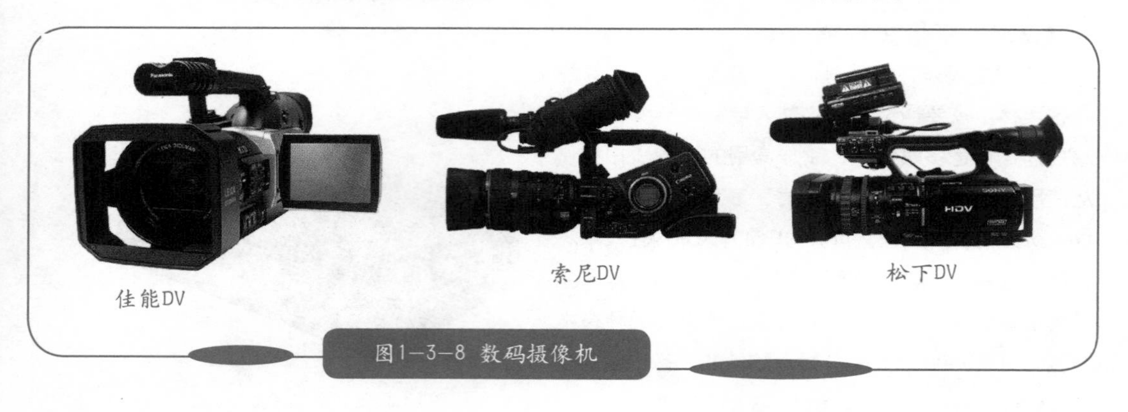

图1-3-8 数码摄像机

1.3.6 多媒体音响

多媒体音响就是多媒体应用系统中，播放音频的设备。一般家用电脑所配置的有源音箱，是最简单的多媒体音响。从音箱配置上可分为2.0、2.1、4.1、5.1、7.1、8.0等不同声道系统。在专业的多媒体课件开发中，多媒体音响是不可缺少的制作设备。

实际上多媒体音响应用领域很广泛，例如航空、航天飞行模拟驾驶系统，虚拟战场演习系统，游戏娱乐系统，商业广告互动展示系统，以及多媒体教室等。多媒体音响根据使用的目的与要求不同，可以由十分复杂的高保真音响系统构成，也可以是简单的两只有源音箱。如图1-3-9所示。

图1－3－9 多媒体音箱

1.3.7 专业声卡

专业声卡也称音频接口或音频卡，在计算机平台上，负责录制、输入和输出多媒体应用系统中的音频信息。普通的民用级声卡侧重于娱乐播放效果设计，而专业级声卡则具有高性能的播放指标，例如，信噪比可以达到110dB，输出的声音应该相当清澈。同时还具备多种音频编辑录制等应用功能。如图1-3-10所示。

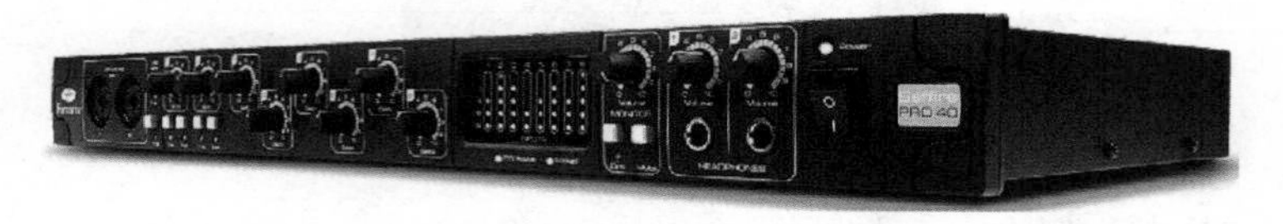

图1－3－10 外置型专业音频接口

● 1.3.8 录音话筒

话筒也称麦克风，可以将声音通过声卡输入计算机，是将声音转换成电信号的基本设备。话筒按用途一般分为三种类型，用于广播的录音、演出用话筒，通信用话筒和专业测量用话筒。按照工作原理来划分，话筒可以分为电动式（包括动圈式和带式）、电容式（包括驻极体式）、电磁式、压电式。在多媒体课件开发应用领域，电容式话筒是比较好的选择。如图1-3-11所示。

图1－3－11　专业话筒

● 1.3.9 监听耳机

一对好的监听耳机，相比监听级音箱价格要便宜许多。而且耳机可以在不打扰别人的情况下制作音乐，因而在专业的多媒体课件录音编辑系统中，监听耳机也是十分重要的设备。如图1-3-12所示。

图1－3－12　耳机

● 1.3.10 MIDI演奏设备

MIDI（Musical Instrument Digital Interface）就是乐器数字化接口，是电子乐器之间以及电子乐器与电脑之间的统一交流协议。MIDI本身不能产生音乐，但是它包含产生音乐所需的所有指令。MIDI键盘是能输出MIDI信号的演奏设备，利用MIDI技术能演奏模拟出气势宏伟、千变万化的音响效果。如图1-3-13所示。

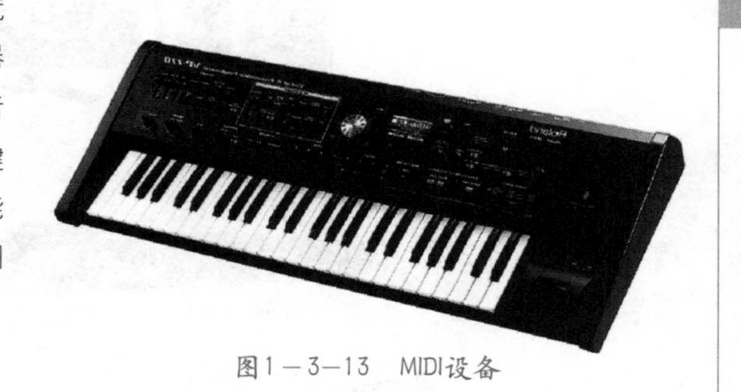

图1－3－13　MIDI设备

● 1.3.11 多媒体视频制作系统

多媒体制作系统是由许多的单个设备组成的，不同的使用目的其构成方式也不一样，所以多媒体视频编辑系统也没有绝对的配置方案。只能从使用性上分为业余级、专业级和广播级应用，但都是经过摄录、采集、编辑、然后输出这几个环节，最大的不同是硬件功能配置要求不一样。目前，高清视频制作系统是多媒体课件开发技术的发展趋势，如图1-3-14所示。

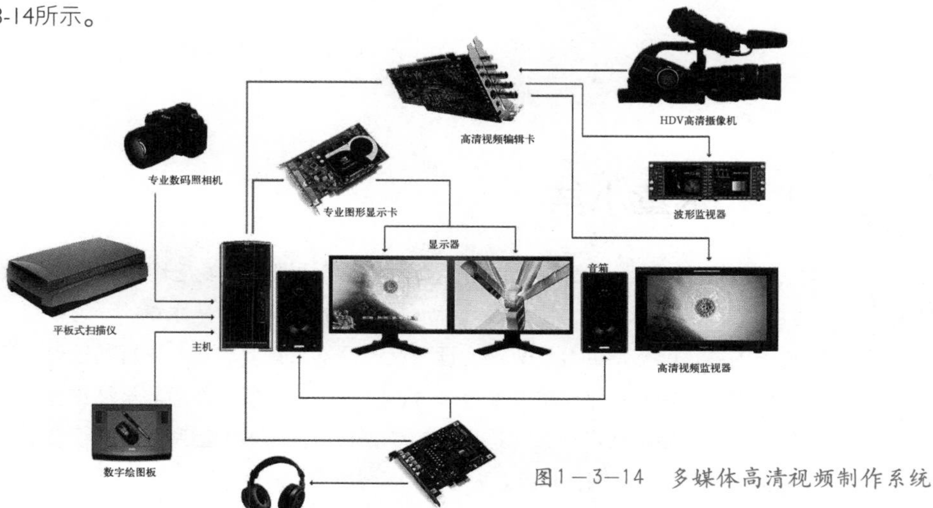

图1－3－14　多媒体高清视频制作系统

● 1.3.12 多媒体音频制作系统

同多媒体视频制作系统一样，多媒体音频制作系统也没有绝对的配置方案，同样是根据开发应用方向来配置系统。在多媒体课件音频制作中，纯音乐制作侧重于乐理与原创音乐的开发，另一类是侧重于音频特效合成或互动音效制作。

由于个人电脑数字音乐创作系统发展很快，因此，如果普通人略懂乐理，就可以用PC电脑创作出数字音乐，这也是音频制作硬件向软件化发展的结果。以前那些高端的应用，例如电影特效场景中的合成音效制作，现在完全可以用PC电脑来开发。未来科技的飞速发展，必将进一步提升数字音乐技术在多媒体课件开发中的应用。如图1-3-15所示。

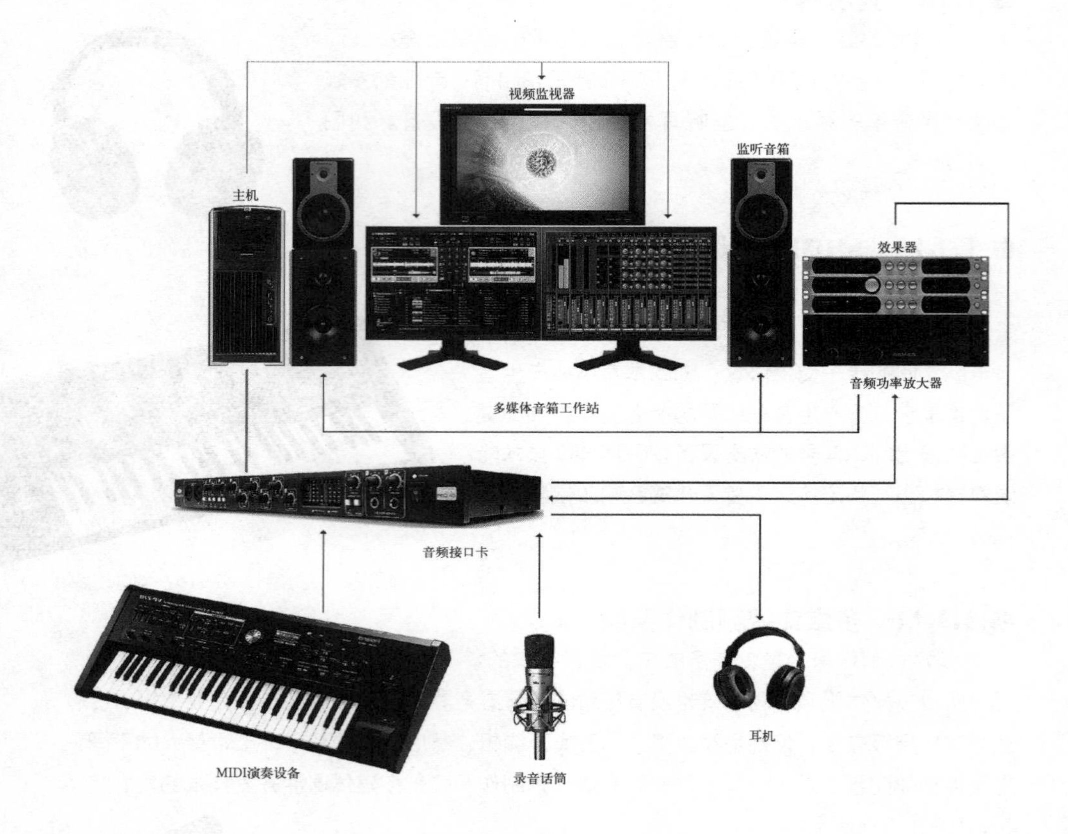

图1－3－15　多媒体音频制作系统

1.4 本章小结

本章系统地、简明扼要地阐释了与多媒体课件开发密切相关的软硬件基础知识。其中图形、图像以及音频、视频标准与格式的说明内容是本章的学习要点。应用软件的相关内容，能够帮助我们更加合理地选择开发工具。其次，讲解的硬件系统知识，对于可以自主选择制作平台的开发者来说，具有参考与借鉴作用。虽然这些知识是基础的，但是可以让我们知道什么才是高端的专业制作，能够用哪些软硬件设备，开发出高质量的、精彩的多媒体课件作品。

开发方案与制作脚本

2

2 开发方案与制作脚本

2.1 了解多媒体交互架构

多媒体技术应用之所以能够引人入胜，魅力无穷，就是因为它具备独特的交互性功能。而交互设计就是用户通过计算机技术与信息系统互动以及传达这种行为的外观元素的设计和定义。毫无疑问，交互设计是一门集计算机技术和数字艺术为一体的前沿性学科。

开发多媒体课件项目，如果不了解多媒体交互架构，就不可能制定出合理的开发方案。现在的多媒体课件交互形式，已发展为四种不同类型——线性交互架构、首页式交互架构、导航式交互架构、矩阵式交互架构。但无论是哪种交互形式，人性化理念在视觉传达中始终是最核心的导向。总之，在信息时代，多媒体所具有的交互性特色，使得其未来的发展必将超越传统，改变我们的生活方式。

● 2.1.1 线性交互架构

在多媒体课件制作中，线性交互架构是结构最简单的形式。其优点是结构条理清晰，流程比较容易把握，很适合单一的演示内容，它还是任何复杂交互架构的最基本构成。缺点是明显的，不适合开发综合信息的应用内容。如图2-1-1所示。

图2—1—1 线性交互架构

● 2.1.2 首页式交互架构

首页式交互架构的应用最流行。优点是可以把内容分成多个模块，然后通过首页访问任一内容模块，相比线性交互架构增强了互动性，并更容易开发复杂些的应用形式。缺点是模块之间不能直接访问，需要返回首页才能实现。当然，如果系统信息内容过于复杂，其操作效率就会很低下，一般适合中小规模的应用开发。如图2-1-2所示。

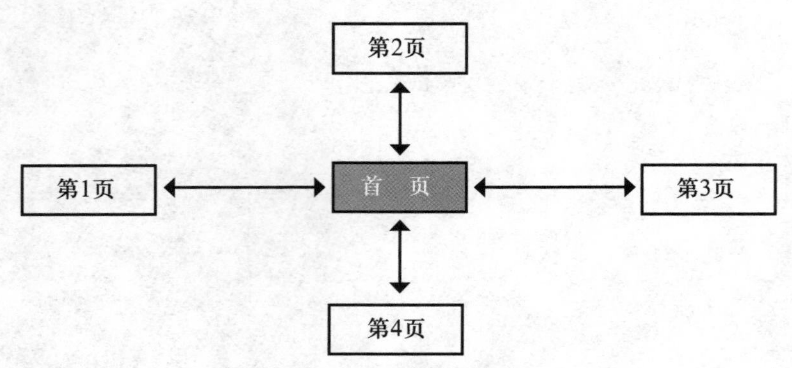

图2—1—2 首页式交互架构

● 2.1.3 导航式交互架构

导航式是交互性更强的交互架构。它成功地解决了首页式交互架构在模块之间不能直接访问的缺陷，提高了系统的应用效率，是比较先进的互动架构，基本能够满足任何复杂的应用形式。其缺点是程序开发也相对复杂，并且对模块内容界面设计要求较高。如图2-1-3所示。

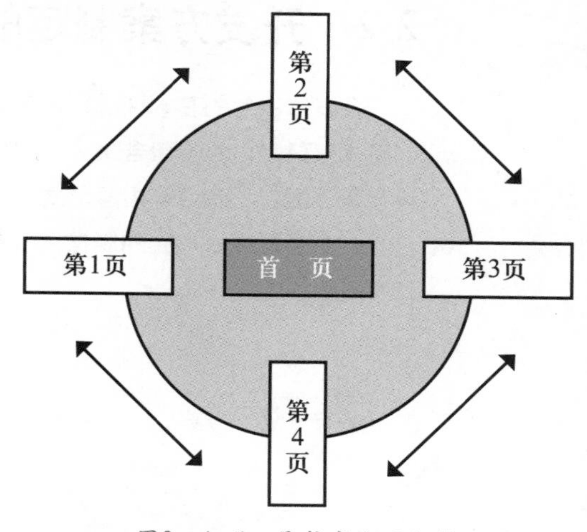

图2－1－3　导航式交互架构

● 2.1.4 矩阵式交互架构

矩阵式交互架构是超前的发展形式。矩阵信息系统中的每一个信息点，都有可能是中心点，围绕中心点而形成的功能模块，是相对的、立体的，其内容信息可以被关联组合。矩阵式交互架构具有智能性，并且更能体现以人为本的理念，是未来多媒体课件应用的趋势。

缺点是技术起点高，程序开发难。随着科技的迅猛发展，这种技术会变得简单易用。如图2-1-4所示。

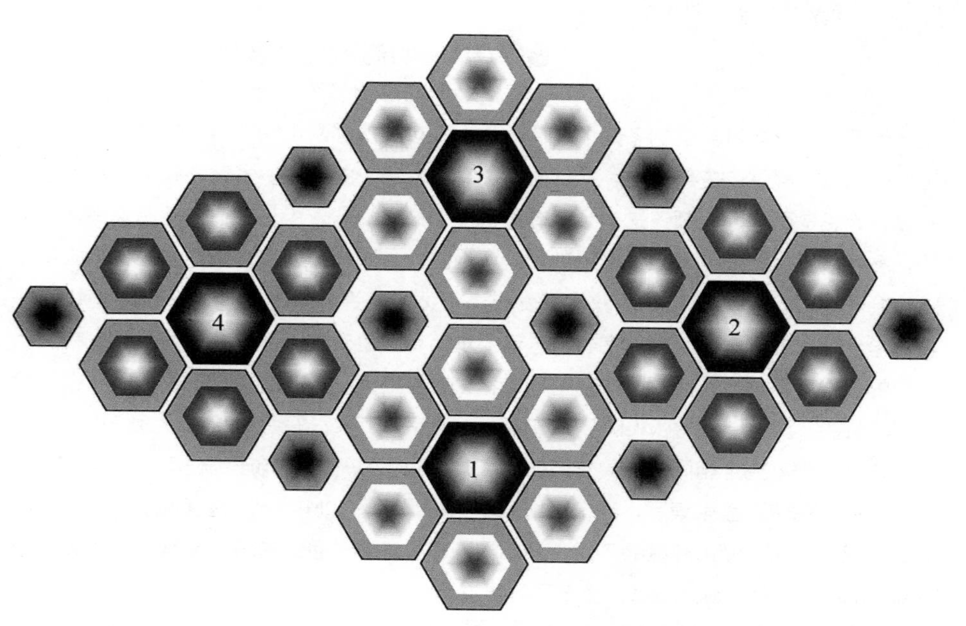

图2－1－4　矩阵式交互架构

2.2 开发方案制定的要点

多媒体课件的基本构成：一是可视化信息，二是音频信息，三是交互性操作。其中的可视化信息，主要包含文字、图片、视频以及交互动画等内容形式；音频信息包含背景音乐、配音、音效等内容形式；交互性操作就是人机互动方式。既然是多媒体开发项目，就不会是单一形式的制作，只有依据实际需求制定的开发方案，才能保证开发工作切实可行。

● 2.2.1 多媒体的应用系统

多媒体课件是多媒体技术的一种应用形式，它包含于多媒体应用系统。如图2-2-1所示，多媒体应用系统由应用对象、信息系统、人机交互系统、信息制作技术共同构成。

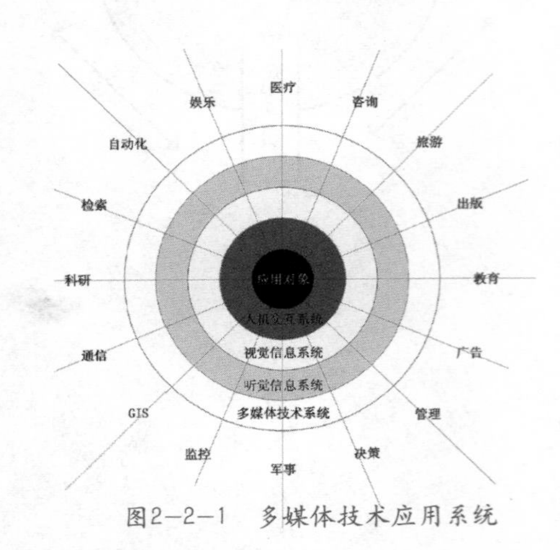

图2—2—1 多媒体技术应用系统

多媒体应用系统，总是围绕应用对象来展开的。并且，在多媒体技术的促进下，已普遍应用于军事、科研、医疗、教育等众多的社会领域。多媒体技术是跨行业、开放性的，它被广泛应用，是知识经济信息社会的重要特征。

● 2.2.2 明确项目开发目的

多媒体的应用开发，无论是多媒体网站、多媒体光盘，还是各种类型的多媒体课件，从中不可能找到两个完全相同的应用设计。这主要是因为多媒体的应用开发，在目前还没有一个统一的标准。虽然多媒体信息内容的制作，无论是图片、视频还是音频都有着很多的技术标准，但与工业产品追求标准化不同，多媒体应用开发基本上都是定制的。这是因为，同样的内容，不同的对象，应用要求也会不一样。例如，把一本教材开发成多媒体应用课件，老师要求适合课堂教学环境，学生要求内容丰富、功能完善，这就很难简单定位对象，除非开发两个版本来满足不同的需求。同样，应用对象的使用环境，也会影响开发技术的选择。例如，制作一段WMV格式的互动视频，在Web环境下应用，设定平均压缩码率为512kB已经是很高的指标了，且分辨率完全相同，如果采用CD-ROM作载体，那么平均压缩码率可以是1.5M，要是只放在高速硬盘中读写，这个压缩码率可以设定为10M以上。这就说明，同样大小窗口的视频，因为使用环境的不同，两者的制作技术要求也会有很大差别。这种差别会对课件的原始素材、制作设备产生不同的要求。

因此，只有充分了解多媒体开发特点，准确定位应用对象与使用环境，明确项目开发目的，才能有开发成功的多媒体课件。当然，优秀的作品也是开发团队艺术水平的体现。

● 2.2.3 把握项目开发周期

在制定项目开发方案、确定开发周期时，需要量力而行。因为项目开发周期，客观上受团队的技术力量、内容素材的技术规格、开发制作的应用设备的影响很大。

1.技术力量的影响

多媒体常包含音频、视频和动画等多种表现形式，一般都需要几种开发软件协作完成，因此，技术力量是开发多媒体的先决条件。项目的开发周期也是要依据团队的技术力量来制定的，否则，项目启动后难免会半途而废。因为技术是需要积累的，个人不可能在短时间内掌握好多种软件技能，并且对于团队来说，队员之间还需要分工合作，协调一致，才能高效地发挥力量。所以，团队的技术力量是决定项目开发周期的首要因素。

2.技术规格的影响

内容素材的技术规格，也是影响多媒体开发周期的重要因素。例如，在人员设备完全相同、视频内容与软件交互架构也一样的情况下，如果素材技术规格要求不一样，那么同样的项目，所需要的开发周期可能就会不一样。因为视频内容从摄录、采集、编辑到最后输出，全流程VCD与HDV格式的制作对制作硬件设备的要求有很大不同。

3.应用设备的影响

除了上述两种因素直接影响项目的开发周期以外，多媒体系统中的应用设备，也是不可忽视的影响因素。例如，科研、教学、娱乐等具有开创性的多媒体演示系统，其设备组成就比较复杂，软硬件系统之间的匹配工作需要多次调制才能完成，导致开发周期时间很难精确控制，需要在计划项目开发周期时，留有足够用的开发时间。如果项目不能按时完成，什么结果都是毫无意义的。应用设备复杂的多媒体高清视频开发应用系统，如图2-2-2所示。

2.2.4 合理调配开发资源

因为任何类型的多媒体开发项目，其开发目的与制作周期，都不能脱离实际的开发资源，所以项目开发方案的制定，需要围绕其开发目的，依据实际情况合理调配开发资源。

这里所说的开发资源，是指多媒体课件开发团队或个人所拥有的技术、设备、资金、管理等软硬件开发条件。

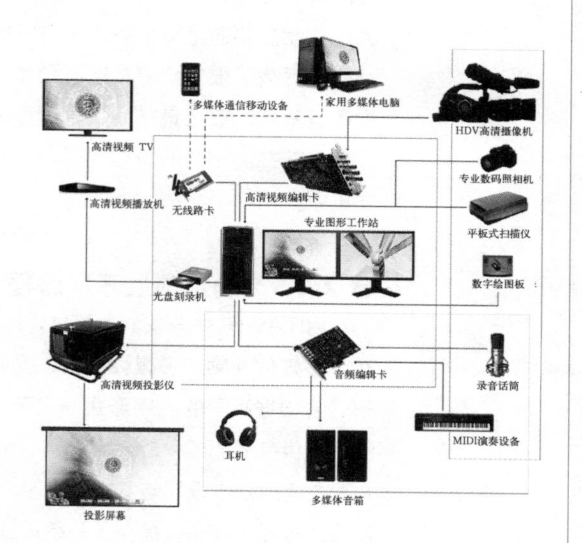

图2-2-2 多媒体高清视频开发应用系统

1.技术资源

多媒体应用开发形式构成多样，既有动画内容的艺术创作，又有影像的摄录、采编以及音频录制等工作，还有程序开发等交互系统的制作。每个环节都需要专业的技术，项目团队是否具备完整的开发技术、出色的技术水平，将会直接影响开发周期。所以，多媒体课件开发方案的制定，不可以凭空想象，脱离团队实际制作能力，应该量力而为。

2.设备资源

设备也是重要的开发资源。例如，用普通的家用电脑编辑4K的电影视频，那是无法想象的，但是用高端的SGI工作站便会运行自如。技术只有在相应的设备上，才能体现对项目的实现价值，如果没有所需设备的支持，再高超的技术也难以施展。当然，再好的设备，使用人的技术不行，也不会有满意的结果。对多媒体课件制作而言，先进的设备一般会产生更高的质量，并具有更高的工作效率。只有依据实际的技术力量，合理地选购使用设备，才是实现开发项目比较经济的做法。这种原则应该在项目的开发方案制定中充分体现。

3.资金资源

资金是项目开发的核心资源。如果项目有雄厚的资金支持，实现起来要轻松许多，至少不会因无钱购买急需要的设备而犯愁。资金的重要性还体现在开发效率上。例如，有些多媒体课件项目，可以通过购买部分商业素材来缩短原创开发时间。从某种程度上来说，资金还决定着建设团队的大小以及所能开发的项目大小。这对商业类的项目影响尤其明显。例如，开发团队有好的技术，却没钱购买相应的设备，也不可能用无限延长开发周期的方式来完成项目的开发。所以，无论是个人或团队，都需要在整个开发方案中计划一定的资金。

4.管理资源

作为多媒体课件，不仅要准确表达教案的设计内容，而且要具有互动视听、艺术美感。只有把程序开发与艺术设计工作有机结合，才能创作出精美的可视化交互艺术作品，这就需要通过符合多媒体特征的有效管理来实现。如果开发团队没有管理，其结果可能是耗费了很多资源却达不到预期的效果。因而在多媒体项目开发中，技术是前提、设备是基础、资金是核心、管理是关键。虽然资金能够保障团队的正常运行，但是管理才会出效益。不同的管理模式，会产生截然不同的项目结果，所以管理是不可缺少的开发资源。

2.2.5 确定项目开发流程

用FLASH软件开发的多媒体，应用形式众多，有多媒体课件、多媒体网站、多媒体游戏、多媒体视频、多媒体广告、多媒体音乐、多媒体演示系统等。在制定开发方案时，一般会根据不同的应用形式确定不同的开发流程，下面是一个典型的商业多媒体开发流程，以供参考。

1. 客户提出初步设想与基本要求；
2. 通过与客户沟通，提交《系统设计方案》；
3. 与客户签署《多媒体开发合同》，收取前期合同款；
4. 向客户提交片头、界面、脚本、音乐等相关的设计方案和样稿；
5. 向客户提交《素材需求清单》，描述素材内容；
6. 向客户描述在本项目中双方相关资源的配备和项目进度计划；
7. 开始多媒体制作设计，收集资料，处理数据，编制程序；
8. 初步完成整体产品，提交给客户测试和修正；
9. 完成修改，提交给客户验收；
10. 发布成正式版，签收合同尾款。

2.3 《琉璃瓦》多媒体课件开发方案

教案设计是多媒体课件开发方案的重要组成内容，优秀的教案设计是多媒体课件的灵魂，也是成功开发最有价值的多媒体课件的前提条件。但本教程案例只讲述有关制作方面的内容。

多媒体课件开发方案的拟定，一般都要从开发目的、教案设计、使用经费、制作设备、技术水平以及开发周期等方面加以综合考虑。本教程案例也不例外，具体内容如下文所述。

● 2.3.1 方案内容构成

1. 项目名称：《琉璃瓦》多媒体课件。
2. 开发目的：教学研究、参加全国多媒体大赛。
3. 前期调研：略。
4. 教案设计：略。
5. 最终成品：多媒体应用软件。
6. 设计要点：专业、时尚。
7. 制作周期：2008年6～8月。
8. 开发人员：略。
9. 开发资金：自筹资金12000元用于图片素材北京拍摄费用、3500元用于北京参赛费。
10. 开发软件：以FlashCS4为主，集合Combustion、Nuendo、3DS Max等软件。
11. 制作设备：主要使用两台相同配置的PC电脑，基本配置见表2-3-1所列表。

表2-3-1 计算机配置

序号	配件名称	型号
1	CPU	P4 3.2C
2	内存	2GB DDR 800
3	主板	Intel 865EP
4	显卡	NVIDIA GeForce FX5900XT
5	声卡	MAYA44
6	硬盘	80GB主盘 + 120GB素材盘
7	电源	350W
8	光驱	DVD刻录机

12. 开发流程：确定项目开发目的→前期调研→制定开发方案→设计脚本→拍摄素材→设计界面→制作动画内容→制作音频→合成打包→测试→修改→发布。
13. 交互架构流程图：《琉璃瓦》多媒体课件，采用典型的首页式交互架构设计，如图2-3-1所示。因为本课件所包含的内容信息量不大，首页式交互架构比较容易设计，更能集中精力制作。
14. 内容进程分配表：略。
15. 项目负责人：略。

● 2.3.2 系统交互流程图

多媒体课件系统交互架构流程图的设计原则是：既能体现教案设计的精神，又要符合简单易用的理念。流程内容要条理分明，架构关系要符合应用者的认知习惯。如图2-3-1所示。

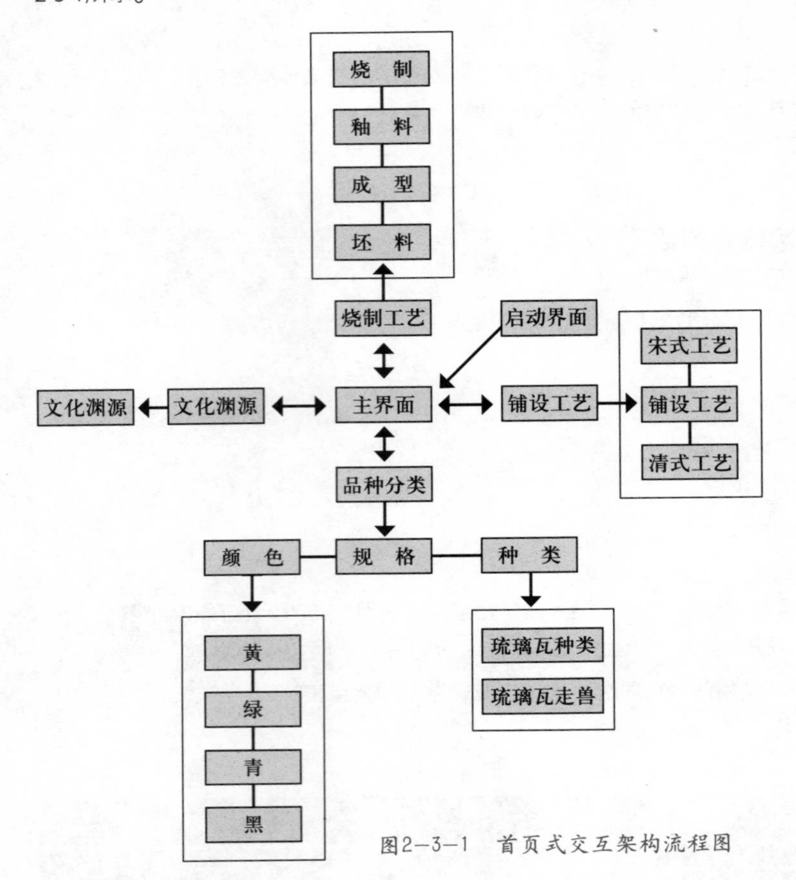

图2—3—1 首页式交互架构流程图

2.4 《琉璃瓦》多媒体课件制作脚本

一般而言，多媒体技术人员对课件应用内容不一定是了解的，因而，脚本的设计工作，无疑是多媒体课件最重要的开发环节。其实脚本就是项目策划者与制作者之间的沟通桥梁，它为多媒体课件的具体开发，提供了技术依据。只有极富创意的制作脚本，才能开发出精彩的多媒体课件。当然，脚本的创意，应始终建立在教案设计的基础上，不能脱离教案的内容框架与表现要求。

● 2.4.1 界面构思设计草图

多媒体界面的设计草图要能表现创意，可以根据个人喜好用铅笔等工具绘制，如图2-4-1所示。

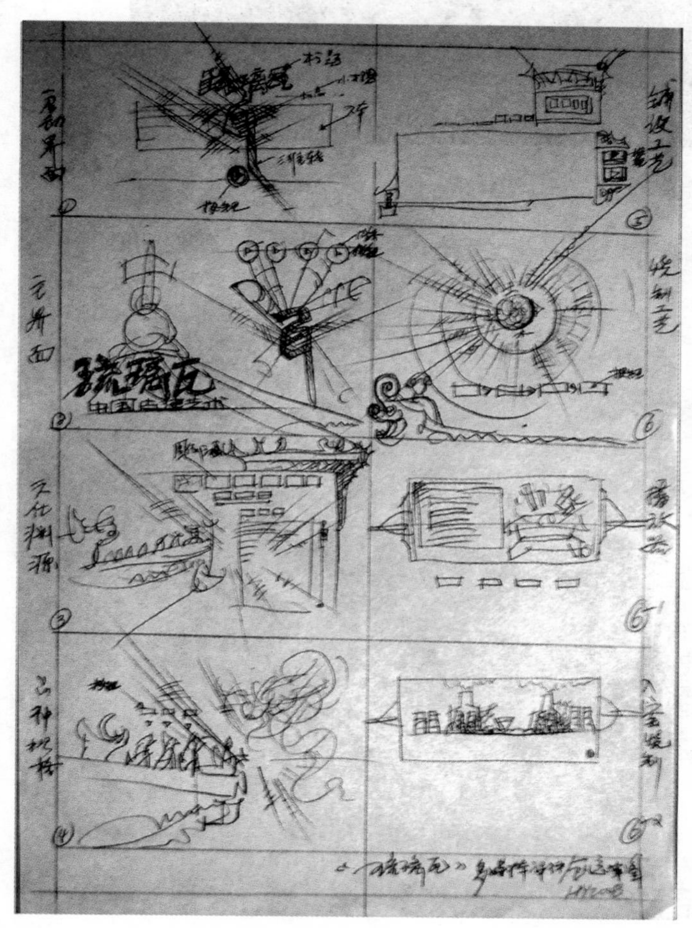

图2—4—1 用铅笔绘制的设计草图

● 2.4.2 设计制作脚本

在实际制作多媒体课件脚本时，需要对教案内容、软件架构、人机界面、视听形象等方面，进行切实可行的表现设计。因此，它的作用相当于影视剧本。下面列举本教程案例中的“启动界面”场景制作脚本为例，加以说明，见表2-4-1所列。

表2-4-1 启动界面"场景制作脚本

项目名称：琉璃瓦	内容名称：启动界面	编号：NO.1
界面设计效果图		
本描述	启动界面的场景作用是准备正式应用系统，所以要求设计简单，制作漂亮	
内 容	表现形式	技术说明
简介文本 （见文案稿）	静态	大小：14点　宋体：设备字体 填充:白色
《琉璃瓦》 标题字	静态	方正综艺简体 ：可读性消除锯齿 大小：60点　填充:桔黄色 字体采用斜角滤镜，增加体积感
"瓦"字 三维造型动画	由下而上，由小变大，旋转扫光	用3DS Max 8.0做动画 用Combustion 2008做扫光 输出成PNG格式序列帧
播放按钮	按钮中间箭头做成旋转动画	用Flash CS4做成透明感、黄色调
过场动画	单击播放按钮 黑色背景从中间上下快速分开 30帧画面跃入主界面场景	上下拉幕动作要有节奏感 设置FLASH系统帧频为30
背景音乐	要有民族乐器元素，可循环播放 30s以上，旋律轻快，有重量感	在Nuendo 3中用音频素材合成 最后输出成MP3格式

2.5 本章小结

在多媒体应用项目开发中，必须要有实际的开发方案与设计脚本，才能够确保项目成功。本章中详细地讲解了多媒体核心功能、4种交互架构的类型以及制作开发方案时所必须掌握的要点内容。并列举了《琉璃瓦》多媒体课件开发方案以及制作脚本，目的是让读者自己也能够制定方案与脚本，更加科学有效、专业合理地开发出高质量的多媒体课件作品。

交互界面图形设计

3

3 交互界面图形设计

3.1 前期的准备工作

多媒体开发工作的每一个环节都要有序，只有把前期的准备工作充分做好，后期才能集中精力开发。例如，本教程案例的内容信息主要是图片，为此专程去北京用数码相机拍了10GB的图片素材，并进行归类存储，方便了后续工作的开展。

3.1.1 数码图像拍摄准备

图片是多媒体最普遍的应用形式，数码图像拍好后导入计算机就可以编辑。虽然数码相机现在很普及，但并不是随便就能拍出好图像。即使是高档的专业数码相机，也需要有良好的光照条件、正确的曝光时间以及取景、调焦等技术。只有能结合数码相机的特点，根据拟定好的拍摄计划行事，并且在实际拍摄时注意下面所述的几个条件因素，你才能拍到满意的数码图像作品。

1. 天气情况

首先，要掌握好天气情况。例如，遇到阴雨天气，在没有防护设备的条件下，一般不宜外出拍摄，因为雨水会损坏相机的精密构件。如果天气太阴暗，也不适合拍摄，因为CCD有一定的感光阀值，在光线太暗的环境下，成像的噪点就比较大，会严重影响拍摄的图像质量。

2. 时间选择

一天中最佳的拍摄时间，上午是十点到十二点，下午是一点到三点之间。中午时分光线对物体照射太强烈，相机会对亮面感光过度而使图像缺少层次感，不适合拍摄。

3. 镜头配置

外拍时，如果需要拍摄人物，最好带上一个定焦镜头，因为专用的定焦镜头成像质量最好。在拍摄建筑物时要用长焦镜，否则，面对较远的景物结构，无法抓取其细节。当然，配置一个高质量的变焦镜头（11～300焦距），也是个不错的选择。

4. 闪光灯使用

在光线环境良好的情况下尽量不要使用闪光灯，因为这时候闪光灯会破坏正常的光源关系。如果在较暗的环境中，闪光灯就是主光源，是必须使用的。

5. 配置三脚架

三角架也是景物拍摄中最常用的设备，毕竟抓拍不可能比三脚架还稳定。有条件的摄影者，最好配置专用的三脚架，这是取得高质量图像最简单有效的保证。

6．备用存储卡

事先准备好足够用的存储卡，可以避免在拍摄过程中，因相机存储不够而错失镜头。

7．备用电池

出发前要检查电池的使用情况，在需要长时间进行拍摄工作时，切记要带好备用电池。因为数码相机没有电，什么也做不了。

8．资金与通信设备

一切准备妥当后，还需要带上点资金和通信设备，用以保证拍摄工作中可能有的需求。

● 3.1.2 图像的存储与压缩

专业级的单镜头反光相机，拍摄时能够同时生成两种全尺寸的图片文件，一种是最常见的JPG压缩格式，另一种是未经压缩处理的RAW格式。RAW文件包含了图像的原始构成信息，相当于"数码底片"的作用，对其任意调整色温和白平衡，不会造成图像质量的损失。但是RAW不能直接编辑，可以用Adobe Photoshop CS4软件转换成PSD格式再处理。

单反相机拍摄存储的RAW图像数据，可以直接拷贝到专用的硬盘中保存。在项目开发需要调用时，可先转换成PSD格式编辑处理。且无论是采用何种格式图片素材，编辑的工程文件，一般都是以PSD格式保存。对于Web网络课件类型的应用，可以直接把相机生成的JPG格式文件，拷贝到硬盘中编辑，也可以用RAW转换成JPG使用。

● 3.1.3 创建项目工程文件夹

多媒体课件开发项目，文件分类管理、规范命名是很有必要的。因为，多媒体课件一般都有较多的内容文件，所以在正式展开工作之前，为了便于项目管理，需要建立一个项目工程文件夹。其内部文件分类、命名没有一个定式，需要依据其具体内容来确定。

这样管理的项目文件，可以方便团队开发人员分工协作，也利于文件中的修改工作。下面是本教程案例的项目工程管理文件夹，给读者作为参考，如图3-1-1所示。

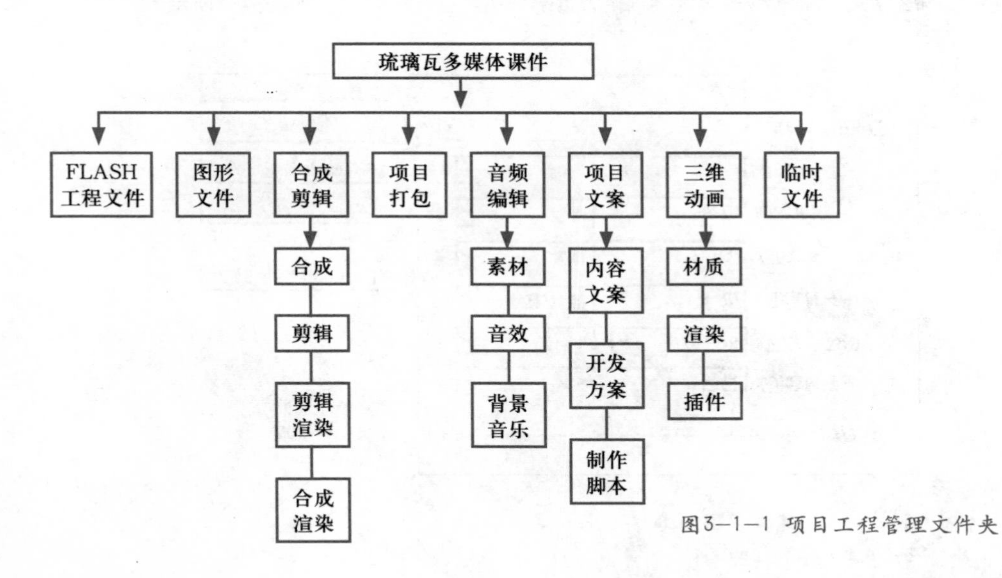

图3-1-1 项目工程管理文件夹

3.2 主界面设计

在本案例中，为了彰显琉璃瓦材料所蕴含的文化属性，主界面色调设定为金黄色，图形设计上主要是体现创意草图的设计构思。一般主界面的设计效果，可以作为其他模块设计参考基调。教程中的部分素材图片，事先已作了些处理，简化了繁琐的重复性操作，让制作过程表述更加简洁明了。

软件只是工具，不要一味地追求技能效果，而忽视了设计本质。本教程案例中，只用了一些很常规的操作命令，但界面效果已经体现了设计理念。

● 3.2.1 界面背景图形

1.首先，启动Photoshop CS4软件，认识一下基本界面的主要功能模块，如图3-2-1所示。

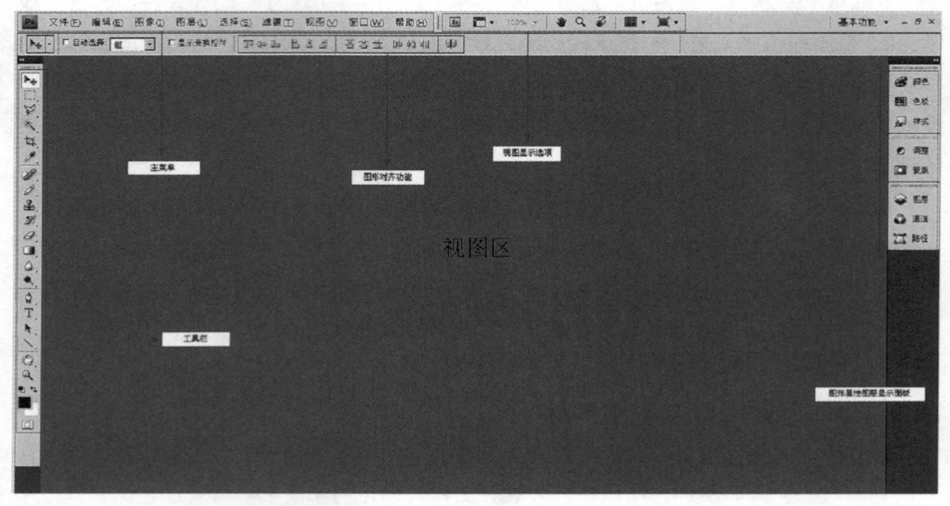

图3-2-1 Photoshop CS4操作界面

2.按Ctrl+N键，新建一个名称为“背景“的工程文件。设置宽度为1024、高度为768、分辨率为72像素、背景内容为白色，最后单击“确定”按钮。如图3-2-2所示。

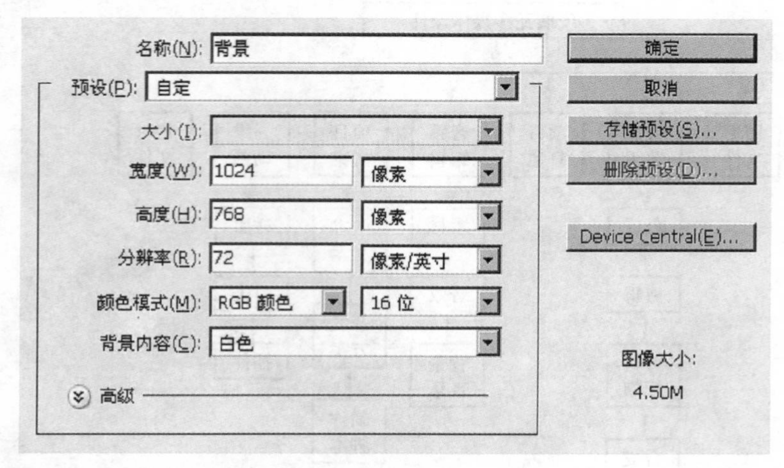

图3-2-2 新建背景图形工程文件

3.按Ctrl+O键，打开光盘中琉璃瓦多媒体课件\图形设计\主界面\ 顶.tif、环形山.jpg 两个文件，如图3-2-3所示。

图3—2—3　导入素材图片

4. 按V键或选择工具栏中移动工具，将素材图片分别拖入背景图层中，如图3-2-4所示。

图层
正常　不透明度: 100%
锁定:　填充: 100%
顶
环形山
背景

图3—2—4　把素材图片拖入到图层面板中

5. 由于原图片明暗色调平直，需要对图片中圆形屋顶部分作点绛色处理。选中“顶”图层，再选择多边形套索工具，设置羽化值为20，如图3-2-5所示。选取左下角的造型，然后右键选择“通过拷贝的图层”命令，建立一个新的图层，如图3-2-6所示。

图3—2—5　羽化值设置

图3—2—6　拷贝新图层

6.选中图层面板中的“顶01”图层，设置其不透明度为50%。然后选择菜单栏中的 **图像 | 调整** | 去色命令，如图3-2-7所示。

图3-2-7　去色的图形图层

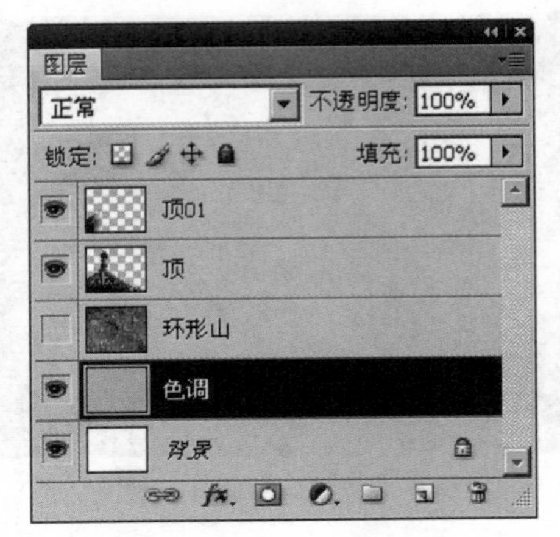

图3-2-8　新建“色调”图层

7. 选择“环形山”图层的隐藏按钮，让该图层不可见。然后新建一个图层，命名为“色调”，如图3-2-8所示。

8. 设置颜色值R:255、G:192、B:0，选择工具栏中的油漆桶工具，填充画面，如图3-2-9所示。

图3-2-9　黄色基调的填充画面

9.选中图层面板中的“环形山”图层，设置图层融合方式为“滤色”，如图3-2-10所示。

图3—2—10　设置图层融合方式

10.选中“色调”图层，选择图层蒙版按钮，再选择工具栏中的渐变工具，按住鼠标左键拖移填充，获得一个斜向渐变的蒙版，如图3-2-11所示。

图3—2—11　填充蒙版图层效果

11.选中“环形山”图层，拖到新建图层按钮上，创建一个副本。再选择图层蒙版按钮，然后选择工具栏中的渐变工具，由下而上填充一个渐变的蒙版，如图3-2-12所示。

图3—2—12　填充渐变蒙版

12.选中“环形山副本”图层，设置图层融合方式为“柔光”，给背景图形添加些细节效果。场景画面整体效果，如图3-2-13所示。

图3—2—13　画面整体效果

13.选中 “顶”图层，然后选择图层蒙版按钮，再选择工具栏中的渐变工具，填充一个渐变的蒙版，使图形顶部与背景有些融合，如图3-2-14所示。

图3—2—14　图形填充蒙版

14.背景图形最终画面制作效果，如图3-2-15所示。

图3—2—15　最终画面效果

15.最后，在完成背景图形制作后，按Shift + Ctrl + S组合键，另存储名为“背景”的JPG格式文件，留给课件内容制作时调用。具体设置，如图3-2-16所示。

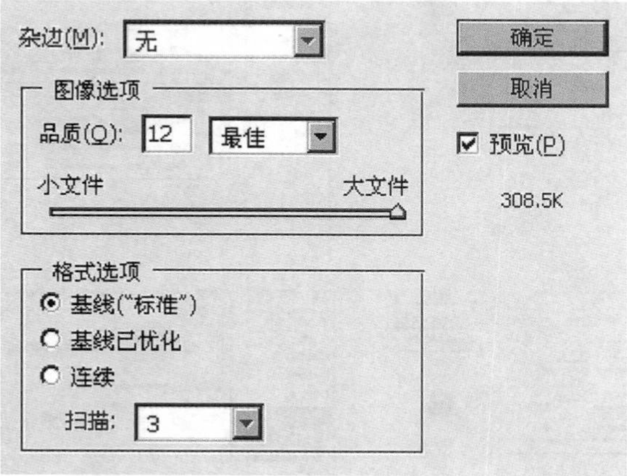

杂边(M): 无
确定
取消
图像选项
品质(Q): 12 最佳
小文件 大文件
预览(P)
308.5K
格式选项
基线(“标准”)
基线已优化
连续
扫描: 3

图3—2—16　JPG格式输出选项

3.2.2 琉璃瓦标题字

1.在上述文件的基础上，选择工具栏中的文字工具，设置字体与大小，如图3-2-17所示。

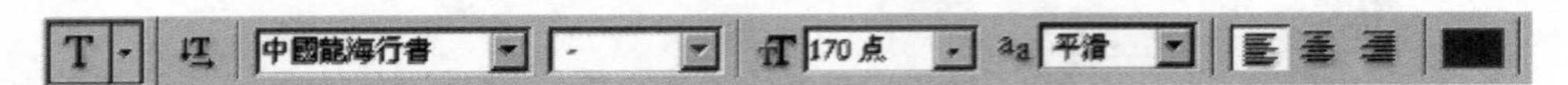

图3-2-17 选择字体设置与大小

2.输入“琉璃瓦”文本，并放置到视图画面左下角的位置，如图3-2-18所示。

图3-2-18 摆放琉璃瓦文本位置

3.选择图层面板中的图层“样式”按钮，设置“混合选项”对话框中的效果参数，如图3-2-19所示。

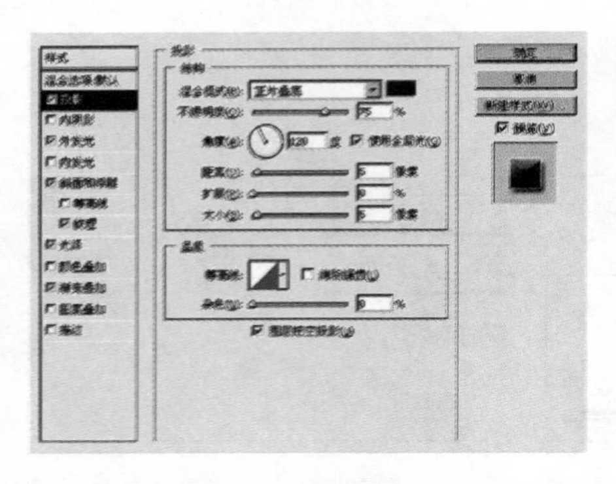

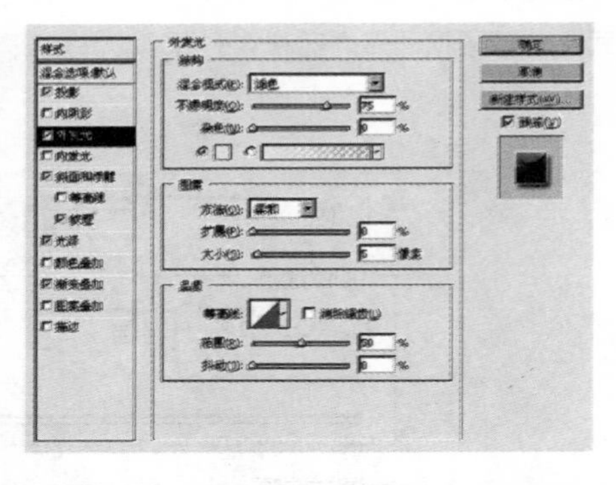

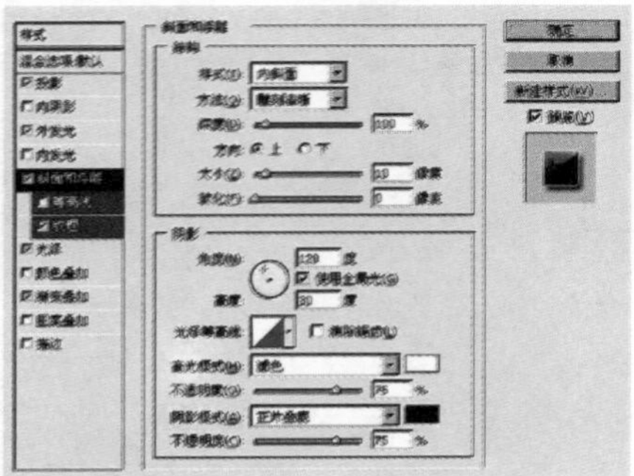

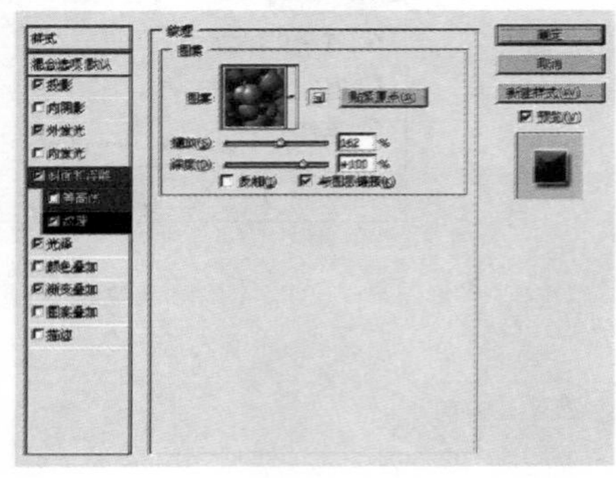

图3-2-19 图层样式效果设置（一）

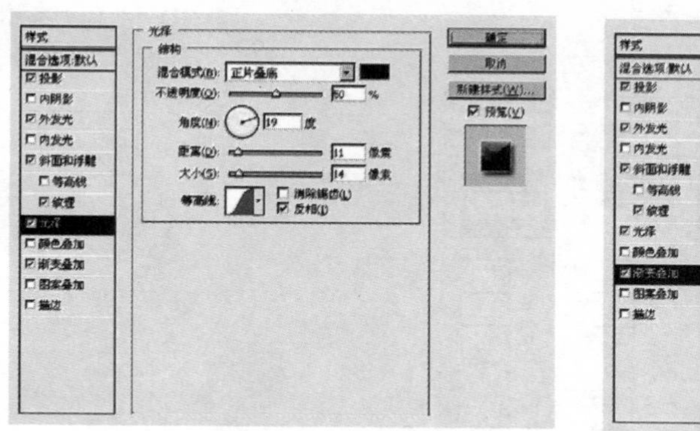

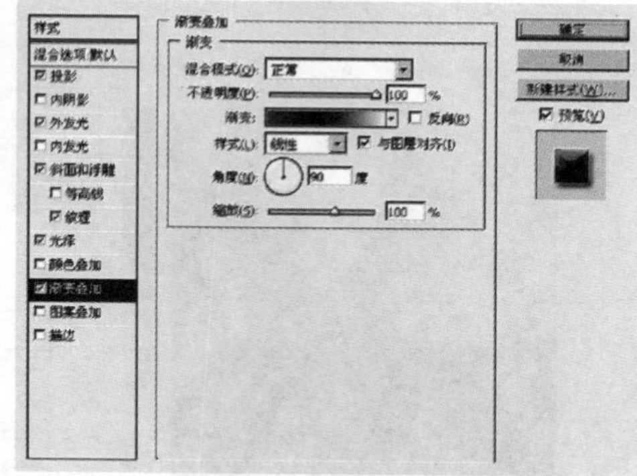

图3—2—19　图层样式效果设置（二）

4. “琉璃瓦”文本图层，全部的图层样式效果选项，如图3-2-20所示。

5. “琉璃瓦”标题字最终画面效果，如图3-2-21所示。

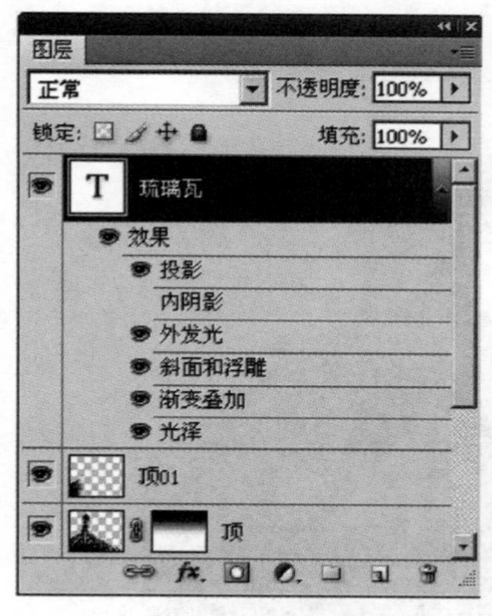

图3—2—20　图层样式的效果选项

图3—2—21　琉璃瓦标题字画面效果

● 3.2.3　中国古建艺术标题字

1.承接上述文件，选择工具栏中的文字工具，然后设置字体与大小，如图3-2-22所示。

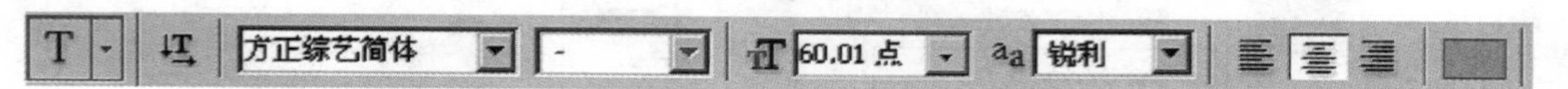

图3—2—22　设置字体与大小

2.设置填充的字体颜色，如图3-2-23所示。

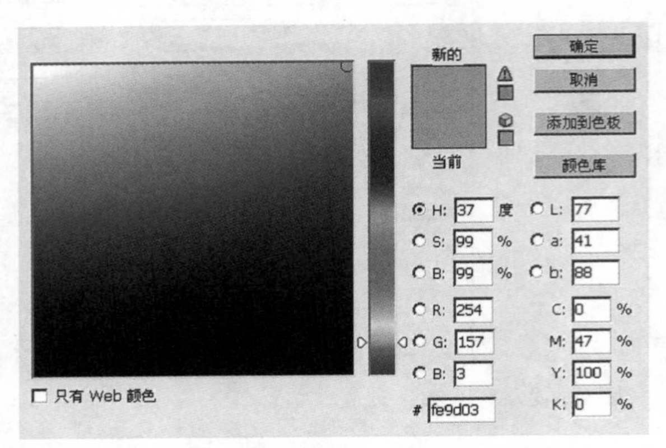

图3—2—23　设置填充的字体颜色

3.输入“中国古建艺术”标题文本，然后移动到视图左下角的位置，如图3-2-24所示。

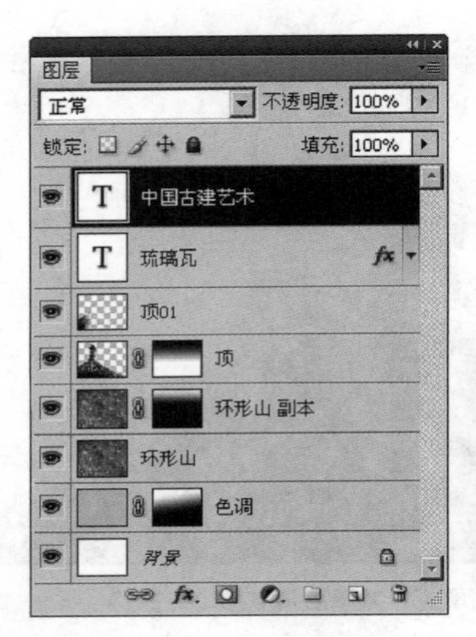

图3—2—24　确定字体摆放位置

4. 选择图层面板底部的图层“样式”按钮，设置“混合选项”对话框效果参数，如图3-2-25所示。

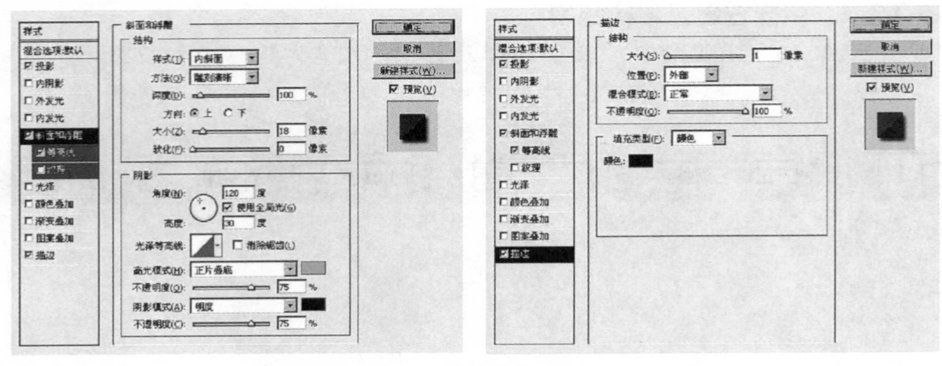

图3—2—25　设置图层样式效果

5. “中国古建艺术” 标题字与背景的整体显示效果，如图3-2-26所示。

图3—2—26　标题字整体效果

6.下面分别输出带透明背景的字体图形文件，首先选中“中国古建艺术”图层，然后隐藏其他图层的可见性，如图3-2-27所示。

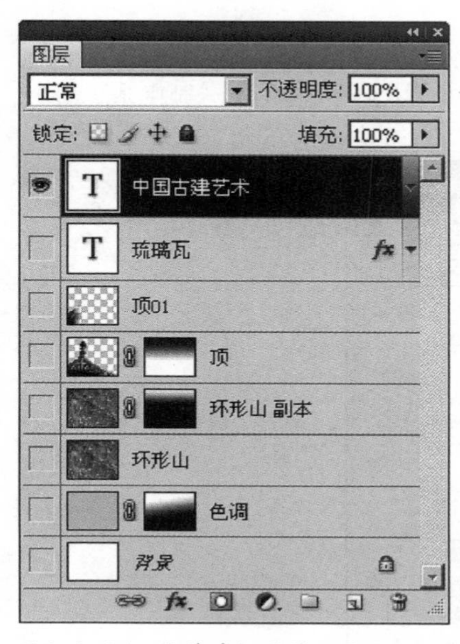

图3—2—27　隐藏其他图层可见性

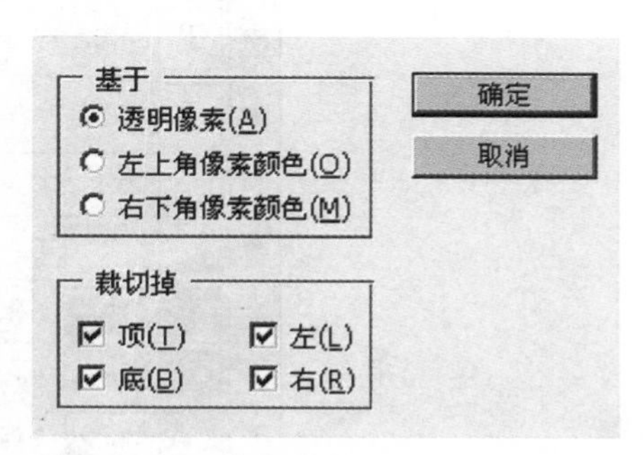

图3—2—28　裁剪图像

7. 选择菜单栏中的**图像｜裁剪命令**，在弹出的对话框中，保留默认选项，如图3-2-28所示。

8.按Shift + Ctrl + S组合键，另存储名为“中国古建艺术”的PNG格式文件，在内容程序制作时调用，如图3-2-29所示。

图3—2—29 输出透明背景的PNG格式文件

9.选中图层面板中的“琉璃瓦”图层，隐藏其他图层的可见性，如图3-2-30所示。

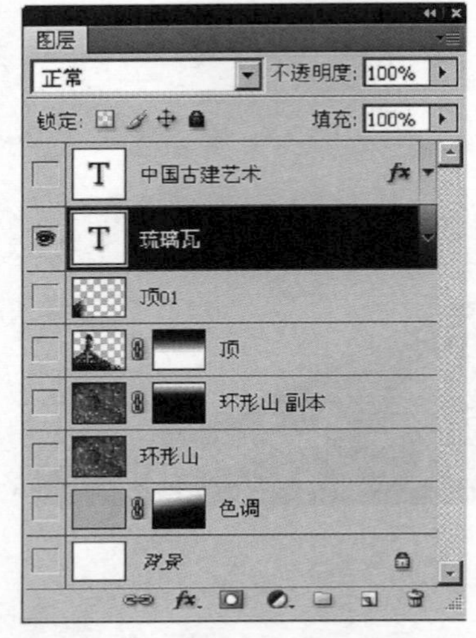

图3—2—30 隐藏其他图层可见性

10. 选择菜单栏中的 **图像 | 裁剪** 命令，在弹出的对话框中，保留默认选项。输出名为“琉璃瓦”的PNG格式文件，如图3-2-31所示。

图3—2—31 带透明背景的PNG格式文件

11.最后，打开所有图层的可见性，如图3-2-32所示。按Ctrl + S键，保存PSD工程文件，以备后续制作工作中，可能需要的修改。如不作说明，后序文中，相关制作都包含这一步骤。

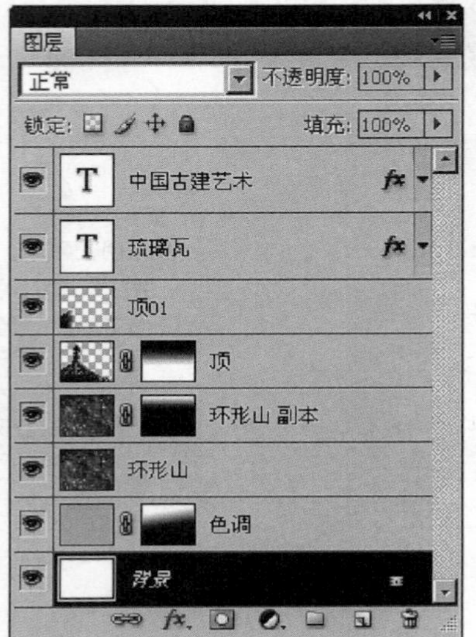

图3—2—32 打开全部图层的可见性

3.3 文化渊源界面设计

上一节教程处理好的图片，用作本节教程的素材。其他所需的图形素材，主要从实景拍摄的图像素材库中选择处理。本节教程中的场景色调，与上一节内容画面保持统一。

● 3.3.1 界面背景图形

1.首先，在Photoshop中打开琉璃瓦多媒体课件\图形设计\主界面\ “主界面背景.jpg”文件。然后，按Shift + Ctrl + S组合键，另存储名为“文化渊源”的PSD格式工程文件。如图3-3-1、图3-3-2所示。

图3—3—1　打开JPG格式图片素材

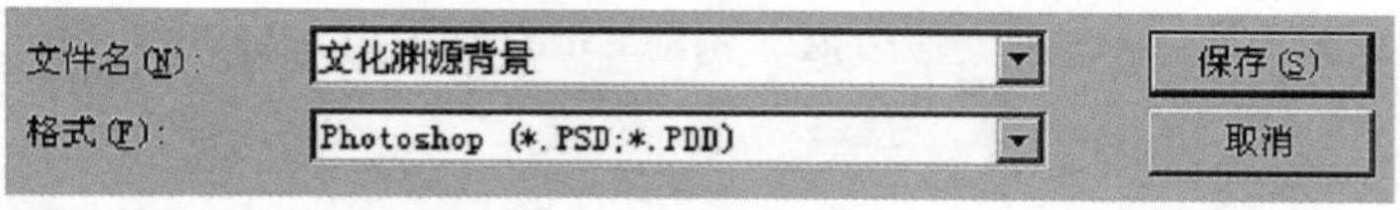

文件名(N)：文化渊源背景　保存(S)
格式(F)：Photoshop (*.PSD;*.PDD)　取消

图3—3—2　另存为PSD工程文件

2.选中“背景”图层，按住鼠标左键，拖到新建图层按钮上创建副本，如图3-3-3所示。

图3—3—3　创建图层副本

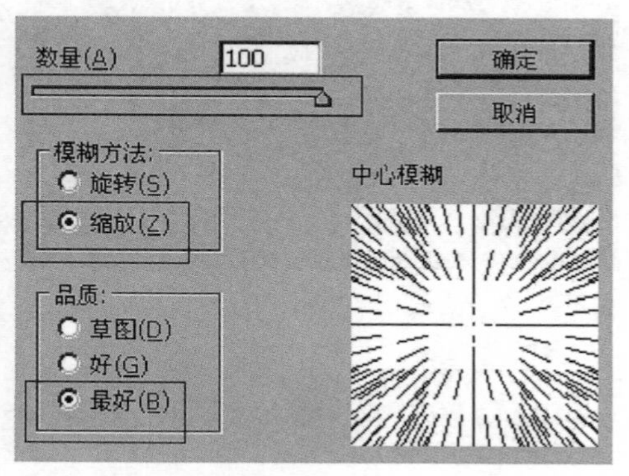

图3—3—4　设置径向模糊命令

3.选择菜单栏中的 **滤镜 | 模糊 | 径向模糊** 命令，在“径向模糊”命令板中把“数量”设置为100，如图3-3-4所示。

4.选择“确定”按钮命令，画面会呈现光感的效果，如图3-3-5所示。

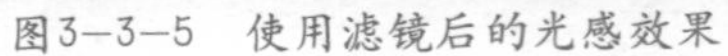
图3—3—5　使用滤镜后的光感效果

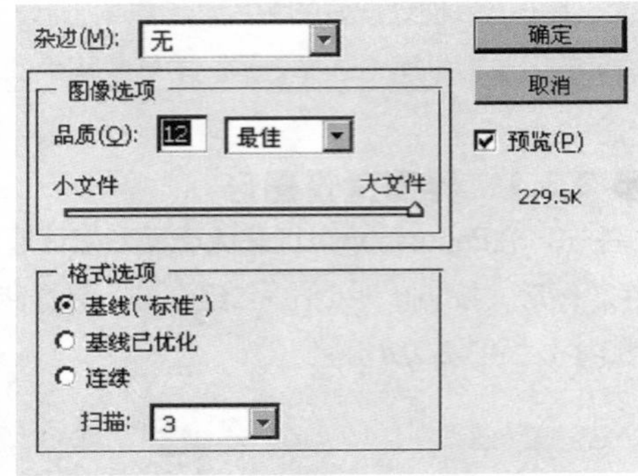

图3—3—6　图像压缩品质为最佳

5. 按Shift + Ctrl + S组合键，另存储名为“光效背景”的JPG格式文件，图像压缩品质为最佳、12，如图3-3-6所示。其他内容模块制作时会调用这个存储文件。

6.按Ctrl + O键，打开琉璃瓦多媒体课件\图形设计\主界面\ “环形山.jpg”文件，如图3-3-7所示。

7.选择工具栏中的移动工具，按住Shift键把打开的图片拖到编辑图层中，如图3-3-8所示。

图3—3—7　素材图片

图3—3—8　拖入素材图片

8.选择工具栏中的渐变填充工具，如图3-3-9所示。

图3—3—9　渐变填充选项栏

9.选择图层面板中的蒙版按钮，在视图中斜向填充蒙版，如图3-3-10所示。

图3—3—10　斜向填充蒙版

图3—3—11　叠加后的画面效果

10.设置“环形山”蒙版图层的融合方式为“叠加”，画面效果，如图3-3-11所示。然后按Shift + Ctrl + S组合键，另存储名为“背景2”的JPG格式文件，设置压缩品质为最佳、12。

11. 按Ctrl + O键打开琉璃瓦多媒体课件\图形设计\文化渊源\ “牌楼屋顶.png”文件，如图3-3-12所示。

12. 选择工具栏中的移动工具，按住Shift键，把图片拖到编辑图层中，如图3-3-13所示。

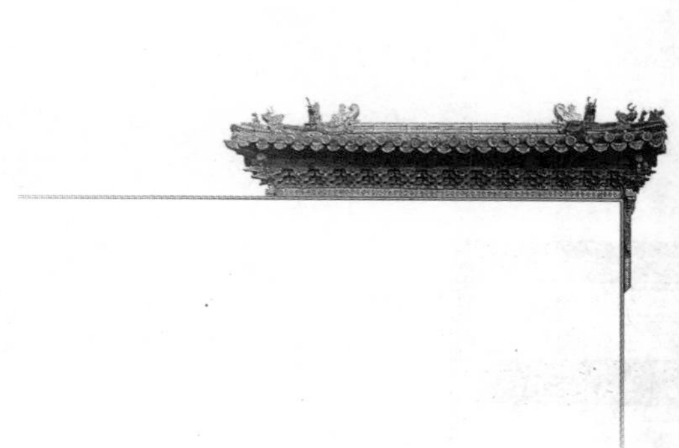
图3—3—12　打开素材图片

图3—3—13　拖入素材图片

13. 选中“屋脊”图层，选择图层融合方式为“明度”，最终效果，如图3-3-14所示。

图3—3—14　最终画面效果

14.按Shift + Ctrl + S组合键，另存储名为“文化渊源背景”的JPG格式文件，设置压缩品质为最佳、12。最后，按Ctrl + S键保存PSD工程文件，然后关闭视图文件。

● 3.3.2　七脊兽飞檐图形

1. 接上文所述，重新按Ctrl + O键打开“背景2.jpg”图片素材，如图3-3-15所示。

图3—3—15　打开背景图片

2. 再按Ctrl ＋ O键打开琉璃瓦多媒体课件\图形设计\文化渊源\ “七脊兽飞檐.jpg”素材文件，如图3-3-16所示。然后拖入到背景2编辑图层中。

3.选择工具栏中的缩放工具，把视图画面放大到像素级，然后选择工具栏中的多边形套索工具，仔细地选取图中七个走兽屋檐造型。当起点与终点选取封口后，右键选择“通过拷贝的图层”命令，如图3-3-17所示，创建一个新图层。

图3—3—16　打开素材图片

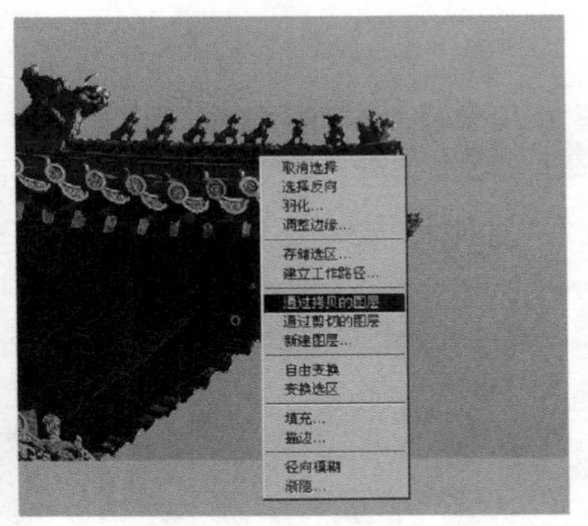

图3—3—17　用选区图形拷贝一个新图层

4.接着按Ctrl ＋T 键，如图3-3-18所示，逆时针旋转一个角度，让造型看起来更有气势。

5.关闭其他图层的可见性，从视图中可以看到去掉背景的图形，如图3-3-19所示。在这个基础上，还可以用橡皮擦对图形细节作进一步调整，如图3-3-20所示。橡皮擦设置为1像素。

图3—3—18　旋转图层

图3—3—19　隐藏图形的背景画面

图3—3—20　橡皮擦设置

6. 选择图层面板中的蒙版按钮，用鼠标在视图中自下而上作渐变蒙版，如图3-3-21所示。

7.使用蒙版的图形画面整体显示效果，如图3-3-22所示。下面将继续对蒙版图形进行色调处理，让它与背景画面色调进一步融合。

图3—3—21　蒙版图层

图3—3—22　蒙版后整体画面效果

8.选择菜单栏 **图像 | 调整 | 色彩平衡** 命令，分别设置中间调、阴影选项参数，然后选择“确定”命令，如图3-3-23所示。

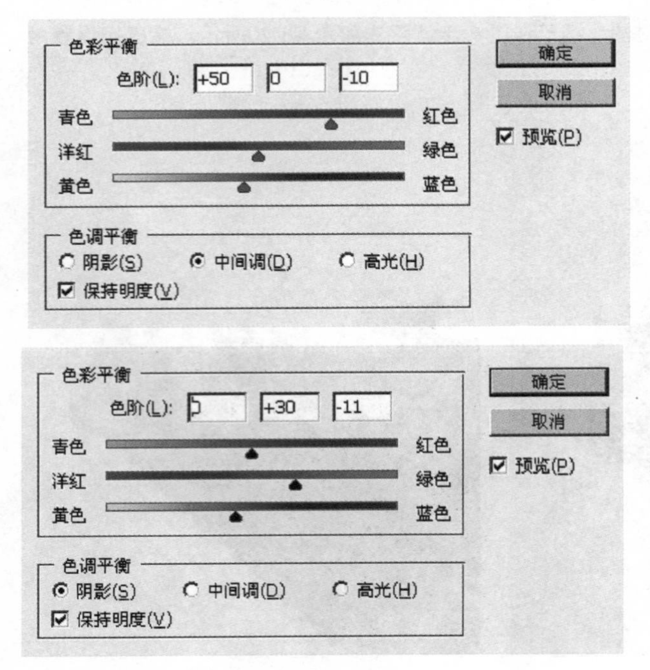

图3—3—23　色彩平衡设置

9.把视图画面放大后，还是可以看到图形边缘的色彩与背景画面不协调，如图3-3-24所示。所以图形还需要作进一步处理。

10.按Ctrl键同时选中图层面板中的图形图标，创建图形选区，如图3-3-25所示。

图3—3—24　图形边缘与背景不协调

图3—3—25　选中图形

11.选择菜单 **选择 | 修改 | 收缩** 命令，设置为1像素，单击“确定”按钮，如图3-3-26所示。

图3—3—26　收缩选区

12.然后选择菜单栏 **选择 | 反向** 命令，再选择菜单栏 **图像 | 调整 | 色彩平衡** 命令，如图3-3-27所示，设置好阴影参数后，单击“确定”按钮。

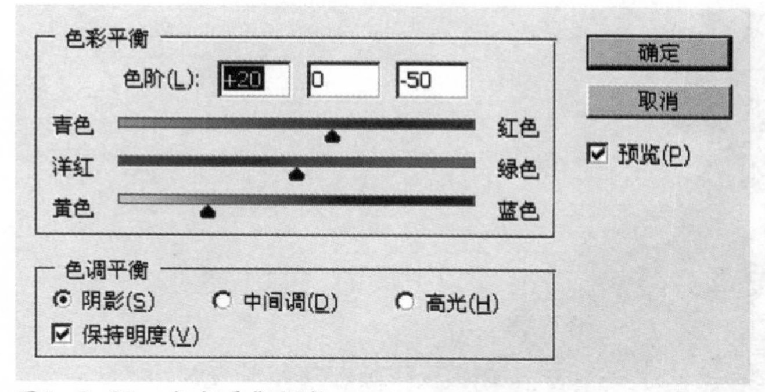

图3—3—27　色彩平衡调整

13.取消选择状态，然后选择菜单栏 **滤镜｜锐化｜USM锐化** 命令，设置好数量、半径参数后单击“确定”按钮，如图3-3-28所示。

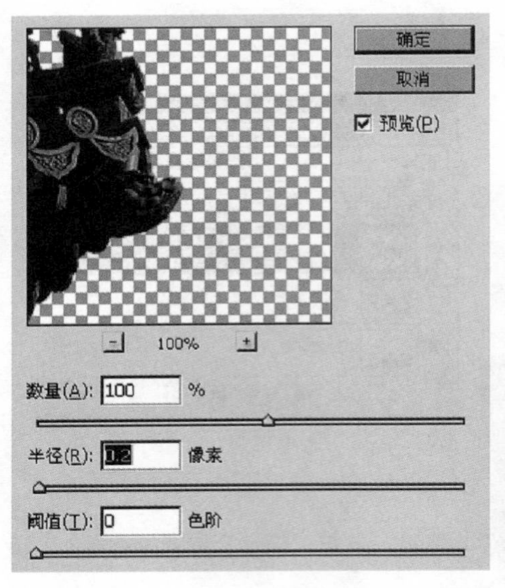

图3—3—28 选择锐化的图形效果

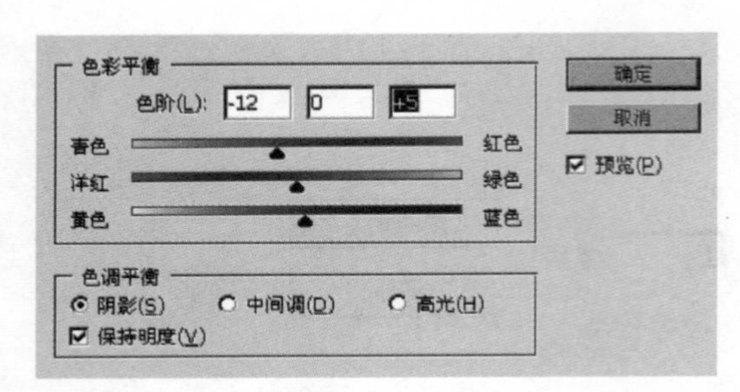

图3—3—29 进一步调整图形暗部色彩

14.现在图形看上去还是有点过于偏暖，需要在暗部再作点调整。选择菜单栏 **图像｜调整｜色彩平衡** 命令，如图3-3-29所示。设置好阴影参数后，单击“确定”按钮。

15.图形处理完成后，视图画面整体显示效果，如图3-3-30所示。

图3—3—30　最终画面整体效果

16.按Ctrl + S 键，保存本例的PSD工程文件。取消其他图层的可见性，如图3-3-31所示。

图3-3-31　取消其他图层可见性

17.选择菜单栏 **图像 | 裁剪** 命令，如图3-3-32所示。设置好参数后，单击“确定”按钮。

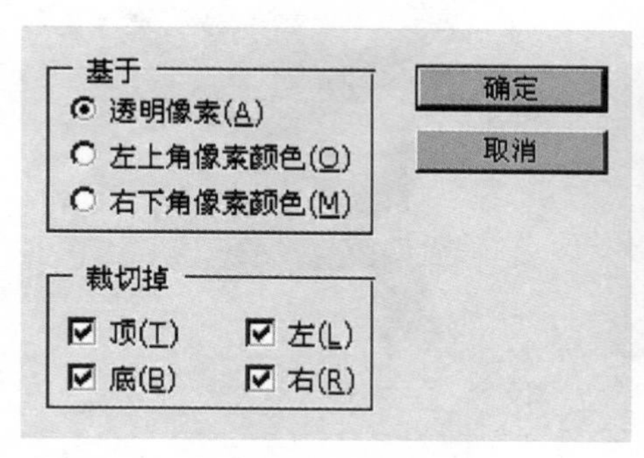

图3-3-32 裁剪透明背景图形

18.按Shift + Ctrl + S 组合键，另存名为“七走兽”的PNG格式文件。

3.4 品种规格界面设计

在上一节教程中制作好的部分图片，本节教程中将作为素材继续使用。新增加的“龙”图形素材，是从故宫九龙壁拍摄的图像上截取的。其处理过程简单而繁琐，主要是利用多边形选择工具，一点一点地扣取，所以这个处理过程在本节教程中就省略了。

● 3.4.1 界面背景图形

1.启动Photoshop CS4软件，按Ctrl + O键打开琉璃瓦多媒体课件\图形设计\品种规格\“光效背景.jpg”文件，如图3-4-1所示。按Shift + Ctrl + S组合键，另存储名为“品种规格”的PSD格式工程文件。

图3—4—1 打开素材图形文件

图3—4—2 素材图形文件

2.按Ctrl + O键打开琉璃瓦多媒体课件\图形设计\品种规格\“龙.png”文件，如图3-4-2所示。

3.把“龙”素材图形，拖到背景编辑图层中，如图3-4-3所示。

4. 选择菜单栏 **编辑 | 变换 | 水平翻转** 命令。然后在图层面板中，设置“龙”图层的融合方式为“柔光”。视图中的画面效果，如图3-4-4所示。

图3—4—3 拖入“龙”图形

图3—4—4 图层融合画面效果

5.按Shift + Ctrl + S组合键，另存储一个名为“品种规格”的JPG格式文件。如图3-4-5所示。设置图像压缩品质为最佳、12，最后，单击“确定”按钮。

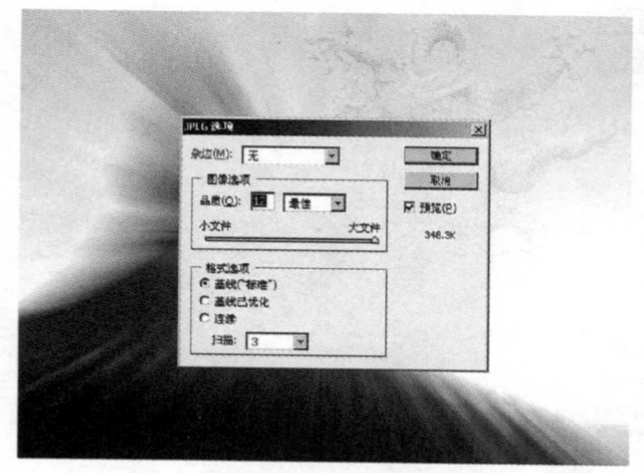

图3-4-5　另存储一个JPG格式文件

● 3.4.2　三脊兽飞檐图形

1.承接上述工作文件，按Ctrl + O键打开琉璃瓦多媒体课件\图形设计\品种规格\ “三脊兽飞檐.tif”文件，如图3-4-6所示。

2.把图形拖入到编辑视图中，如图3-4-7所示。

图3-4-6　“三脊兽飞檐”素材图片

图3-4-7　拖入素材到编辑视图中

3. 选择菜单栏 **编辑 | 变换 | 水平翻转** 命令。然后如图3-4-8所示，把图形拖动到左下角视图画面的位置。

图3-4-8　图形放置的位置

4. 选择菜单栏 **图像 | 调整 | 色相/饱和度** 命令，如图3-4-9所示，调整好饱和度参数后，单击“确定”按钮。

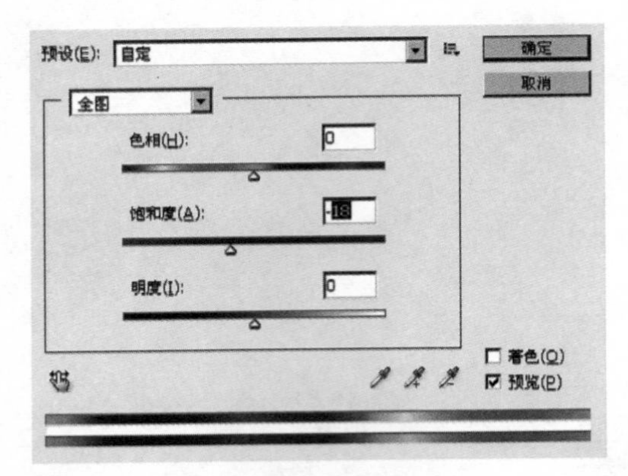

图3—4—9　降低图形饱和度

5.在图层面板中，设置 “图层1”图层的融合方式为“明度”，如图3-4-10所示。画面的整体显示效果，如图3-4-11所示。

图3—4—10　设置图层融合方式

图3—4—11　图层融合的效果

6.选择工具栏中的多边形套索工具，如图3-4-12所示，创建一个选区，羽化值设置为50。

7.右键选择“通过拷贝的图层”命令，如图3-4-13所示，用选区图形复制一个新图层。

图3—4—12　创建图形选区

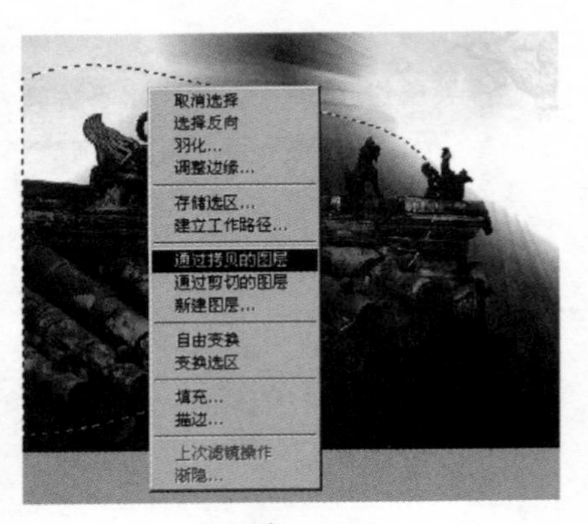

图3—4—13　复制选区图形

8.选中图层面板中的“图层2”图层，把图层融合方式恢复为“正常”。按住Ctrl键同时，单击“图层1”图层显示图标，创建一个选区。然后选中 “背景”图层，右键选择“通过拷贝的图层”命令，在背景图片上复制一个新的“图层3”图层，如图3-4-14所示。

9. 按Ctrl + S键，存储PSD工程文件。最后制作好的画面显示效果，如图3-4-15所示。

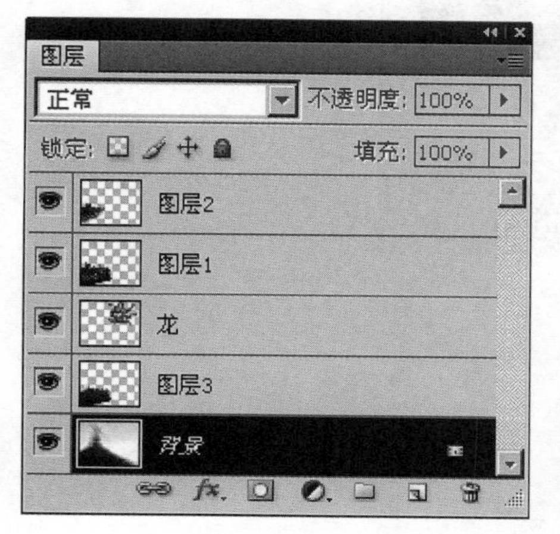

图3—4—14 在背景图层上创建“图层3”图层

图3—4—15 最终的画面显示效果

10.接下来把“图层3”移动到“龙”图层上面，按Shift键同时选择三个图层，再按Ctrl + E键合并选中的图层。如图3-4-16所示。

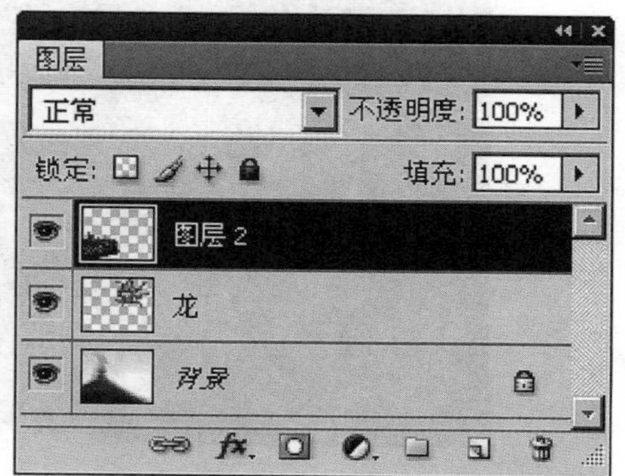

图3—4—16 合并图层

11.保持“图层2”选择状态，隐藏其他图层的可见性，如图3-4-17所示。

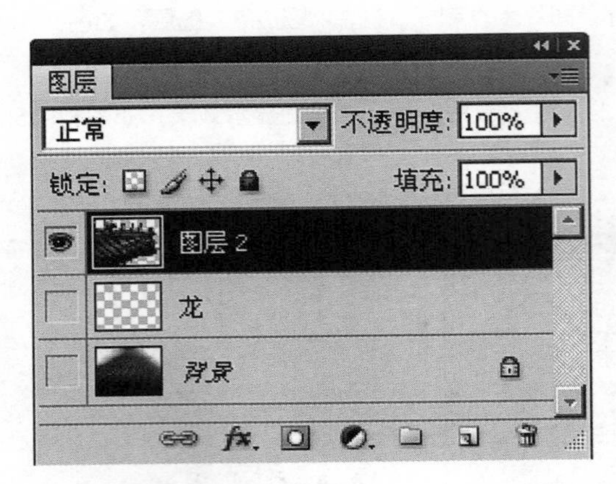

图3-4-17　隐藏其他图层

12. 选择菜单栏 **图像 | 裁剪** 命令，保持默认参数设定，单击“确定”按钮。然后再按Shift + Ctrl + S组合键，另存储名为“三脊兽”的PNG格式文件。如图3-4-18所示。

图3-4-18　存储的PNG格式图形

3.5 铺设工艺界面设计

本节教程内容比较简单，只有一个基本的背景图形界面制作。用了两张图片素材，其中的汉白玉石雕龙是在故宫太和殿拍摄的，没作什么处理，直接截取原图中的局部图形。

3.5.1 背景图片制作

1.启动Photoshop CS4，按Ctrl + O键，打开琉璃瓦多媒体课件\图形设计\铺设工艺\“光效背景.jpg”文件。按Shift + Ctrl + S组合键，另存储名为“铺设工艺”的PSD工程文件。再按Ctrl + O键，打开琉璃瓦多媒体课件\图形设计\铺设工艺\“石雕龙.jpg”文件。

2.打开的两张素材图片，如图3-5-1所示。然后把石雕龙图片拖到工程文件中，如图3-5-2所示。

图3—5—1　分别打开两张素材图片

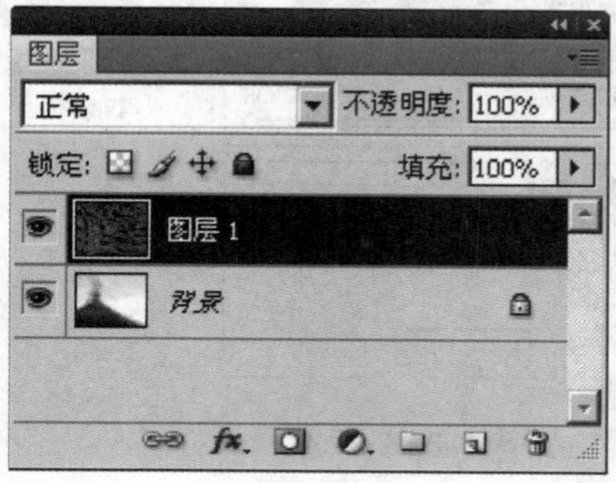

图3—5—2　工程文件图层面板

图3—5—3　创建图层蒙版

3. 选择菜单栏 **编辑 | 变换 | 水平翻转** 命令，水平翻转石雕龙图片。然后选择图层面板中的蒙版按钮，创建图层蒙版效果，如图3-5-3所示。

4.选择工具栏中的渐变填充工具，从视图左下角到右上角蒙版，画面效果，如图3-5-4所示。

5.选中“图层1”图层设置融合方式为“叠加”，设置不透明度为“80%”，如图3-5-5所示。

图3-5-4 渐变填充蒙版画面效果

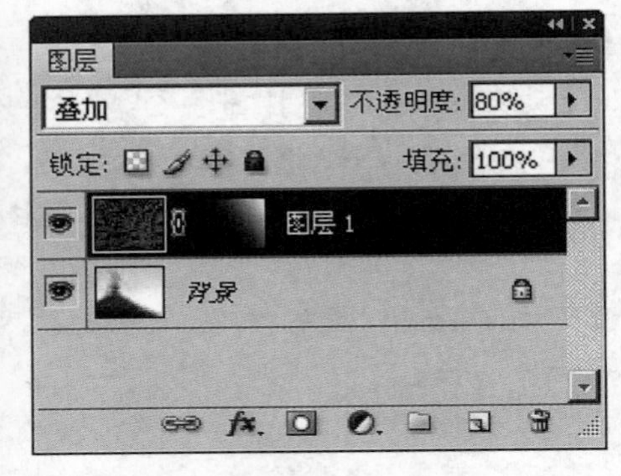

图3-5-5 设置图层融合方式

6.处理后的最终画面整体显示效果，如图3-5-6所示。

7. 最后，按Shift + Ctrl + S组合键，另存储名为“铺设工艺”的JPG格式文件，选择图像压缩品质为最佳、12，单击“确定”按钮，如图3-5-7所示。

图3-5-6 最终画面显示效果

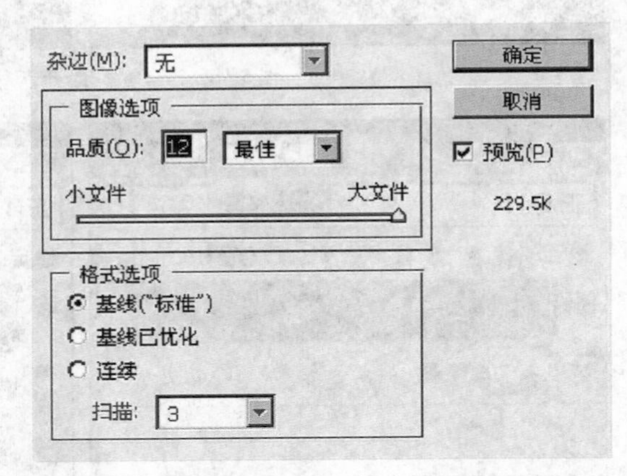

图3-5-7 输出JPG格式文件

3.6 烧制工艺界面设计

在有了前几节内容学习的基础上，下面教程的制作讲解内容，在技术上力求简单有效。值得一提的是素材“轮”的拍摄，比较有趣。图像拍摄于北海公园，一个富丽堂皇琉璃建筑观景亭，拍摄要在亭内中心点处，从下往上成90° 垂直仰拍，因为没有专业的器材，全靠腰力支撑，所以没能拍得理想的圆形，最后只能在Photoshop里作些校正，然后再做个遮罩就处理出来了。

● 3.6.1 背景图片制作

1.启动Photoshop CS4软件，按Ctrl + O键，打开琉璃瓦多媒体课件\图形设计\烧制工艺\“光效背景.jpg”文件。按Shift + Ctrl + S组合键，另存储名为“烧制工艺”的PSD格式工程文件。再按Ctrl + O键，打开琉璃瓦多媒体课件\图形设计\烧制工艺\ “轮.png”文件，如图3-6-1所示。

2.选择工具栏中的移动工具，把“轮”图片拖到编辑工程文件中，如图3-6-2所示。

图3—6—1　带透明背景素材图片

图3—6—2　两个图层的显示效果

3.选中图层面板中的“背景”图层，按住左键，把它拖到图层面板底部的新建图层按钮上，创建一个背景副本。再排列到最上层，如图3-6-3所示。

4.设置“背景副本”图层的融合方式为“强光”，画面显示效果，如图3-6-4所示。

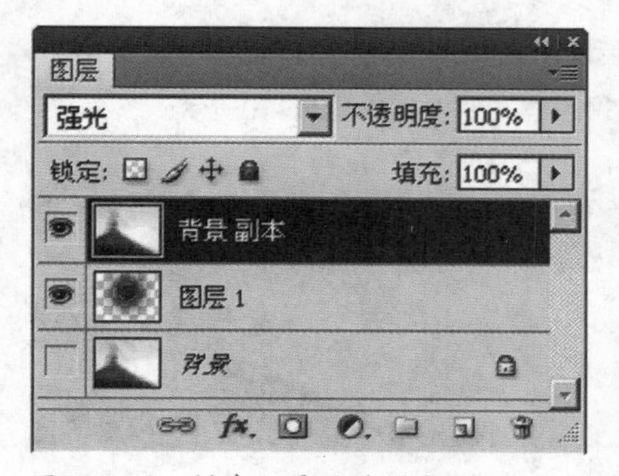

图3—6—3　创建背景图层副本

图3—6—4　图层融合效果

5. 选择菜单栏 **图像 | 调整 | 亮度** 命令，如图3-6-5所示，设置好参数，单击“确定”按钮。

6. 选择菜单栏 **图像 | 调整 | 色彩平衡** 命令，如图3-6-6所示，设置参数，单击“确定”按钮。

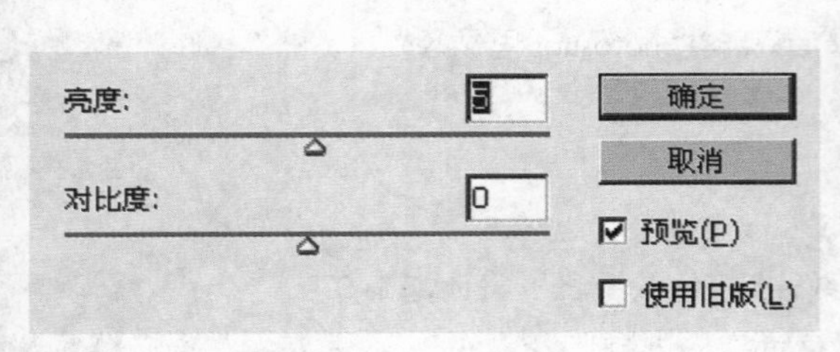

图3—6—5　设置亮度

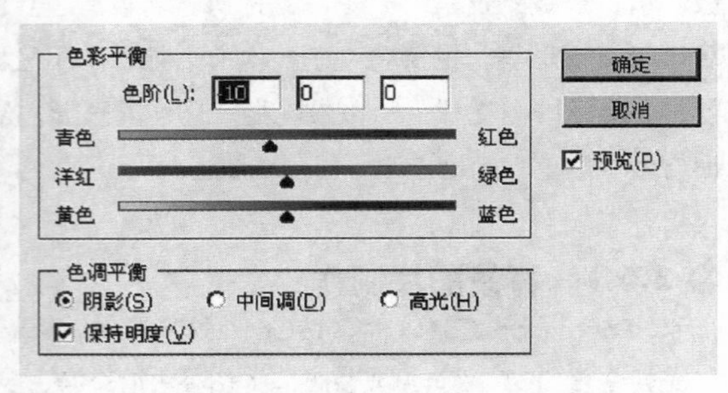

图3—6—6　设置色彩平衡

7. 处理好后最终的画面显示效果，如图3-6-7所示。

8. 按Shift + Ctrl + S组合键，另存储名为“烧制工艺”的JPG格式文件，如图3-6-8所示。

图3—6—7　最终画面效果

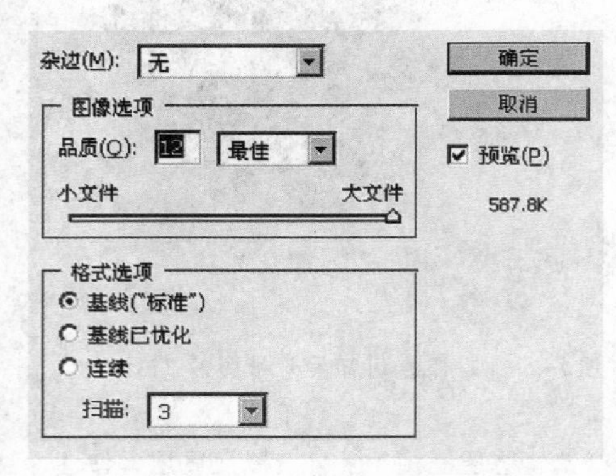

图3—6—8　输出JPG格式文件

● 3.6.2　吞脊兽图形制作

1.承接上述文件，按Ctrl + O键，打开琉璃瓦多媒体课件\图形设计\烧制工艺\ “吞脊兽.png”文件，如图3-6-9所示。然后把它拖入到编辑工程文件中，如图3-6-10所示。

图3—6—9　“吞脊兽”素材图片

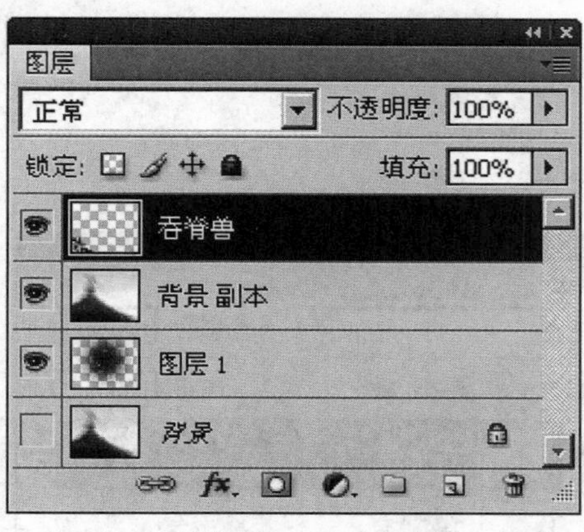

图3—6—10　把素材图片拖到工程文件中

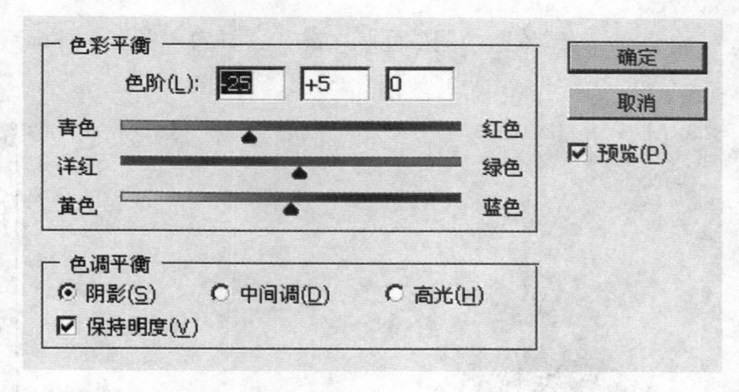

图3—6—11　色彩平衡设置

2.选择菜单栏 **图像 | 调整 | 色彩平衡** 命令，如图3-6-11所示，设置参数，单击“确定”按钮。

3. 色彩平衡调整处理后的图形效果，如图3-6-12所示。

图3—6—12　色彩平衡调整后的图形效果

4. 现在图形的色彩关系中，暗部色调深度不够，需要进一步处理。选择菜单栏 **图像 | 调整 | 曲线** 命令，如图3-6-13所示。调整好后，单击“确定”按钮。

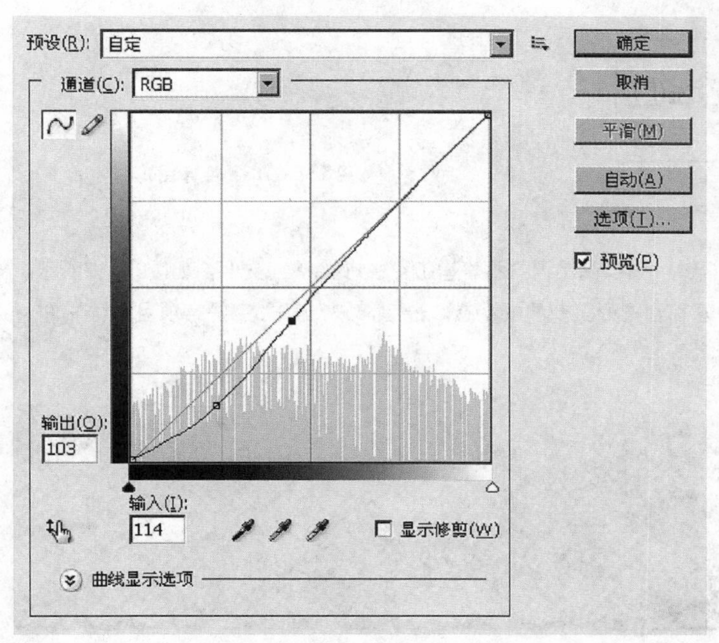

图3—6—13　用曲线调整工具处理图像暗部色调

5. 处理好的画面最终显示效果，如图3-6-14所示。

6.选中图层面板中的“吞脊兽”图层，关闭其他图层的可见性，如图3-6-15所示。

图3—6—14 最终画面整体效果

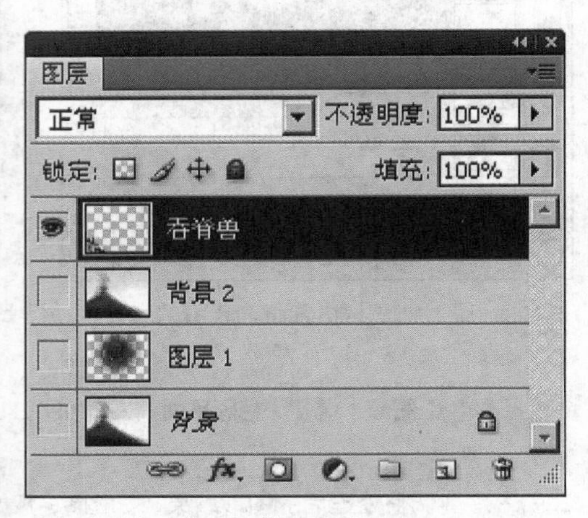

图3—6—15 关闭图层可见性

7. 选择菜单栏 **图像 | 裁剪** 命令，设置好参数后，单击“确定”按钮，如图3-6-16所示。

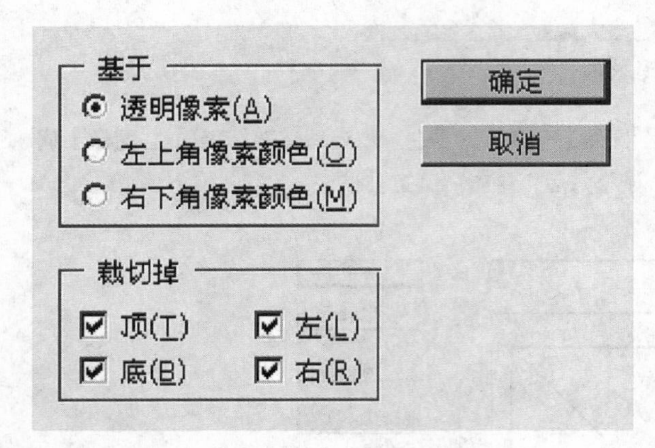

图3—6—16 裁剪图形

8.按Shift + Ctrl + S组合键，另存储名为“吞脊兽02”的PNG格式文件，如图3-6-17所示。然后，按Ctrl + Z键，返回到图形裁剪前的状态。最后，按Ctrl + S键保存项目工程文件。

图3—6—17 输出PNG格式图形

3.7 本章小结

在本章节的教程中，通过运用Photoshop CS4软件的基本功能，总共处理制作了6个JPG格式的图片文件，分别是主界面背景、光效背景、文化渊源、品种规格、铺设工艺、烧制工艺，如图3-7-1所示。同时，还制作了5个PNG格式的图形，分别是七脊兽飞檐、三脊兽飞檐、吞脊兽02、中国古建艺术、琉璃瓦，如图3-7-2所示。

从制作过程中可以看出，用专业的软件编辑处理一般的图形元素，其技术要求简单。但是，多媒体课件是视听艺术形式的综合表现，其开发不仅要求有娴熟的技术，对整体视觉效果的把握更为重要。无论是什么形式的可视化信息内容，具有美感的视觉效果，最能符合应用者的认知需求。并且在处理每一个简单细小的图形时，要考虑它在整体环境中的应用效果。因而，在多媒体课件项目开发过程中，只有具有丰富的实践经验和全局观，才能够最有效地应用软硬件等多种综合因素。

总之，如果所开发的信息内容本身蕴含有真正的价值，那么在具体制作多媒体课件时，符合统一与协调是形式美的设计原则，就完全能够开发出精彩的作品。

图3—7—1　6个JPG格式背景图形

吞脊兽02

七脊兽

三脊兽

中国古建艺术　琉璃瓦

图3-7-2　5个PNG格式图形文件

在本教材案例教程的下一章节里，我们将利用这些素材搭建多媒体课件的主体交互架构。

交互内容动画制作

■ 4.1 交互架构制作

■ 4.2 启动界面制作

■ 4.3 主界面制作

■ 4.4 文化渊源内容制作

■ 4.5 品种规格内容制作

■ 4.6 铺设工艺内容制作

■ 4.7 烧制工艺内容制作

■ 4.8 本章小结

4

4 交互内容动画制作

Flash

4.1 交互架构制作

交互架构设计是多媒体课件功能实现的核心部分，本案例交互设计采用的是AS2.0脚本语言，因为其完全满足本案例制作的功能需要，而且AS2.0资源众多，便于学习和应用。对于程序不是特别复杂的课件开发，AS2.0是简单有效的选择，因为相同的功能AS3.0实现起来要复杂些。毕竟，能够熟练掌握编程技术的设计开发者还是少数。但是，如果项目是大型的综合开发，那么AS3.0肯定更具有优势。只是因为本案例侧重于设计制作，所以采用简单易用的AS2.0脚本程序开发交互设计。

另外，不选用Flash Player 10.0播放器，而选用9.0版本，这是因为后期我们所使用的项目打包软件，其内嵌的播放器只有9.0版本。当然，9.0版本的播放器并不影响本案例的功能演示。最后，库文件的分类存放能够更加有效地管理众多的素材文件。

● 4.1.1 设置Flash工程文件

1. 启动Flash CS4软件，它的主要模块功能区配置，如图4-1-1所示。

2. 首先选择Flash文件（ActionScript2.0），新建AS2.0脚本工程文件，如图4-1-2所示。

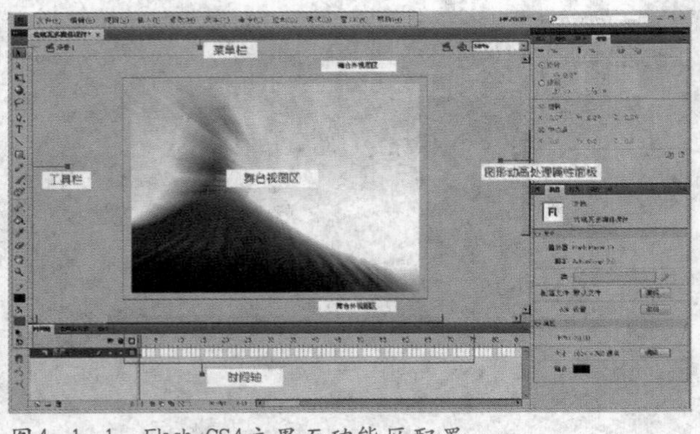

图4—1—1 Flash CS4主界面功能区配置

图4—1—2 选择AS2.0脚本程序

3. 然后需要对Flash文件的属性进行必要的设置。按Ctrl + F3键，打开属性面板，要分别选择设置上下两个“编辑”按钮，如图4-1-3所示。

4. 在弹出的Flash选项栏中，选择播放器Flash player 9，JPG品质选择100。如果是制作网络课件可以设置为80，低于80会严重影响图片的清晰度。

在SWF设置选项栏中，取消压缩影片选项时，影片的演示速度会快一些，缺点是文件体积会大一些。如果想保护影片的知识产权，可以选择高级栏中的防止导入选项，然后在密码框里输入数据密码。最后选择音频设置按钮，如图4-1-4所示。

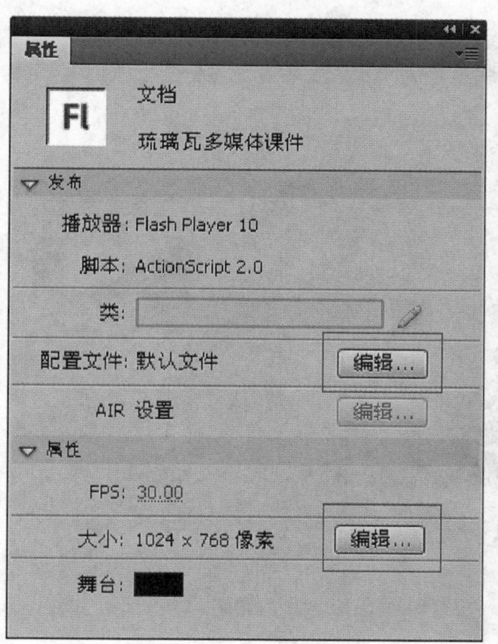

图4—1—3　选择编辑按钮

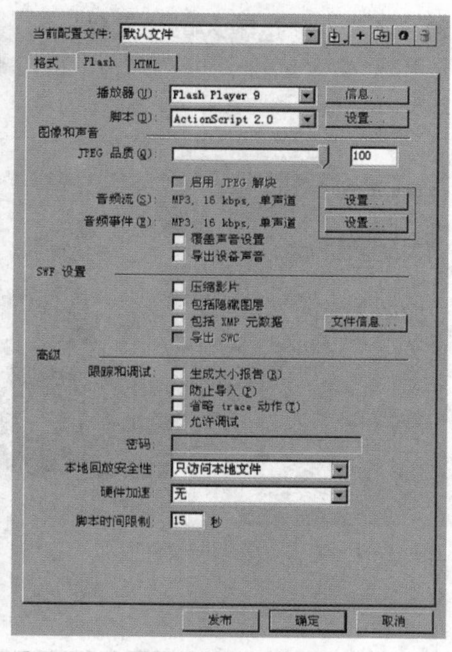

图4—1—4　Flash影片配置选项

5. 分别选择音频流、音频事件“设置”按钮。压缩为MP3，比特率选择128Kbps、立体声、品质为快速，如图4-1-5所示。完成选项设置后，单击“确定”按钮。最后的发布配置，如图4-1-6所示。

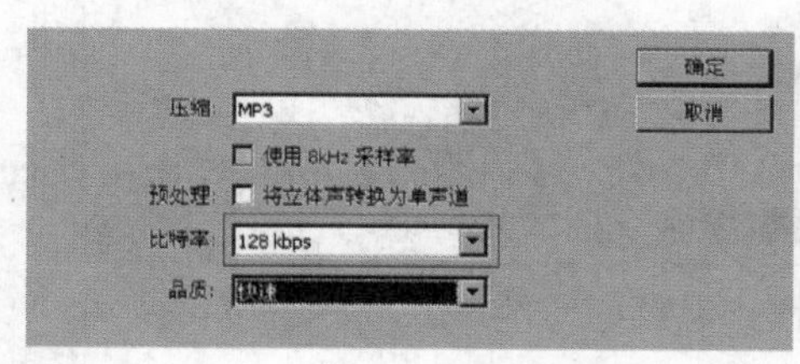

图4—1—5　音频选项设置

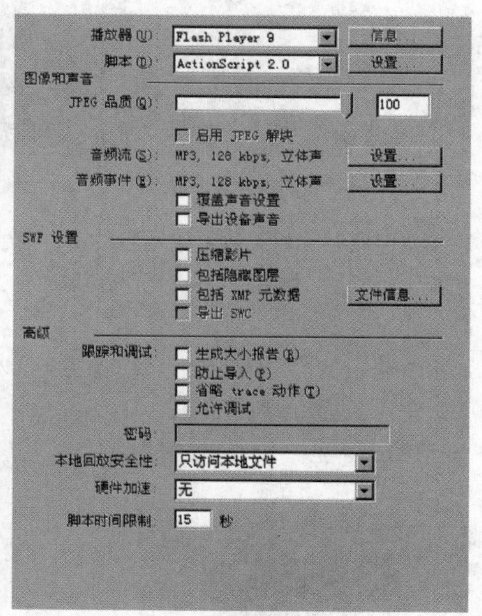

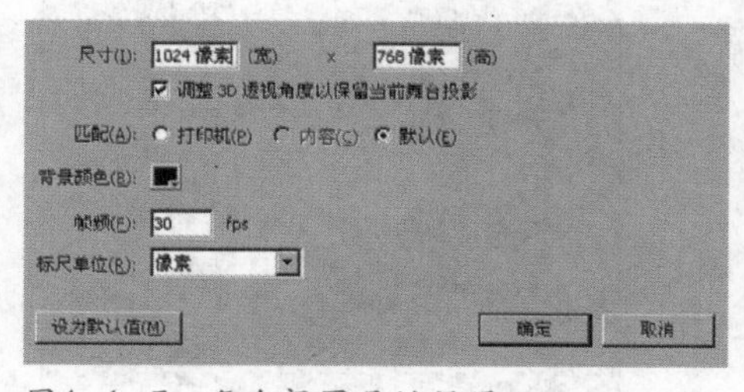

图4—1—7　舞台视图属性设置

图4—1—6　Flash文件的发布配置

6. 最后一步设置舞台视图大小。在属性面板中，单击属性栏中的编辑按钮，在弹出的对话框中，设置帧频为30fps、背景为黑色、尺寸为1024×768，如图4-1-7所示，确定无误，单击“确定”按钮完成设置。

● 4.1.2 创建载入影片元件

1. 在影片基本设置完成后，按Ctrl + S键，另存名为“琉璃瓦多媒体课件”工程文件。再按Ctrl + O键，导入素材“主界面背景.jpg”文件，如图4-1-8所示。

图4-1-8 导入背景素材文件

2. 把时间轴面板中的图层命名为“背景”，选择第6帧，按F5键，如图4-1-9所示。

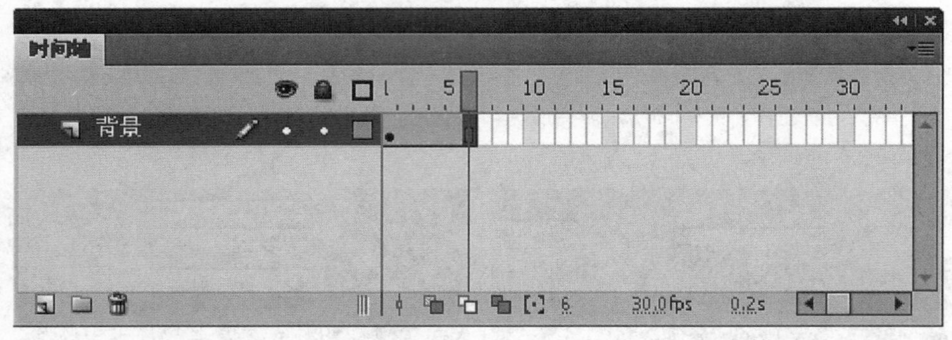

图4-1-9 时间轴上的背景层

3. 单击时间轴面板上的新建图层按钮，创建一个图层，命名为“载入影片”，并锁定“背景”图层。再选择工具栏中的矩形绘制工具，然后在舞台上画一个图形，如图4-1-10所示。

4. 按Ctrl + F3键，在属性面板里设置图形大小与位置，设定宽度为1024.0、高度为768.0、X坐标为0.0、Y坐标为0.0，如图4-1-11所示。

图4-1-10 绘制四边形

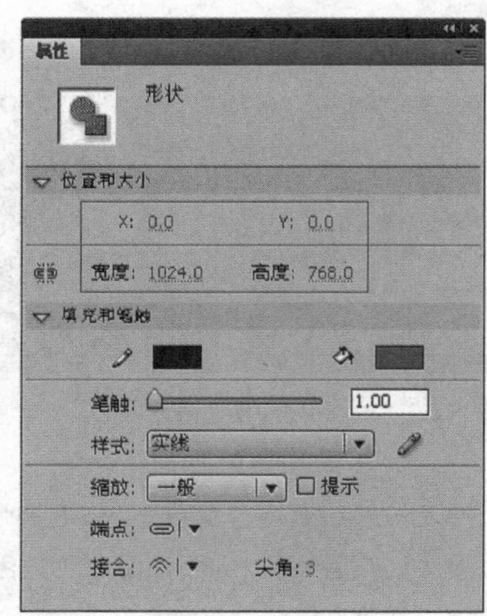

图4-1-11 设置图形大小与位置

5.按Ctrl + K键，选择左对齐和顶对齐命令，让新建的图形完全覆盖舞台。保持图形处于选定状态，然后按F8键，把该图形转换为影片剪辑元件，命名为“载入影片”。注意，元件注册点一定要选择在左上角，单击“确定”按钮，如图4-1-12所示。关于注册点所起的作用，在后续章节内容制作中会体现。另外，Flash所包含的基本元素有文字、字体、位图、矢量图、按钮、影片剪辑等。其中“元件”是Flash中最核心的元素，共有三种不同的类型（影片剪辑、按钮、图形）。已设好的元件名，可以在库中看到，也可以根据需要再更改。

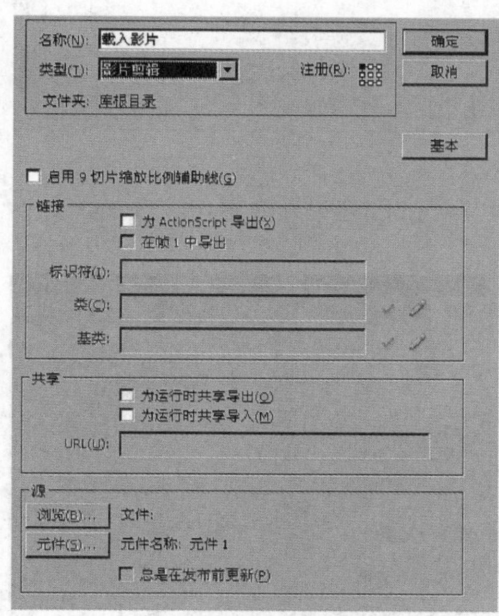

图4—1—12　图形转换为影片剪辑元件

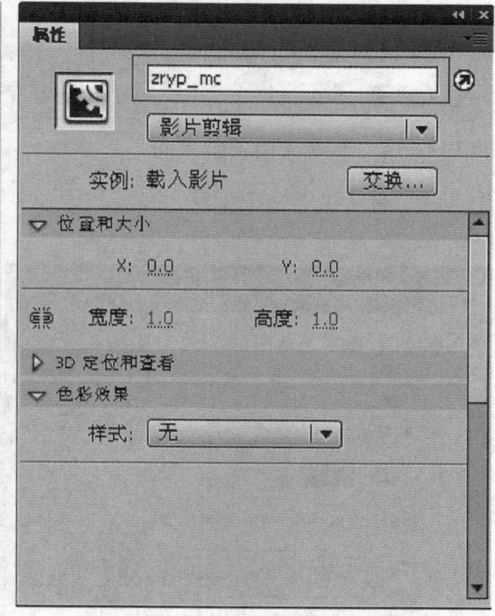

图4—1—13　设定元件的实例名称

6. 保证“载入影片”元件在舞台上处于选定状态，在其属性面板中，设置影片剪辑元件的实例名为“zryp_mc”，如图4-1-13所示。元件是一种在Flash中使用的对象，而实例是元件在舞台上的一次具体使用。实例名是在AS脚本程序中，指向该元件的唯一名字。因此，在Flash中一个元件可以对应多个实例，但一个实例只能对应一个元件。所以，重复使用实例不会增加Flash文件的大小。实例名在元件的属性栏中设定，在AS脚本程序里指定。

7. 双击展开“载入影片”剪辑元件，删除舞台上的图形，注意要保留图形边框的黑线。然后双击舞台以外的视图区，返回场景1，并锁定时间轴面板的图层，如图4-1-14所示。

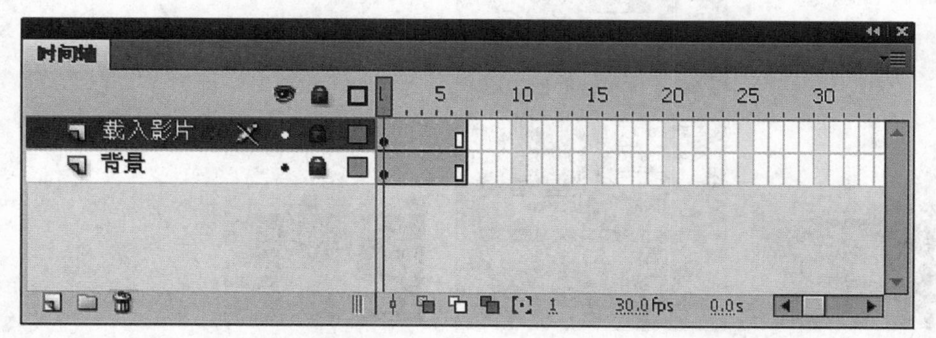

图4—1—14　锁定时间轴面板图层

● 4.1.3 创建关闭功能按钮

1. 单击时间轴面板中的新建图层按钮，命名新图层为“关闭按钮”，如图4-1-15所示。

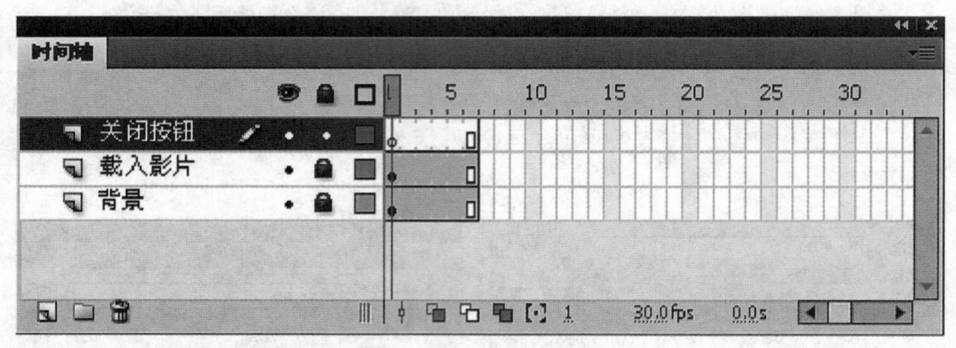

图4—1—15　新建关闭按钮图层

2. 选择工具栏中的线条工具，在其属性面板中设定笔触大小为3，如图4-1-16所示。

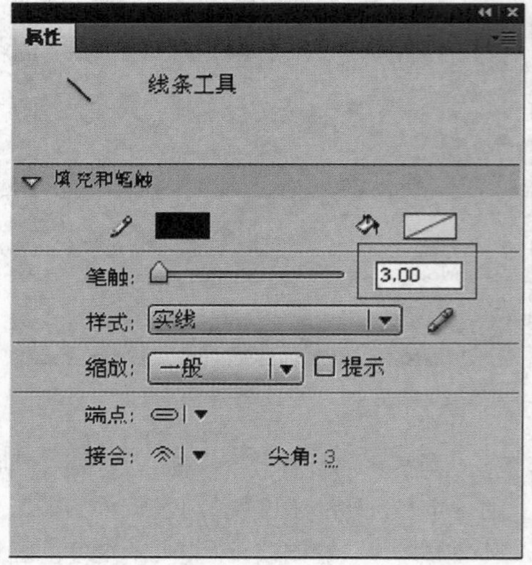

图4—1—16　设定线条宽度

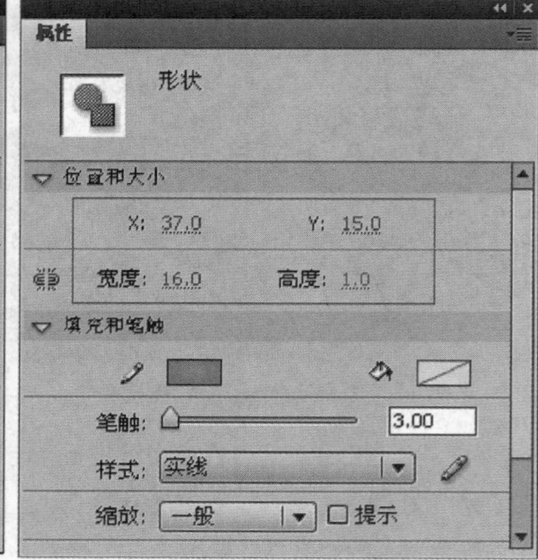

图4—1—17　设定线条大小和位置

3. 按住左键在舞台上画一条直线，在其属性面板中设定位置*X*：37.0、*Y*：15.0，大小为宽度：16.0、高度：1.0，如图4-1-17所示。

4. 继续在属性面板里设定画笔的填充颜色，填充类型选“放射状”，如图4-1-18所示。

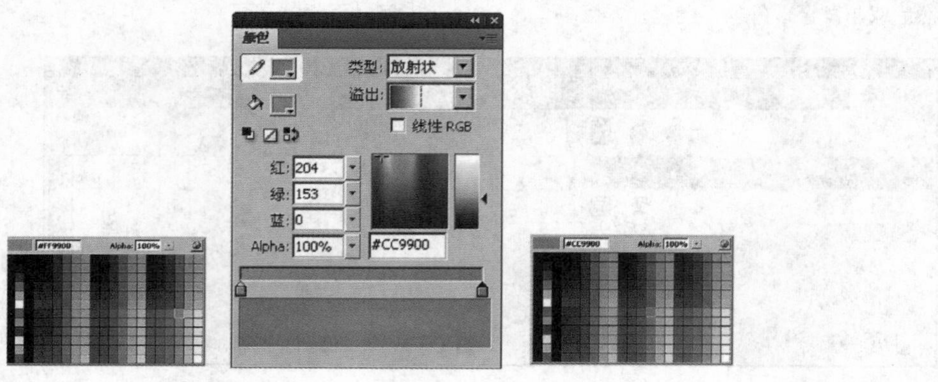

图4—1—18设置笔触填充颜色

5. 选择工具栏中的任意变形工具，把舞台上已填充好颜色的线条旋转45°。然后按Ctrl + C键复制一个图形。再按Ctrl + Shift + V组合键，在当前位置粘贴一个图形。然后选择菜单中的 **修改 | 变形 | 水平翻转** 命令，得到一个交叉的图形。如图4-1-19所示。

6. 选择交叉图形，如图4-1-20所示。按F8键，把图形转换为按钮元件，并输入名称为“关闭按钮”，如图4-1-21所示。最后单击“确定”按钮。

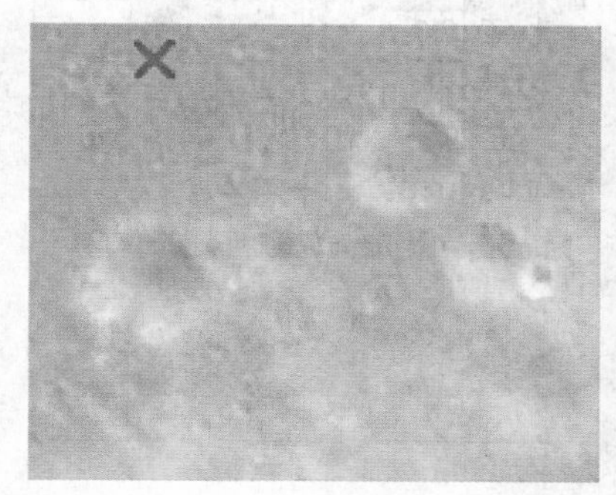

图4—1—19　交叉的图形

图4—1—20　选择图形

图4—1—21　转换图形为按钮元件

7. 双击“关闭按钮”元件，对元件内部的图形作进一步编辑。选中时间轴图层1的第2帧，按F6键，建立一个关键帧。再选中第4帧，也建立一个关键帧，如图4-1-22所示。

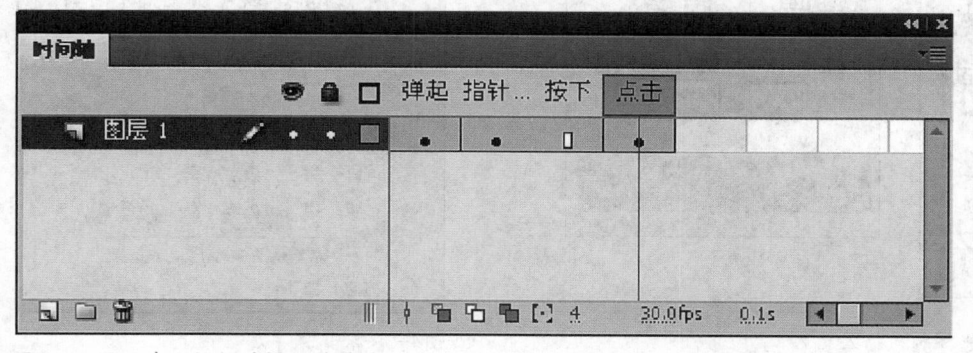

图4—1—22　建立按钮时间轴关键帧

8. 选择时间轴第2帧图形，重新设定填充颜色。如图4-1-23所示。

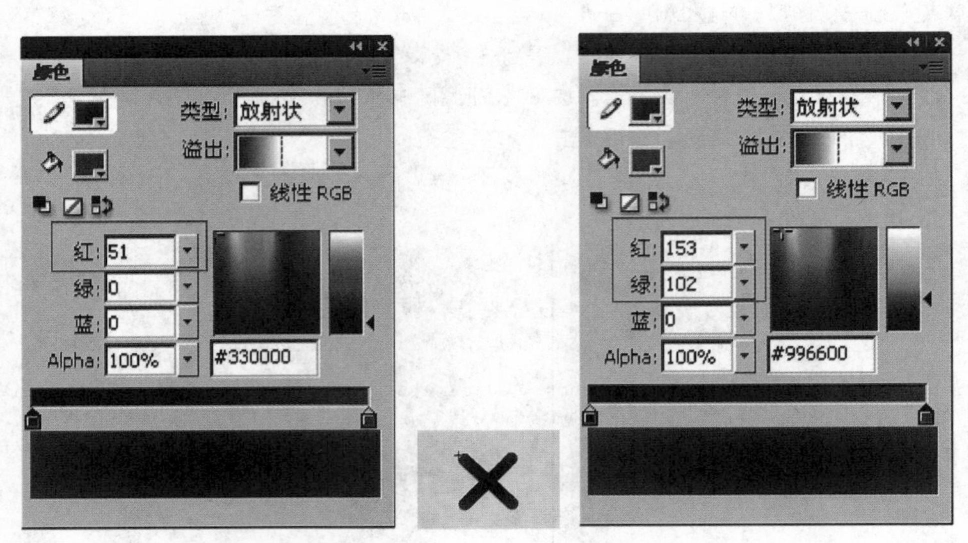

图4—1—23　重新填充第2帧图形颜色

9. 继续新建一个“图层2”图层，如图4-1-24所示。然后选择工具栏中的文本工具，在舞台上图形的下方，输入“关闭系统”字样，如图4-1-25所示。展开文字属性面板，选择宋体、大小为12.0点，消除锯齿栏选择“使用设备字体”，如图4-1-26所示。

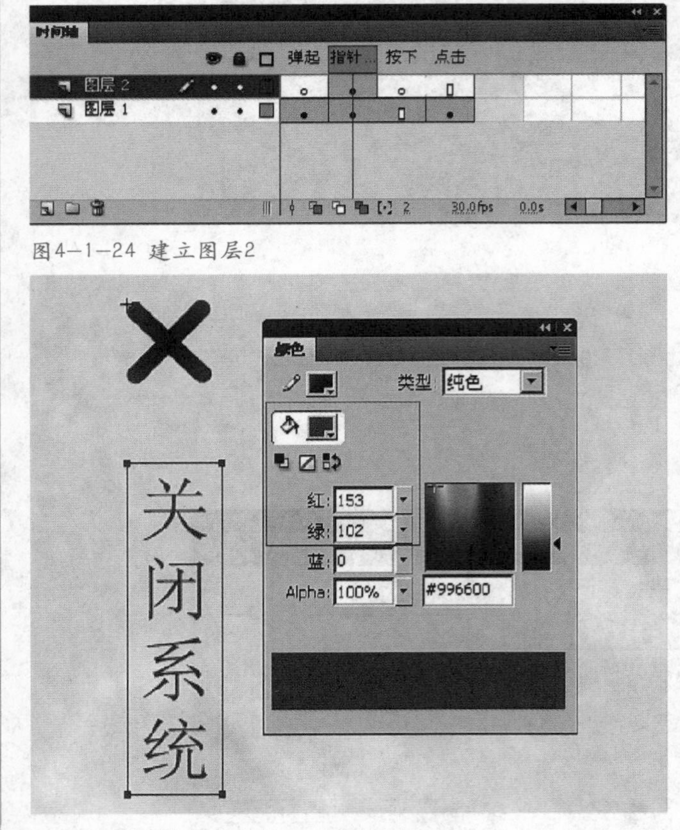

图4—1—24 建立图层2

图4—1—25　选择颜色输入文本

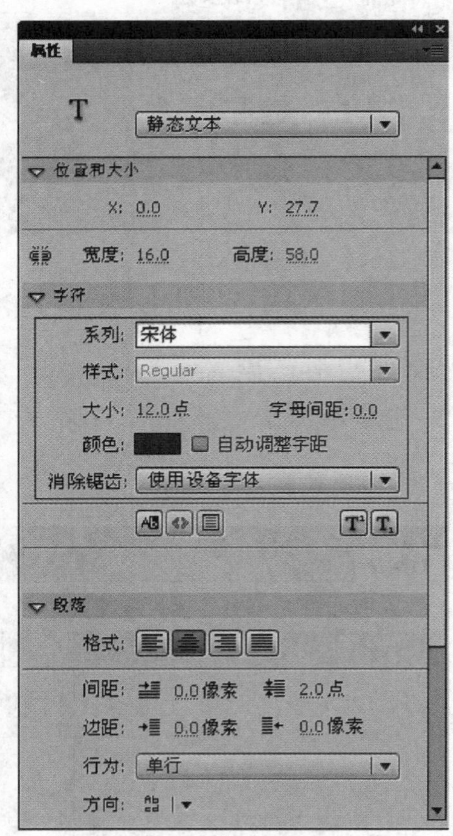

图4—1—26　文字属性设置

10. 选中时间轴第4帧，选择工具栏中的矩形绘制工具，画一个方形。这个图形是作为按钮点击热区的范围，所以，大小与原图形一样就可以了，如图4-1-27所示。最后，双击舞台外视图区，返回场景1时间轴面板，如图4-1-28所示。

11. 选中舞台上“关闭系统”按钮，按F9键，展开其动作面板，输入按钮元件执行脚本，如图4-1-29所示。

图4—1—27　绘制按钮点击热区

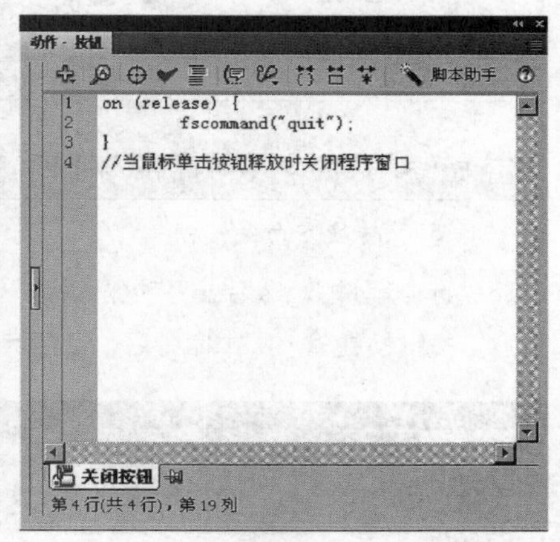

图4—1—29　输入关闭按钮执行脚本

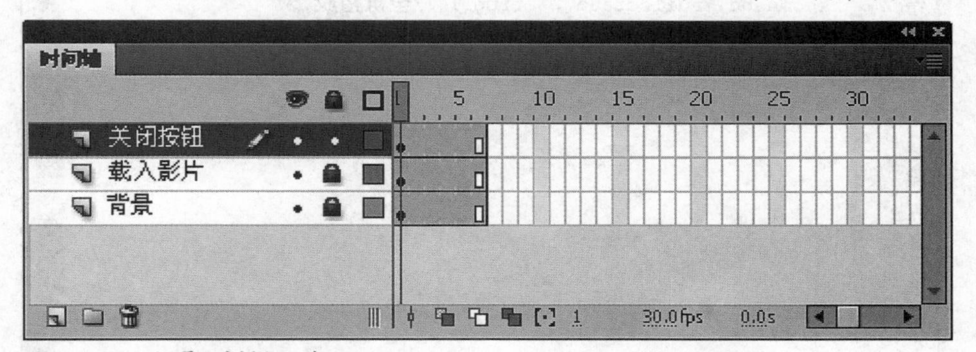

图4—1—28　场景1时间轴面板

● 4.1.4　窗口初始化代码

1. 在场景1时间轴面板中新建一个图层，命名为“AS”，如图4-1-30所示。

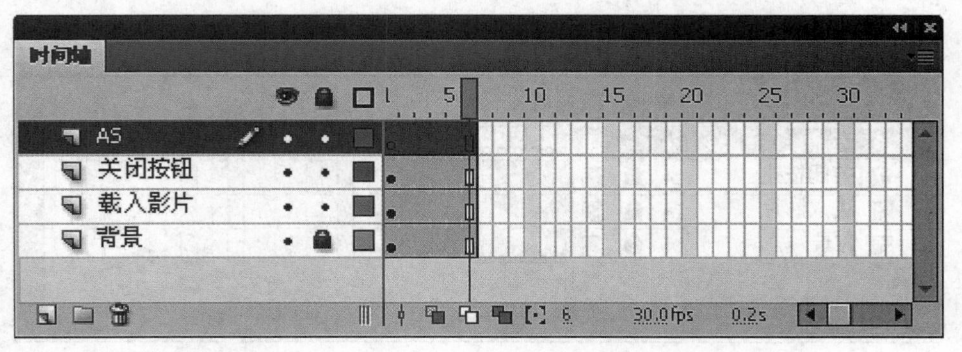

图4—1—30　新建AS图层

2. 选中AS图层，按F6键，转换为空白的关键帧，如图4-1-31所示。

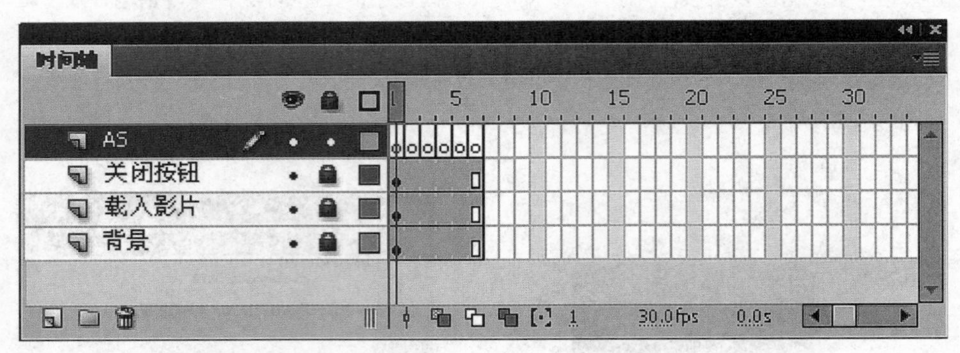

图4—1—31　转换空白关键帧

3. 首先选中第1帧，然后展开动作面板。输入播放器初始化启动脚本，如图4-1-32所示。注意，关键帧在输入脚本命令后，会显示一个α 字母符号，如图4-1-33所示。

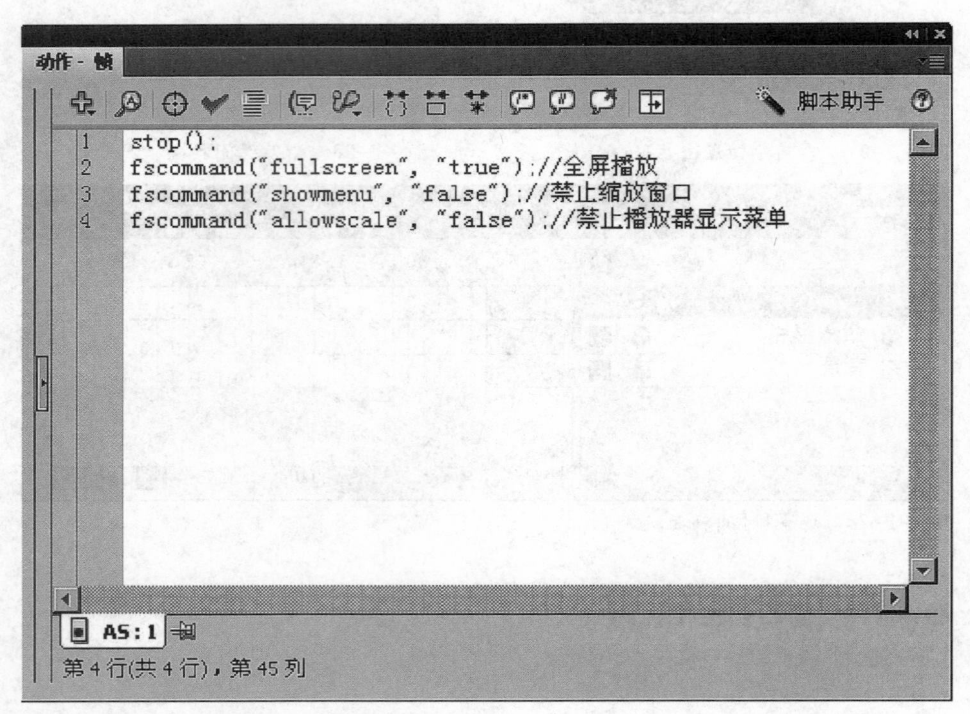

图4—1—32　影片初始化启动脚本

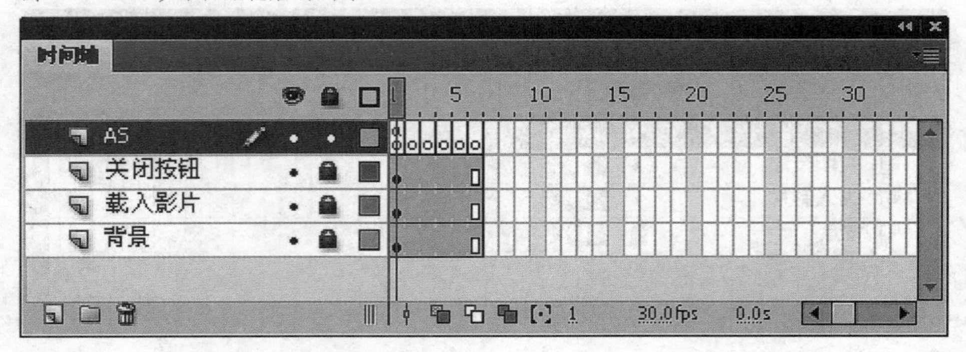

图4—1—33　关键帧中显示α字母符号

● 4.1.5 外部影片载入代码

1. 承接上文，加入影片载入代码：loadMovie("启动画面.swf", "zryp_mc"); 如图4-1-34所示。

2. 继续在场景1时间轴上，依次选择关键帧：

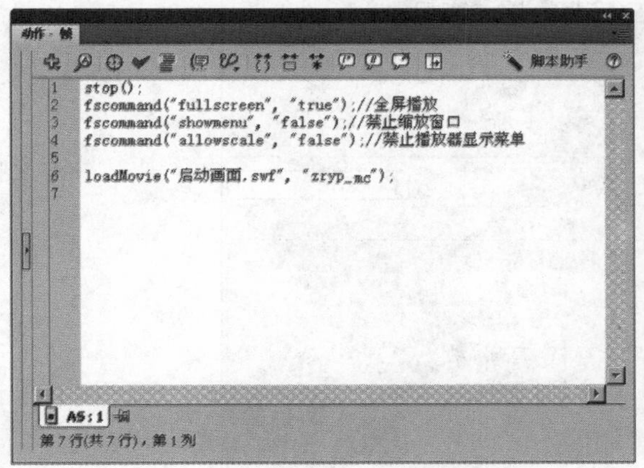

图4—1—34 加入影片载入代码

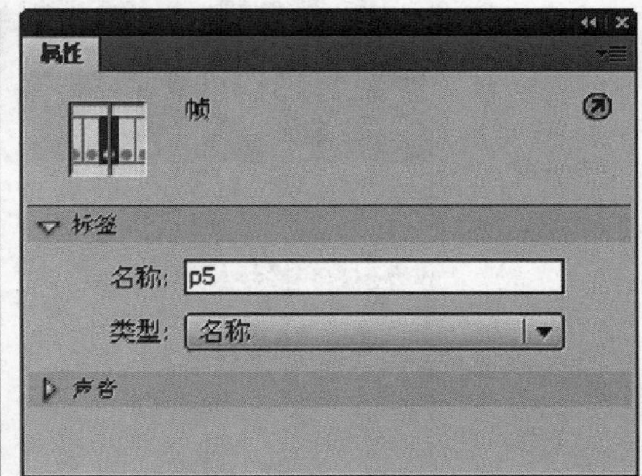

图4—1—35 设定关键帧名称

选中关键帧2，在动作面板里输入：loadMovie（“主界面.swf ”，“zryp_mc ”）;

选中关键帧3，在动作面板里输入：loadMovie（“文化起源.swf ”，“zryp_mc ”）;

选中关键帧4，在动作面板里输入：loadMovie（“品种规格.swf ”，“zryp_mc ”）;

选中关键帧5，在动作面板里输入：loadMovie（“铺盖工艺.swf ”，“zryp_mc ”）;

选中关键帧6，在动作面板里输入：loadMovie（“烧制工艺.swf ”，“zryp_mc ”）。

3. 依次在关键帧属性里，设定关键帧名称，如图4-1-35所示。

选中关键帧1，在帧属性面板里输入名称P0;

选中关键帧2，在帧属性面板里输入名称P1;

选中关键帧3，在帧属性面板里输入名称P2;

选中关键帧4，在帧属性面板里输入名称P3;

选中关键帧5，在帧属性面板里输入名称P4;

选中关键帧6，在帧属性面板里输入名称P5;

4. 最后时间轴面板显示，如图4-1-36所示。至此，本案例的主框架已基本搭建完成。

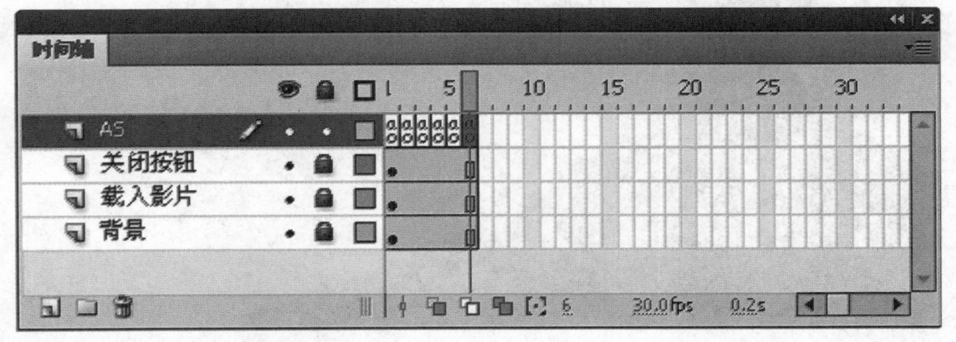

图4—1—36 最后显示的时间轴面板

● 4.1.6 设置库管理文件夹

1. 按Ctrl + L 键，打开库面板，如图4-1-37所示。下面需要建立素材管理文件夹。

图4—1—37 库中显示的三个文件

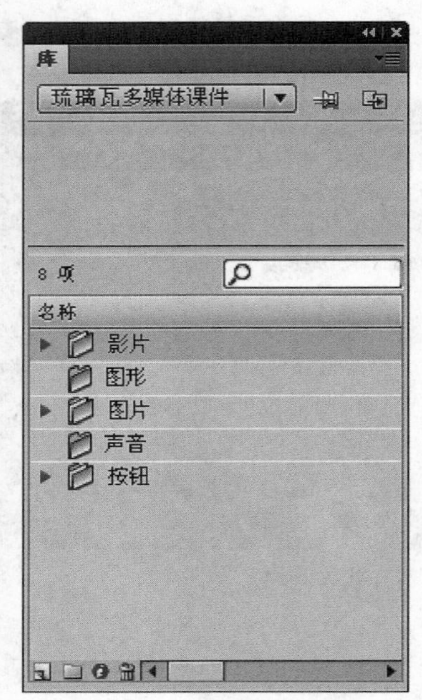

图4—1—38 库中五个文件夹

2. 单击库面板中的新建文件夹按钮，分别创建：影片、图形、图片、声音、按钮，五个文件夹。然后把现有的三个素材文件拖入到相应的文件夹中，如图4-1-38所示。在大多数的Flash开发项目中，这五个文件夹基本可以归类全部的库文件。

3. 最后，按Ctrl + Enter 键，测试一下场景影片，最终显示画面，如图4-1-39所示。

4. 在下一节的教程内容中，我们开始制作主框架程序所需要调用的内容影片。

5. 在上述教程以及后续内容制作过程中，请随时按Ctrl + S 键，保存工作进度。

图4—1—39 最终画面显示效果

4.2 启动界面制作

启动界面内容模块看似简单，其实制作要求是比较高的。它包含了三维动画、后期特效、补间形状动画等多种技术表现形式，也是课件内容给应用者第一印象的重要部分。如果能充分地掌握其中的制作技巧，对后续教程内容的学习与运用，一定会更加得心应手。

● 4.2.1 创建琉璃瓦标题字

1. 启动FLASH CS4软件。

2. 新建一个AS2.0项目工程文件。

3. 保存工程文件名为“启动界面”。注意，所有的FLASH工程文件,都应该存储在同一项目工程文件夹里，否则主SWF影片不能直接调用其他内容的SWF影片文件。

4.属性面板的FLASH影片配置选项，与本章4.1.1所述内容完全相同。

5. 选择工具栏中的文本工具，在舞台视图区输入“琉璃瓦”文本。然后按Ctrl + F3键，打开文本工具的属性面板，设定字体大小和填充颜色，如图4-2-1所示。

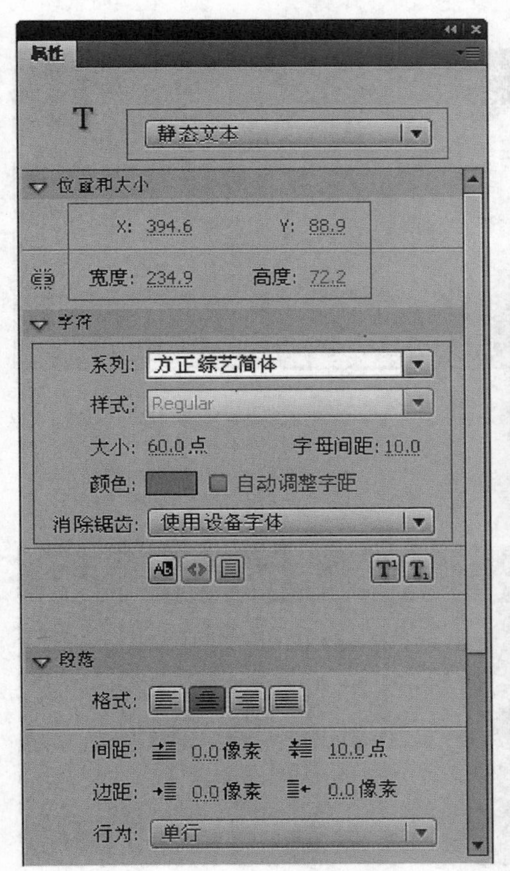

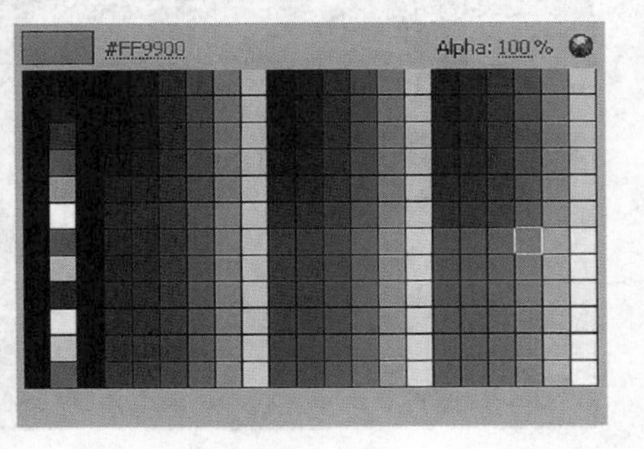

图4—2—1　设置字体大小和填充颜色

6. 展开字体属性栏面板，给字体添加滤镜，如图4-2-2所示，一个简单的立体字就做好了。

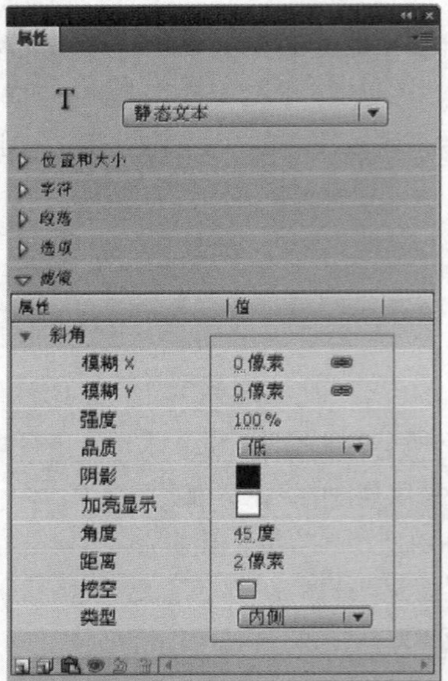

图4—2—2　给字体添加滤镜效果

7. 按Ctrl + Alt + T组合键打开时间轴面板，修改图层名为“琉璃瓦”。如图4-2-3所示。

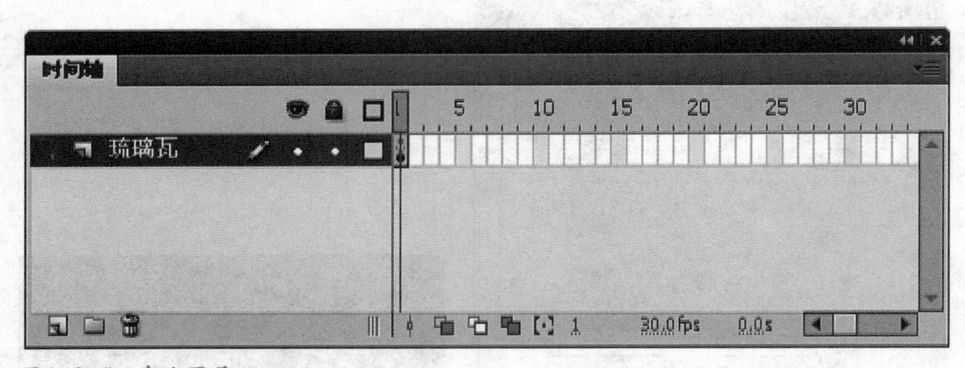

图4—2—3　命名图层

● 4.2.2　编排简介文本

1.单击时间轴面板中的新建图层按钮，新建名为“简介文案”图层，如图4-2-4所示。

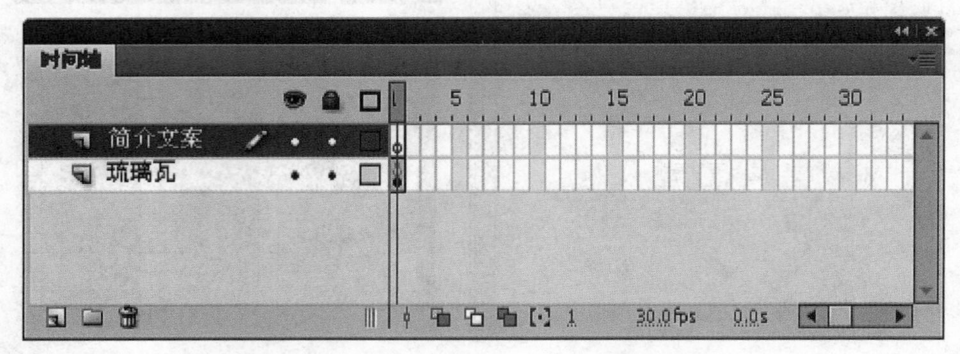

图4—2—4　新建文本图层

2. 选择工具栏中的文本工具，在舞台文字框内输入以下文本内容（图4-2-5）：

“据文献记载，琉璃一词产生于古印度语，随着佛教文化而东传，其原来的代表色实际上指蓝色。中国古代宝石中有一种琉璃属于七宝之一。现在除蓝色外，琉璃也包括红、白、黑、黄、绿、绀蓝等色。施以各种颜色釉并在较高温度下烧成的上釉瓦因此被称为琉璃瓦。

流光溢彩的琉璃瓦是中国传统的建筑物件，通常施以金黄、翠绿、碧蓝等彩色铅釉，因材料坚固、色彩鲜艳、釉色光润，一直是建筑陶瓷材料中流芳百世的骄子。我国早在南北朝时期就在建筑上使用琉璃瓦件作为装饰物，到元代时皇宫建筑大规模使用琉

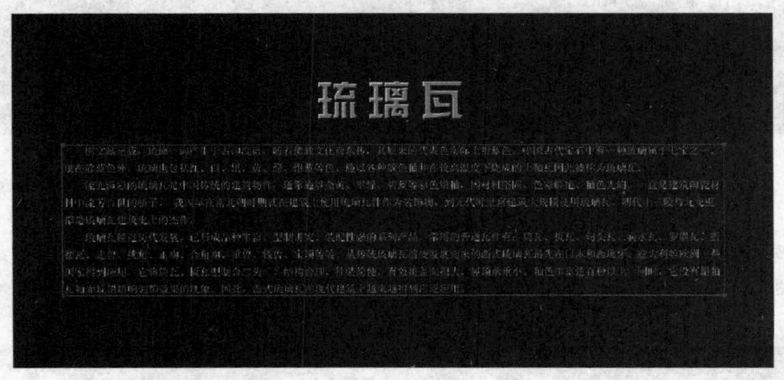

图4—2—5　输入简介文本

璃瓦，明代十三陵与九龙壁都是琉璃瓦建筑史上的杰作。

琉璃瓦经过历代发展，已形成品种丰富、形制讲究、装配性强的系列产品，常用的普通瓦件有：筒瓦、板瓦、句头瓦、滴水瓦、罗锅瓦、折腰瓦、走兽、挑角、正吻、合角吻、垂兽、钱兽、宝顶等等。从传统琉璃瓦演变发展而来的西式琉璃瓦最先在日本和西班牙、意大利等欧洲一些国家得到应用，它将筒瓦、板瓦形制合二为一，结构合理，挂装简便，有效覆盖面积大，屋顶承重小。釉色丰富达百种以上，同时，它没有铅釉瓦釉面反铅影响装饰效果的现象。因此，西式琉璃瓦在现代建筑上越来越得到广泛应用。”

文本的属性设置，如图4-2-6所示。

3. 选择字体颜色，如图4-2-7所示。

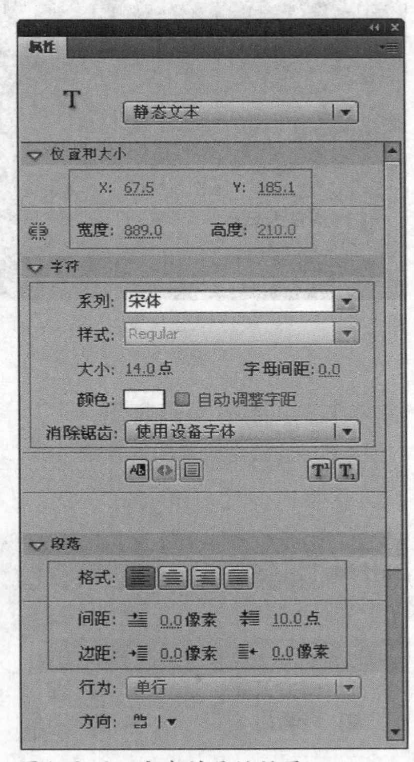

图4—2—6　文本的属性设置

#333333　Alpha: 100 %

图4—2—7　字体颜色

4. 在“琉璃瓦”右下方输入“中国古建材料艺术”字样，单击工具栏中的画线工具，在字的左边画一条直线，如图4-2-8所示。

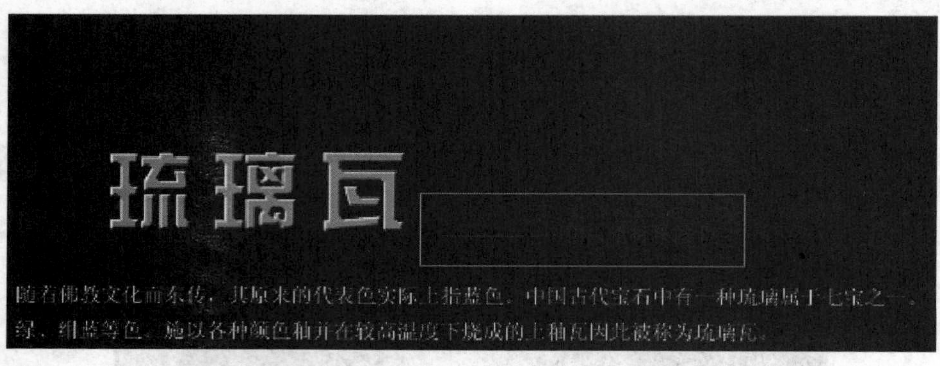

图4—2—8　添加一个小标题

5. 在字体属性栏面板中，选择字体大小为12.0点。在舞台视图区简介文案的右下角，输入“面向专业：艺术设计类”文本内容，如图4-2-9所示。

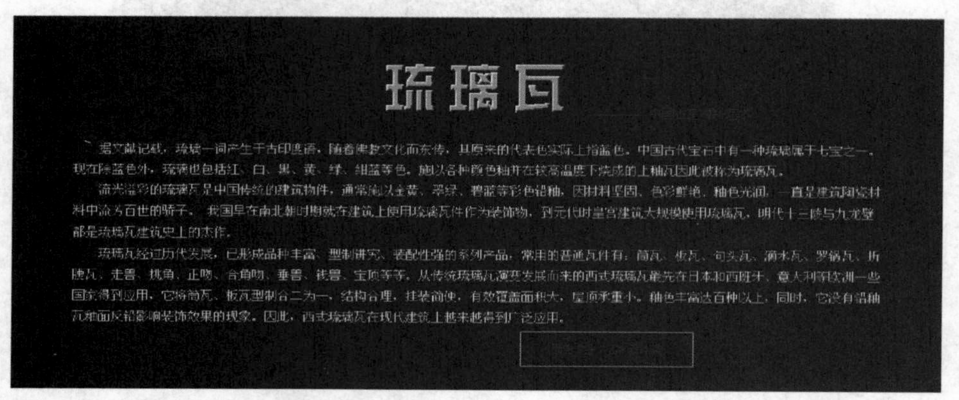

图4—2—9　文本的摆放位置

● 4.2.3　播放功能按钮

1.在时间轴面板中新建图层，命名为“按钮”，然后锁定其他图层，如图4-2-10所示。

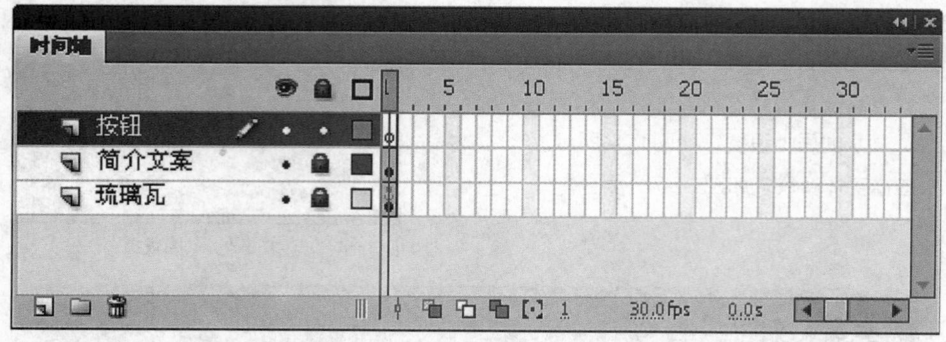

图4—2—10　新建按钮图层

2. 选择工具栏中的椭圆工具。按住Shift键的同时，在舞台上画一个圆形。圆形的色彩填充如图4-2-11所示。填充后式样，如图4-2-12所示。

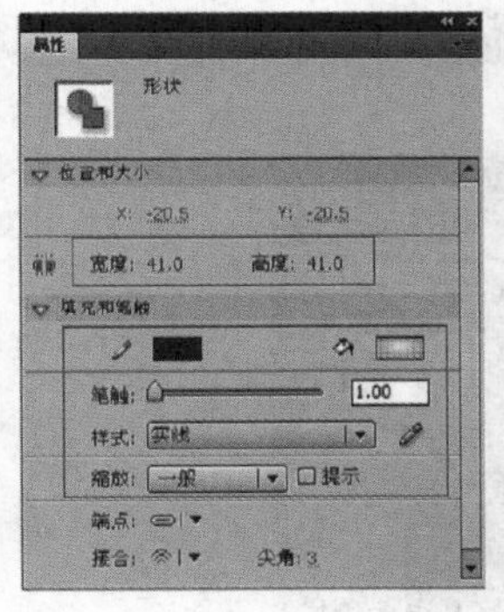

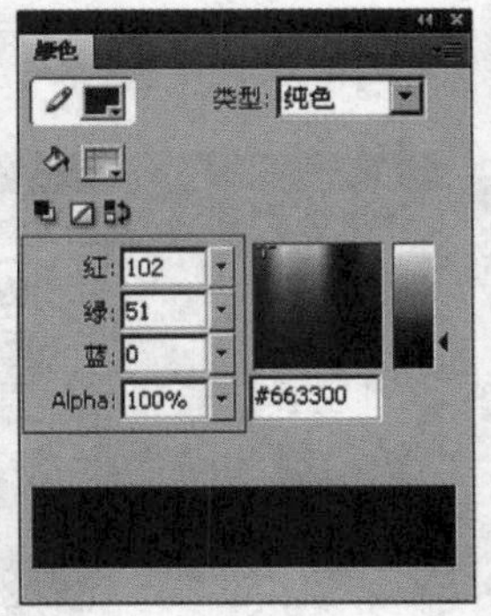

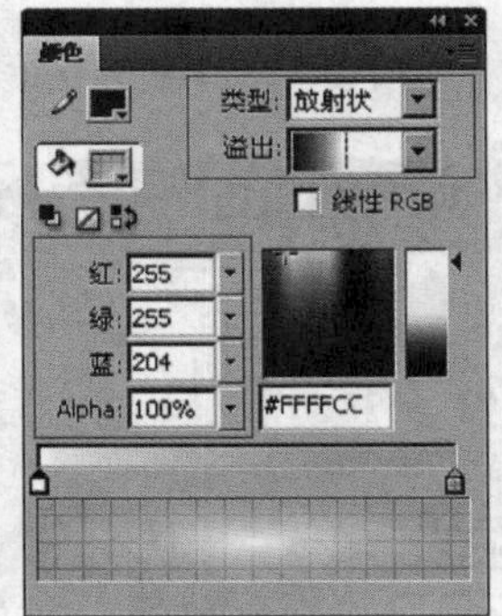

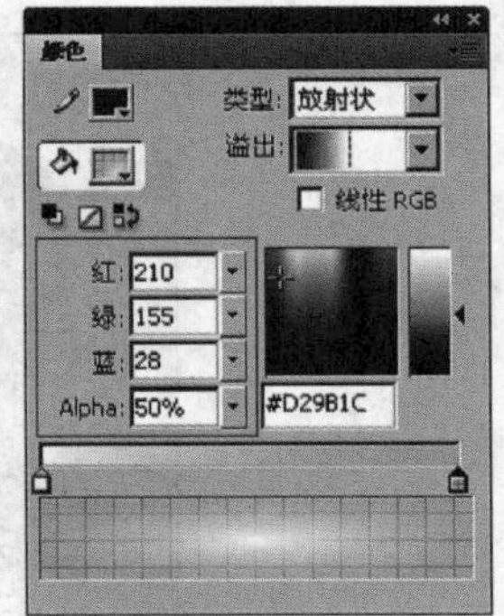

图4—2—11 圆形色彩填充设定

图4—2—12 色彩填充后的圆形

3. 图形处于选择状态，按F8键把图形转换为按钮元件，注册点的选择，如图4-2-13所示。

名称(N): 播放
类型(T): 按钮
注册(R):
文件夹: 库根目录
确定
取消
基本
启用 9 切片缩放比例辅助线(G)

图4—2—13 把图形转换为按钮元件

4. 双击展开按钮元件，在时间轴面板上选取第4帧，按F5键。

5. 选择图层1，按F6键创建关键帧。

6. 选中第3帧，按Delete键删除。

7. 选中第2帧，展开属性面板，重新设置图形的填充颜色，如图4-2-14所示。

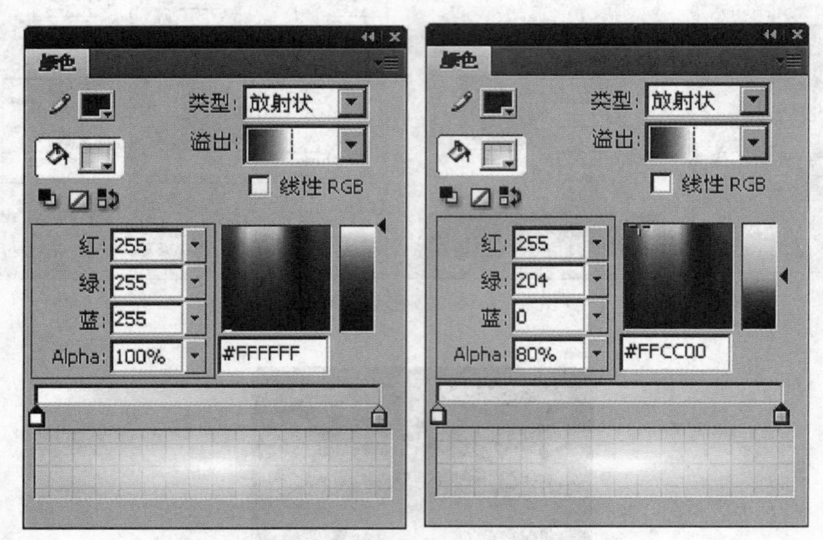

图4—2—14　重新填充图形的颜色

8. 在按钮元件的时间轴上，新建名为“图层2”图层，选择工具栏中的椭圆工具，在问题视图区画一个椭圆图形，形状和色彩填充设置，如图4-2-15所示。

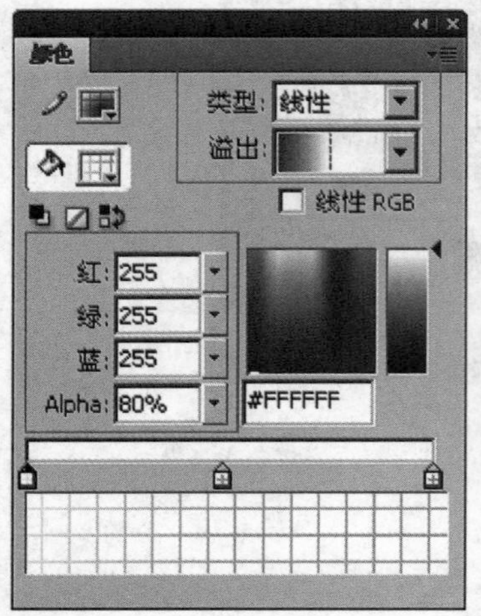

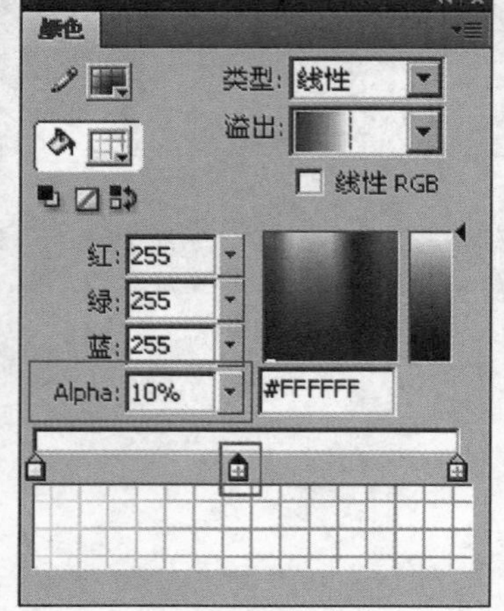

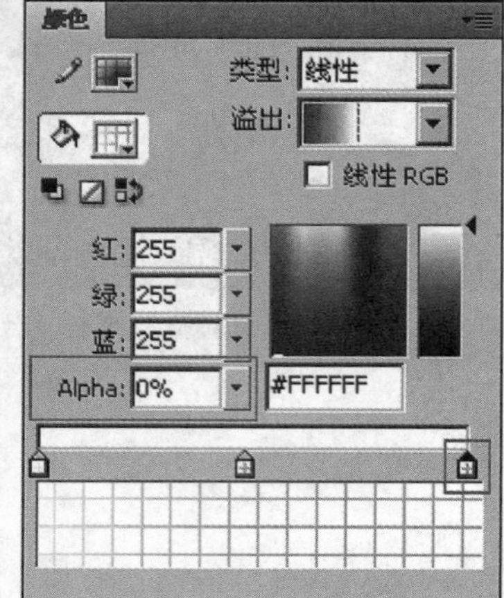

图4—2—15　椭圆色彩填充设置

9. 选择按钮时间轴上的第3帧，先按F6键，再按Delete键删除。

10. 在按钮元件的时间轴上，新建名为“图层3”图层，选择工具栏中的椭圆工具以及线条工具，画一个箭头圆图形。形状与色彩填充设置，如图4-2-16所示。

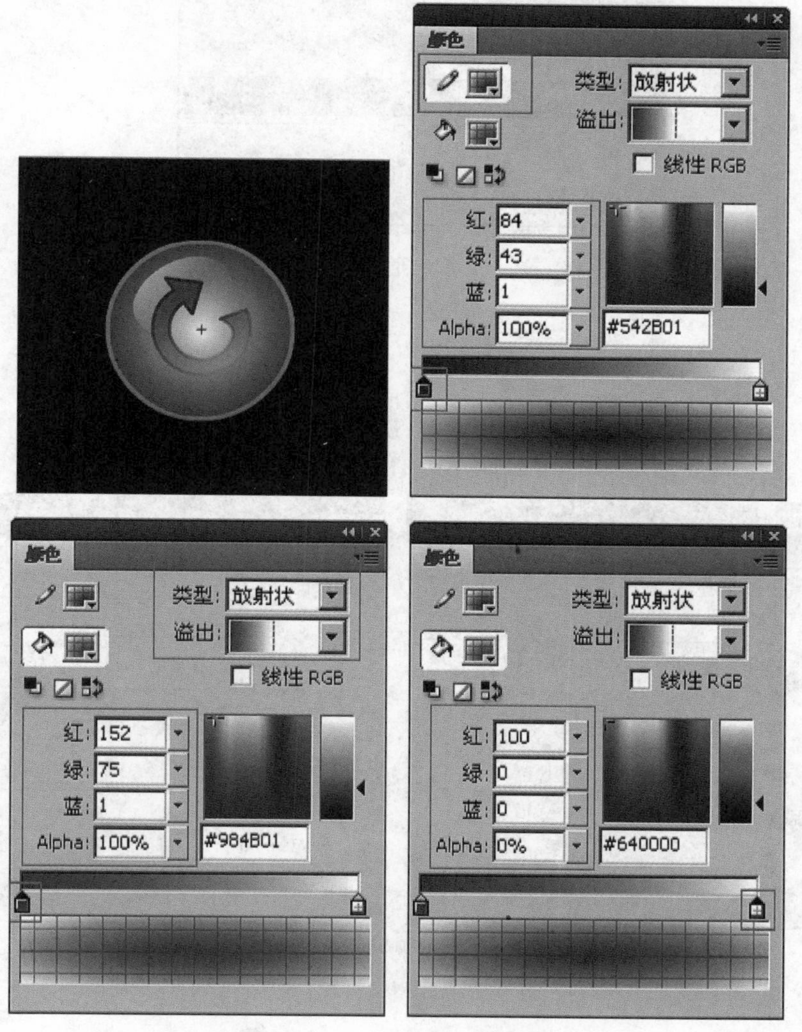

图4—2—16　箭头图形色彩填充

11.图形处于选择状态按F8键，转换为影片剪辑元件。注意注册点的选择，如图4-2-17所示。

图4—2—17　转换成影片剪辑元件

12. 双击影片剪辑元件，展开其时间轴面板。选中第60帧，按F5键，右击选择“创建传统补间”命令，如图4-2-18所示。

图4-2-18 创建传统补间

13. 选中第60帧，按F6键，创建一个关键帧。然后展开帧属性面板，设置旋转为“顺时针”，第1帧也采用相同的设定，如图4-2-19所示。

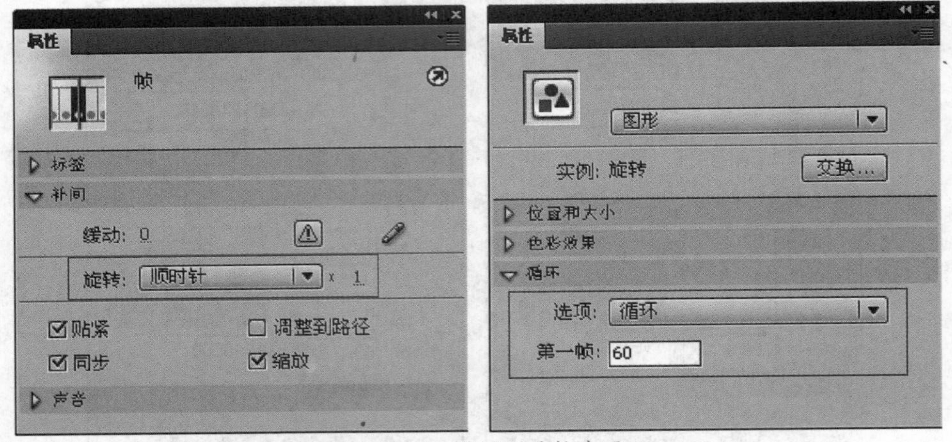

图4-2-19 帧图形旋转选项

14. 继续在时间轴上新建“图层2”图层，选中第60帧，按F6键，创建一个空白关键帧。再按F9键，展开动作面板，输入脚本：gotoAndPlay(1); 按住鼠标右击，在时间轴上来回滑动，应该可以看到舞台上的图形在转动，如图4-2-20所示。

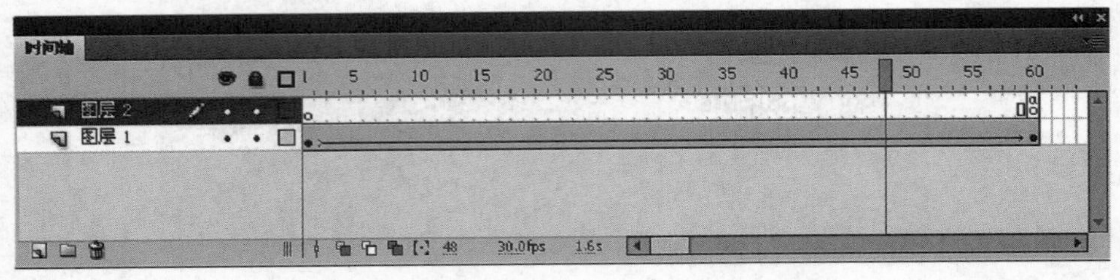

图4-2-20 时间轴旋转动画

15. 双击舞台外视图区，返回到播放按钮时间轴面板。选中"图层3"图层的帧2，按F6键转为关键帧，再按Delete键，删除关键帧上的图形。然后选择工具栏中的线条工具，画一个等边三角形，如图4-2-21所示。

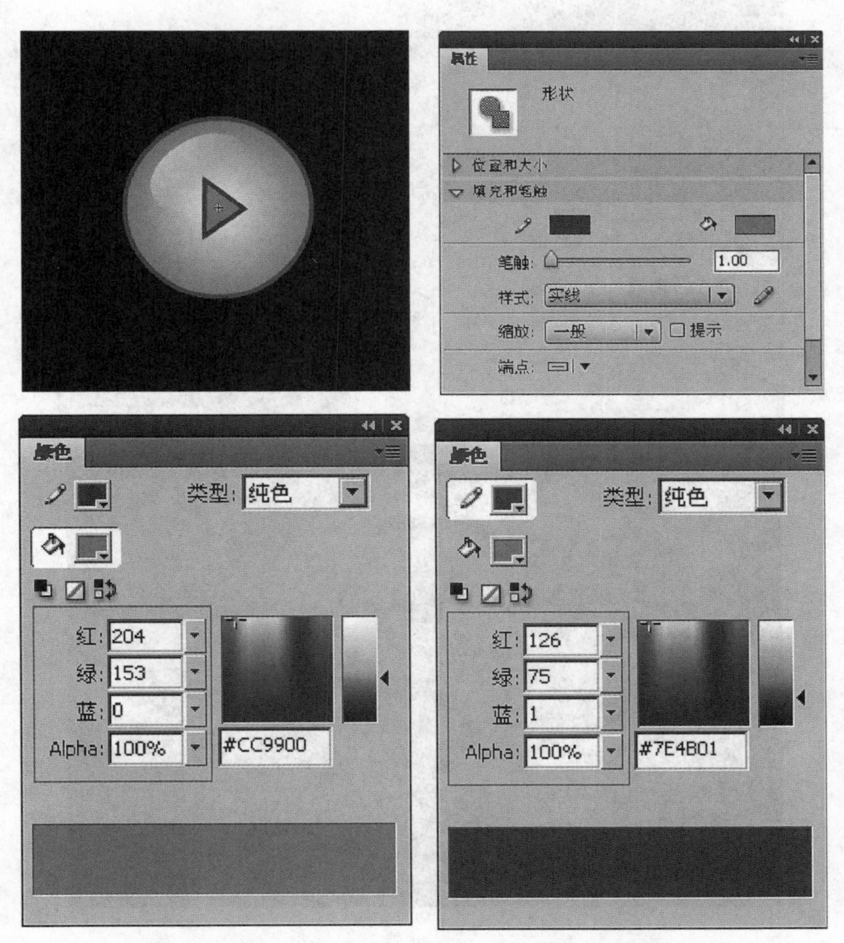

图4-2-21　绘制一个三角形图形

16. 在时间轴面板中，把"图层2"移动到"图层3"上面，如图4-2-22所示。

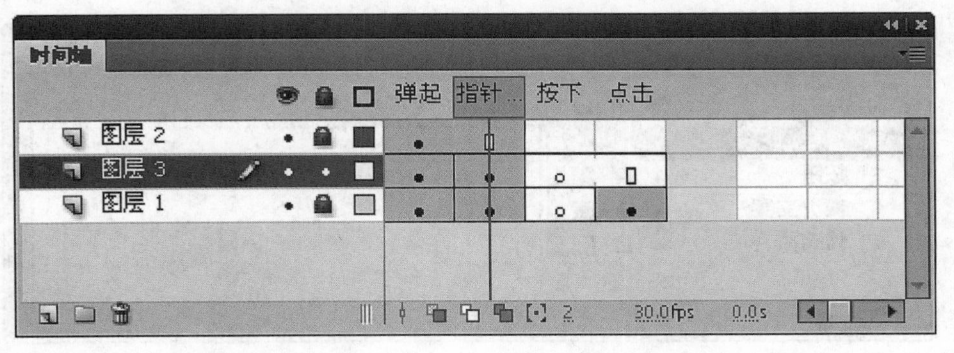

图4-2-22　关闭按钮时间轴面板

17. 双击舞台外视图区，返回场景1舞台视图。最后，选择工具栏中的线条工具，在按钮元件上，画一条渐变直线，线条大小、颜色填充，如图4-2-23所示，完成播放功能按钮制作。

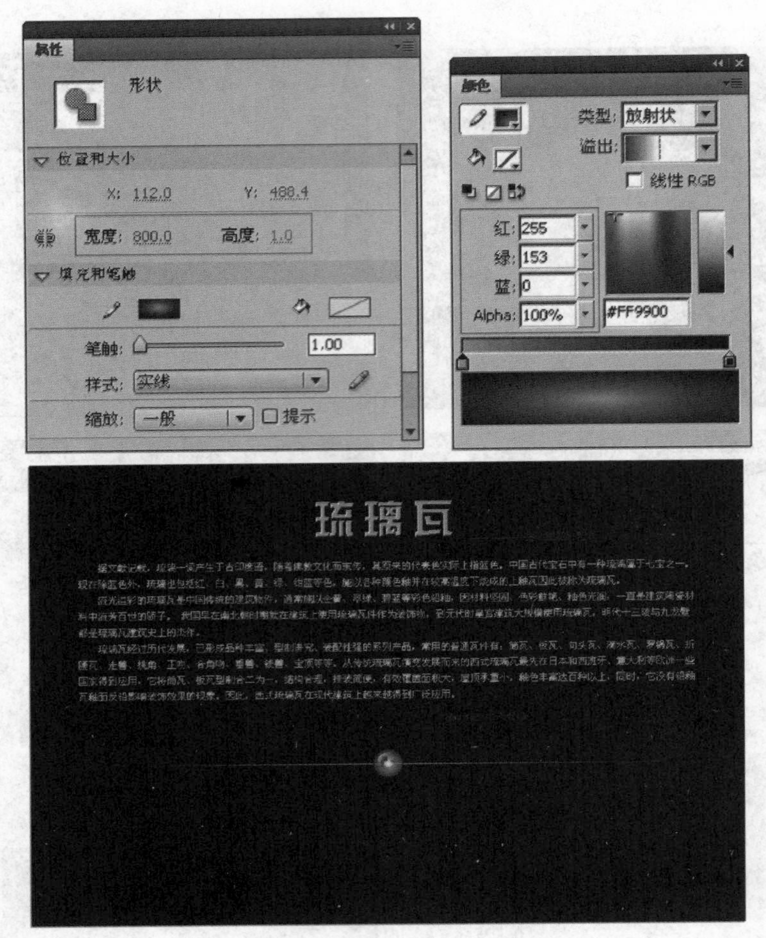

图4-2-23　绘制渐变线条

● 4.2.4　过场动画

1. 承接上文，在场景1时间轴面板中，新建图层命名为“背景”。

2. 选中第30帧，按F5键。再选择第2帧，按F6键，如图4-2-24所示。

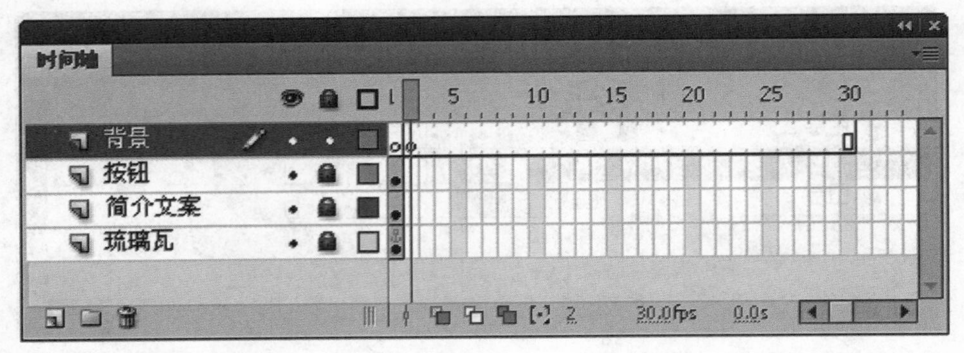

图4-2-24　新建背景图层

3. 按Ctrl + R键,打开琉璃瓦多媒体课件\图形设计\主界面\“主界面背景.jpg”文件。选择对齐面板中的对齐工具，把图片对齐到舞台中心点，如图4-2-25所示。

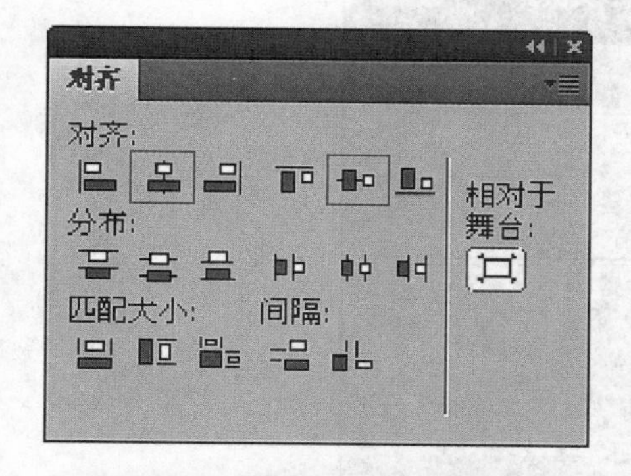

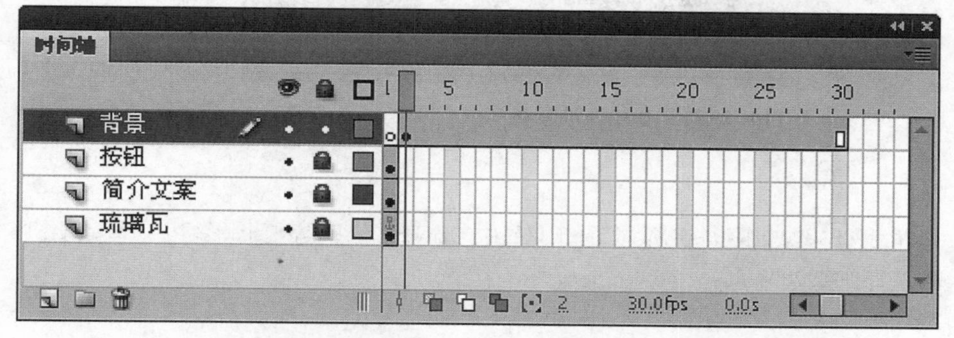

图4—2—25　对齐图片到舞台中心点

4. 选择工具栏面板中的矩形工具，绘制覆盖舞台下半部的长方形图形，如图4-2-26所示。

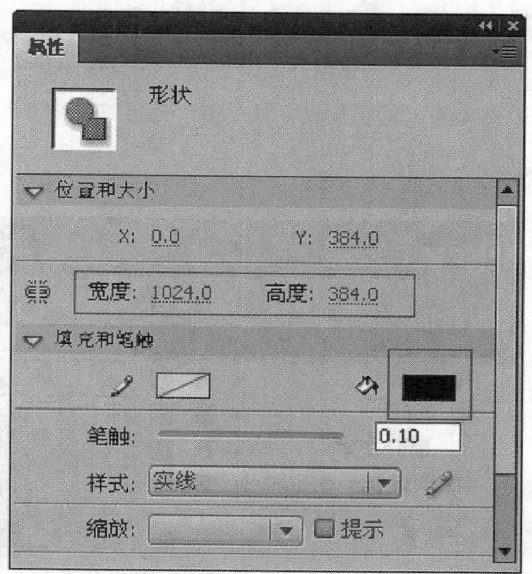

图4—2—26　绘制动画用图形

5. 选中时间轴面板中的第30帧，右击选择“创建补间形状”命令，如图4-2-27所示。

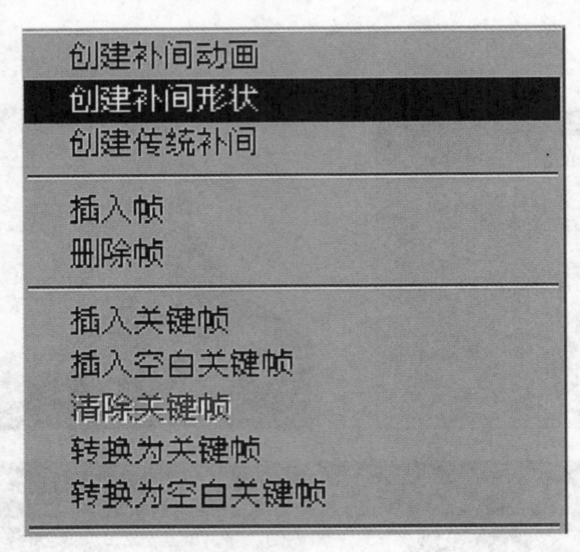

图4-2-27 创建补间形状

6. 然后按F6键，创建关键帧。选择工具栏中的任意变形工具，把图形缩小到舞台视图区外，如图4-2-28所示。

图4-2-28 缩小图形

7. 选中时间轴第10帧，按F6键。然后把它拖到第25帧，如图4-2-29所示。

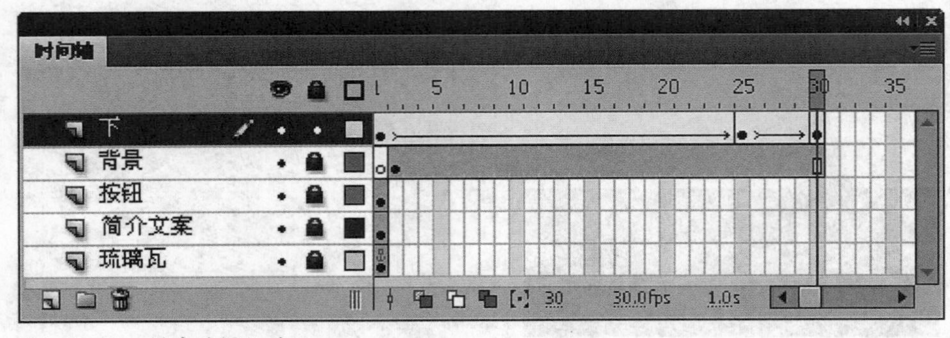

图4-2-29 创建时间轴动画

8. 采用同样的方法，在时间轴面板中，创建“上”图层关键帧动画。所不同的是，该图形是对应上半部舞台视图区的。如图4-2-30所示。

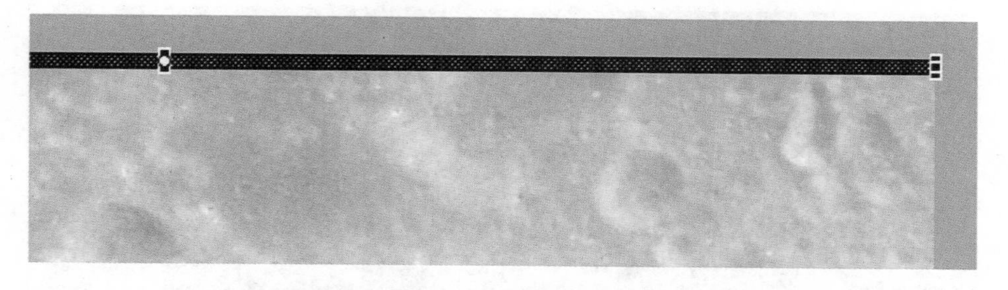

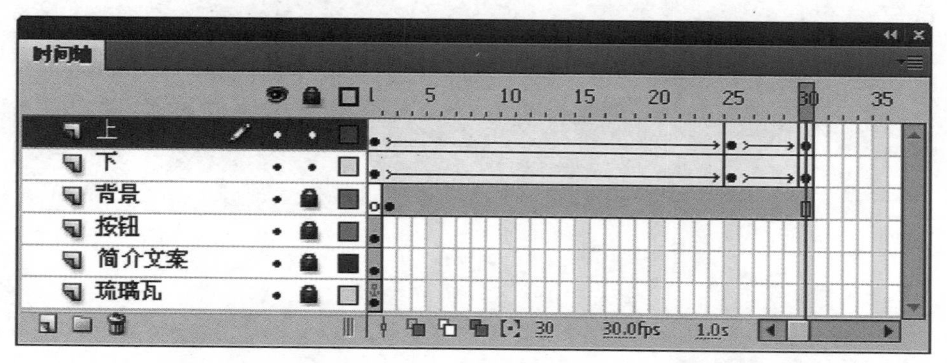

图4-2-30　创建上半部关键帧动画

9. 在场景1时间轴面板中，新建图层命名为“AS”。选中帧1，展开动作面板，输入脚本：stop();

loadMovie("fei01.swf", "qd_mc");

再选中第30帧，按F6键，展开时间轴面板，输入脚本：_root.gotoAndStop("p01");

最后，完整的时间轴面板关键帧设置，如图4-2-31所示。

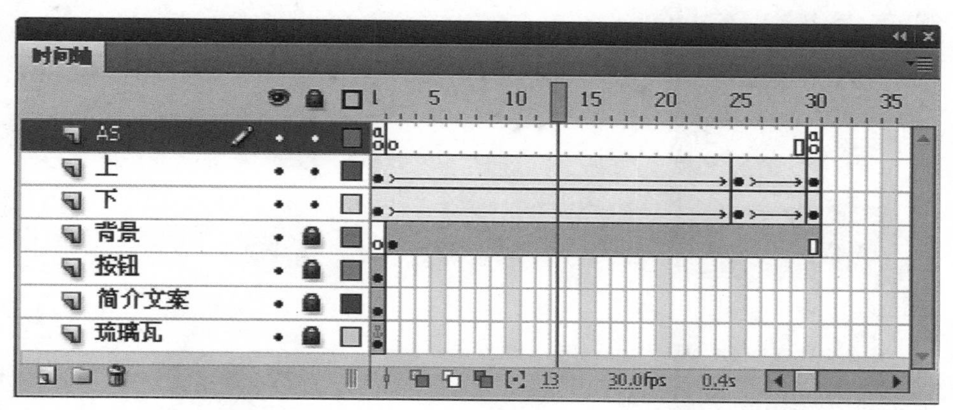

图4-2-31　时间轴关键帧设置

● 4.2.5 三维字动画

1. 启动3DSMax 8.0软件，其基本的功能区、操作面板分布，如图4-2-32所示。

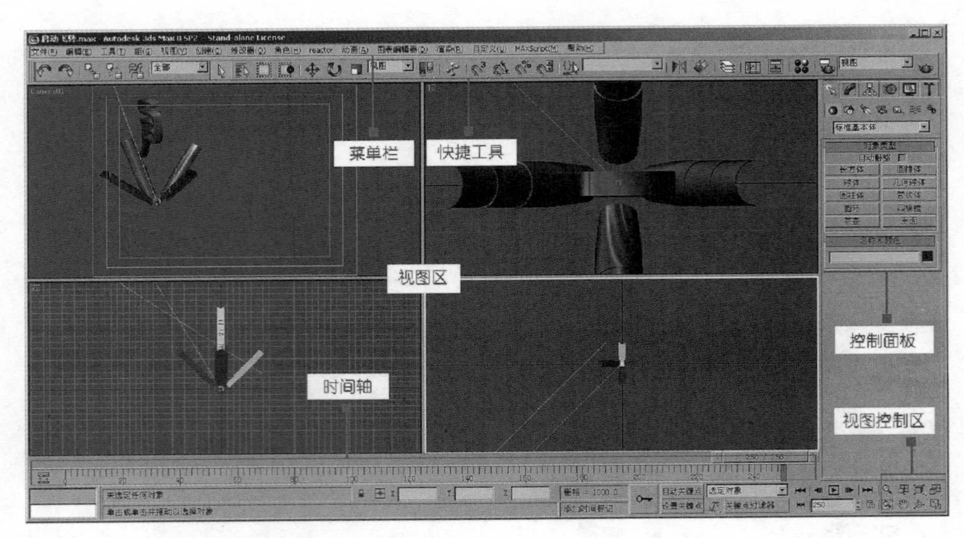

图4-2-32 3DSMax 8.0功能区分布

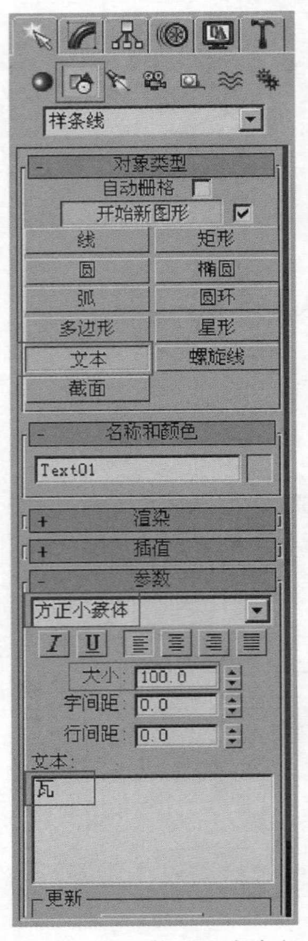

图4-2-33 输入文本参数

2. 选择控制面板中的创建图形图标按钮，在展开的选项栏中，单击文本按钮。展开参数选项栏，选择方正小篆体，字体大小为100.0，然后在文本框里输入文本。如图4-2-33所示。

3. 在前视图的中心区位置，单击创建一个“瓦”字，如图4-2-34所示。

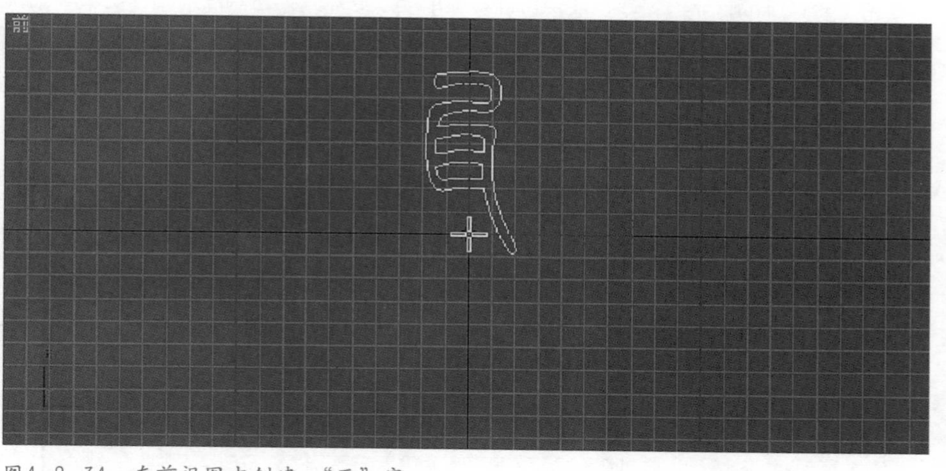

图4-2-34　在前视图中创建“瓦”字

Text01
修改器列表
倒角
Text
线性侧面
曲线侧面
分段: 1
级间平滑
生成贴图坐标
真实世界贴图大小
相交
避免线相交
分离: 1.0
倒角值
起始轮廓: -1.0
级别 1:
高度: 1.0
轮廓: 1.0
级别 2:
高度: 10.0
轮廓: -0.2
级别 3:
高度: 1.0
轮廓: -1.0

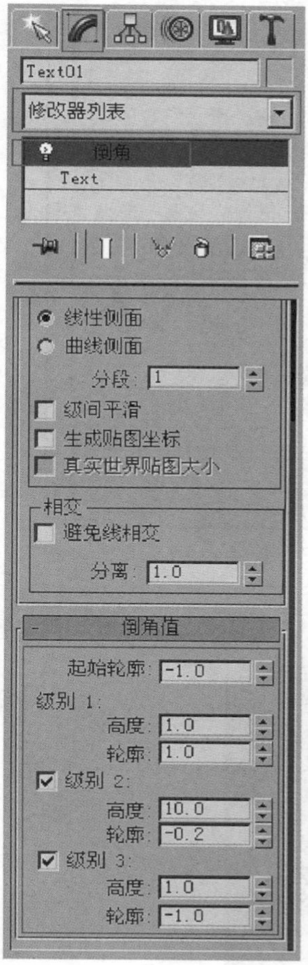

图4-2-35　设定文字倒角数值

4. 然后在控制面板中，单击修改按钮，在展开的选项栏中，选择修改器列表中“倒角”命令。在倒角值选项栏中设定参数，如图4-2-35所示。视图中的立体造型，如图4-2-36所示。

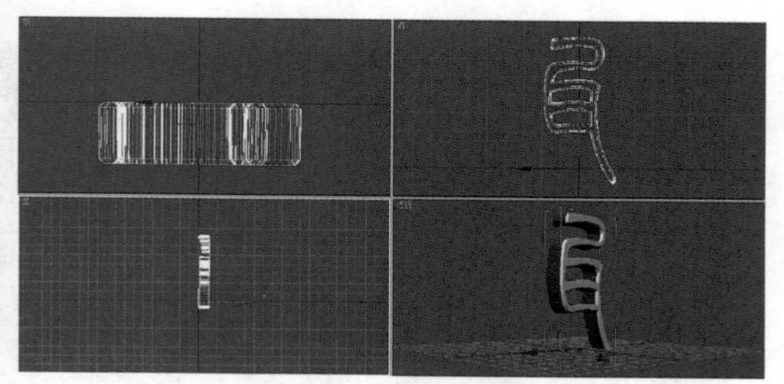

图4-2-36　立体造型字体

5. 继续在修改器列表中选择“UVW贴图”命令。然后在参数栏设置选项里，选择球形贴图，如图4-2-37所示。

6. 单击工具栏中的材质编辑器快捷按钮，在弹出的材质编辑器控制面板中，选中一个材质球，首先设定其反射高光，如图4-2-38所示。

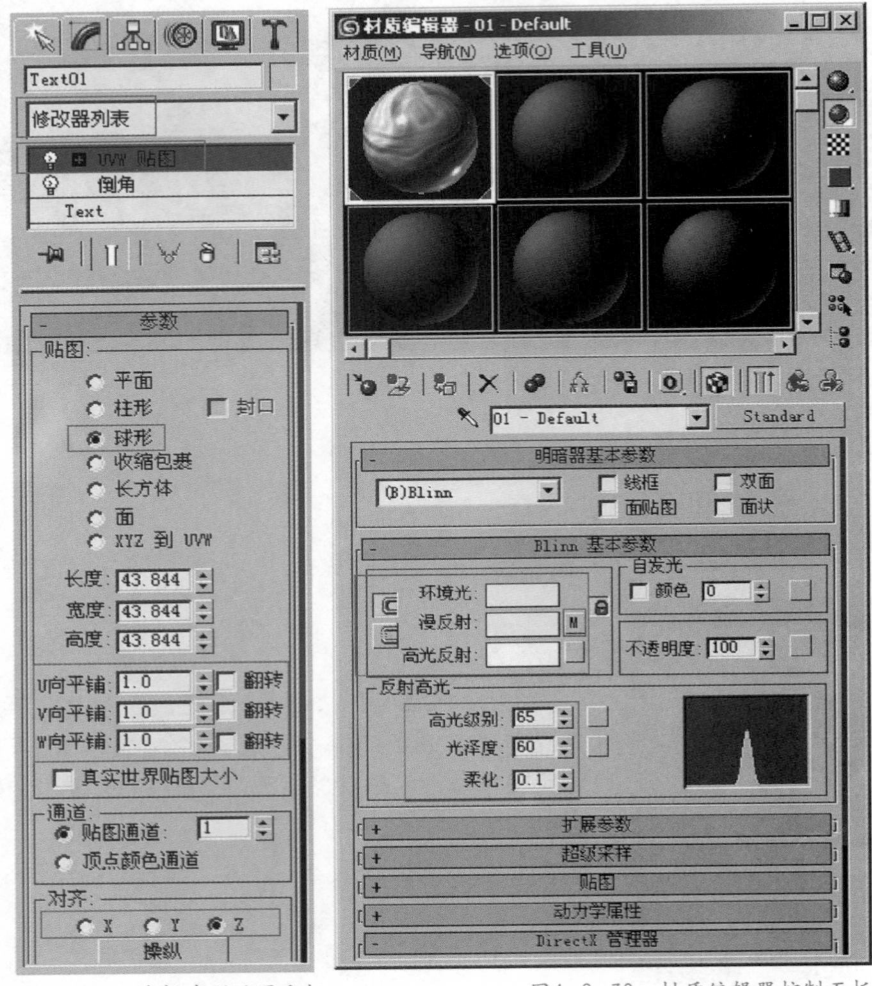

图4—2—37 选择球形贴图坐标

图4—2—38 材质编辑器控制面板

7. 设置材质球的漫反射颜色，如图4-2-39所示。

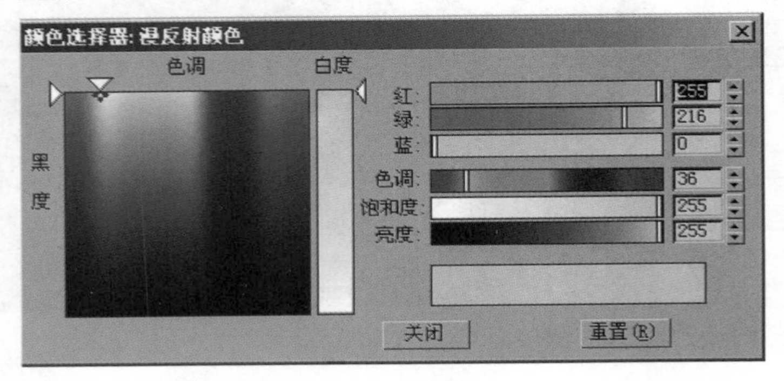

图4—2—39 漫反射颜色

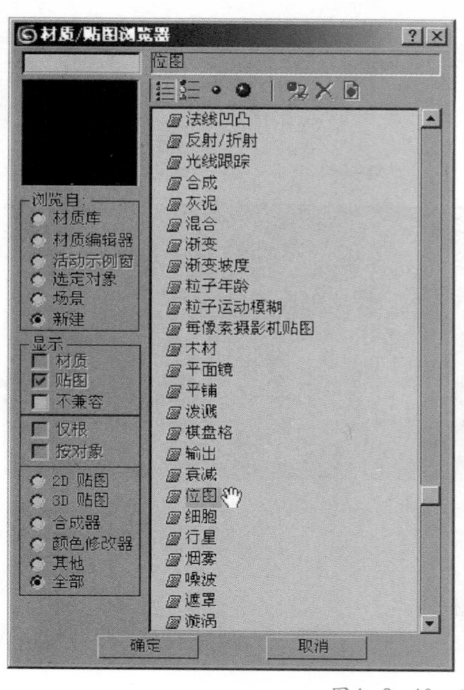

8. 然后再给漫反射颜色添加一个贴图，如图4-2-40所示。

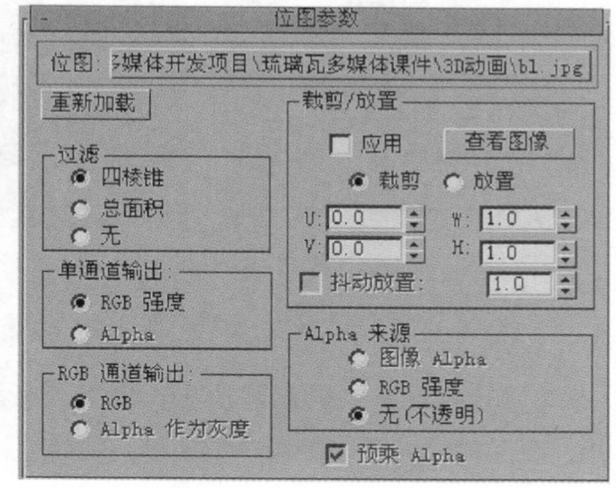

图4—2—40　选择贴图路径

9. 展开贴图控制栏，选择凹凸贴图选项，单击设置噪波参数，如图4-2-41所示。

10. 返回贴图控制栏，选择反射贴图选项，单击添加一个贴图，如图4-2-42所示。

11. 返回贴图控制栏，设定其数量参数，如图4-2-43所示。

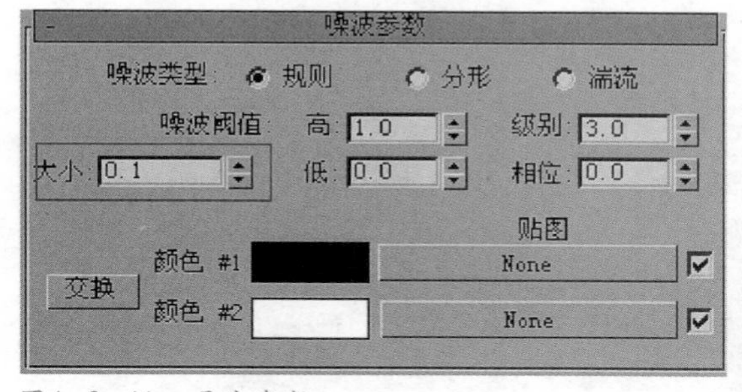

图4—2—41　噪波参数

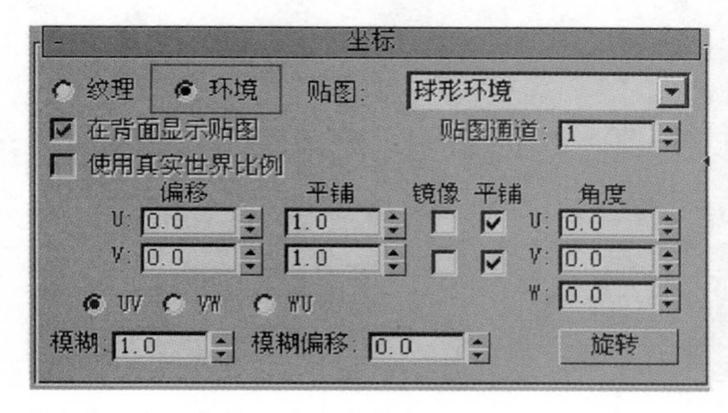

图4—2—42　选择环境反射贴图

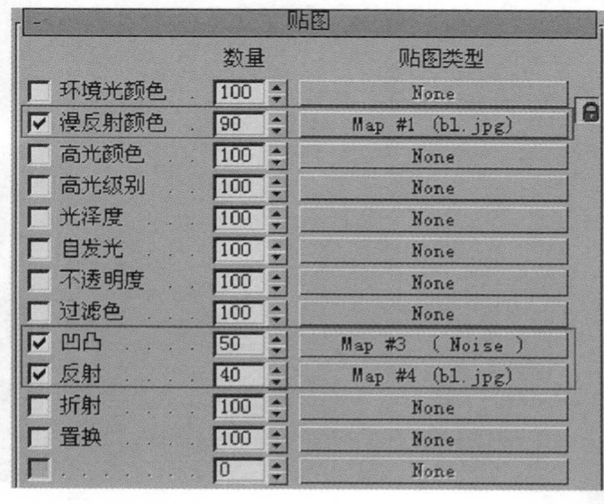

图4—2—43　设定数量参数

12. 在控制面板中，单击层次图标按钮。在展开的选项栏中，单击“仅影响轴”按钮，然后再单击“居中到对象”按钮，这样就可以把字体造型轴对齐到中心位置，如图4-2-44所示。

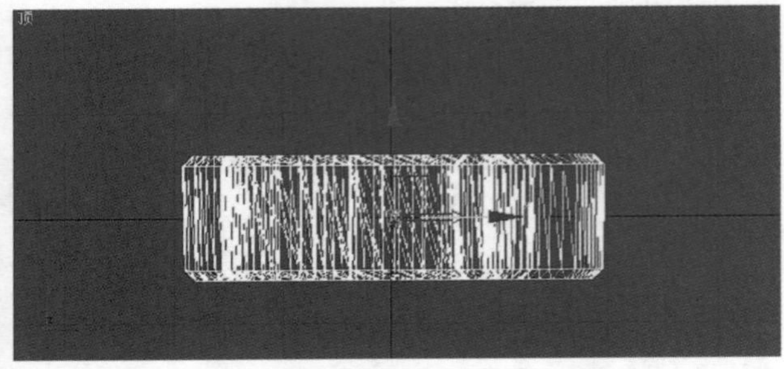

图4—2—44　对齐字体造型轴

13. 单击控制面板中的创建按钮，再单击摄像机按钮，在对象类型选项中，单击目标按钮，然后在顶视图中创建一个相机，并调整好角度，如图4-2-45所示。

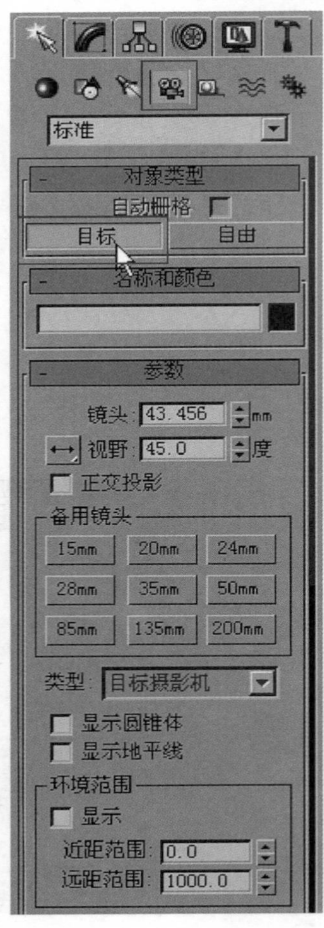

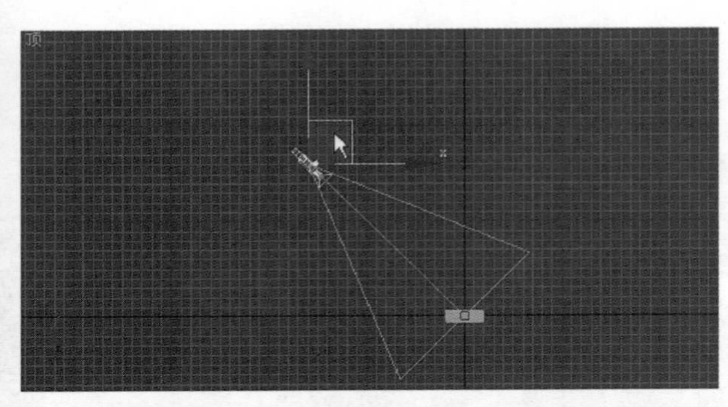

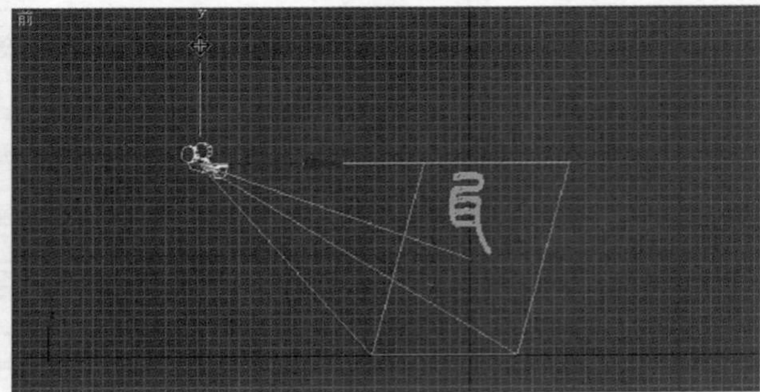

图4—2—45　在视图中建立目标相机

14. 单击渲染场景快捷按钮，在选项栏中设置输出尺寸为宽度1024、高度768，如图4-2-46所示。

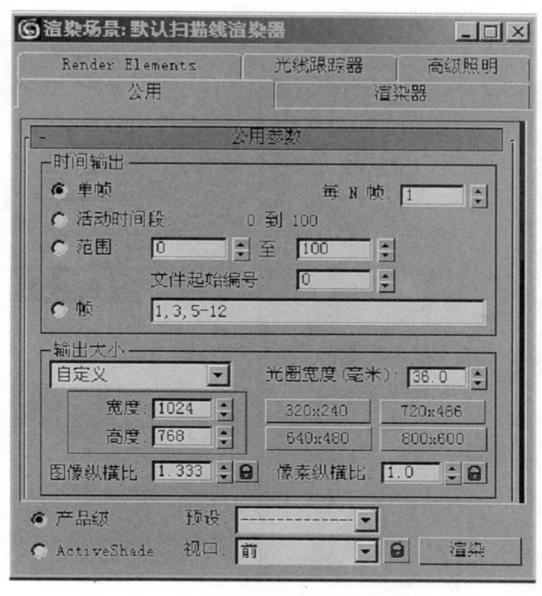

图4—2—46　设置渲染画面输出大小

15. 把鼠标指针移动到相机视图中的左上角，右击选择“显示安全框”命令。现在可以看

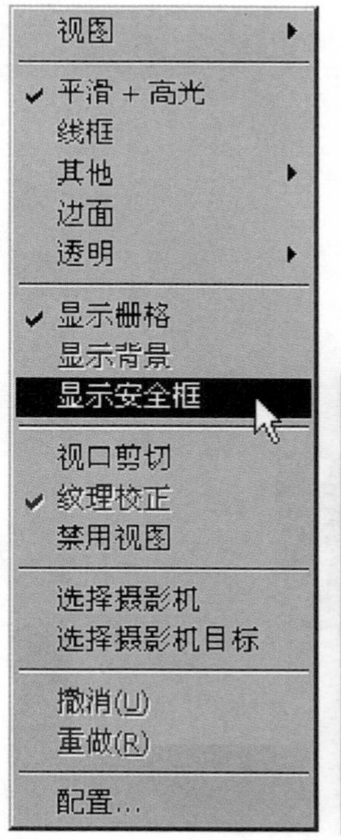

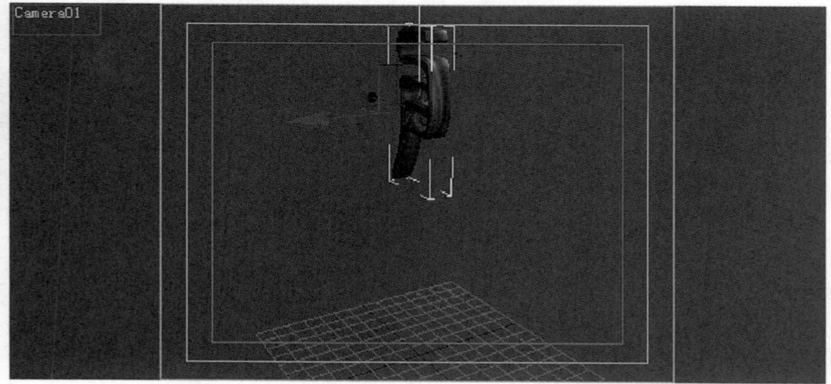

图4—2—47　显示安全框视图

到三维造型在相机视图中的输出画面位置，如图4-2-47所示。

16. 单击时间轴动画控制区的时间配置按钮，在弹出的对话框中设置动画播放时间和帧率。本案例采用的是每秒30帧，保持与FLASH工程文件动画速率一致，如图4-2-48所示。

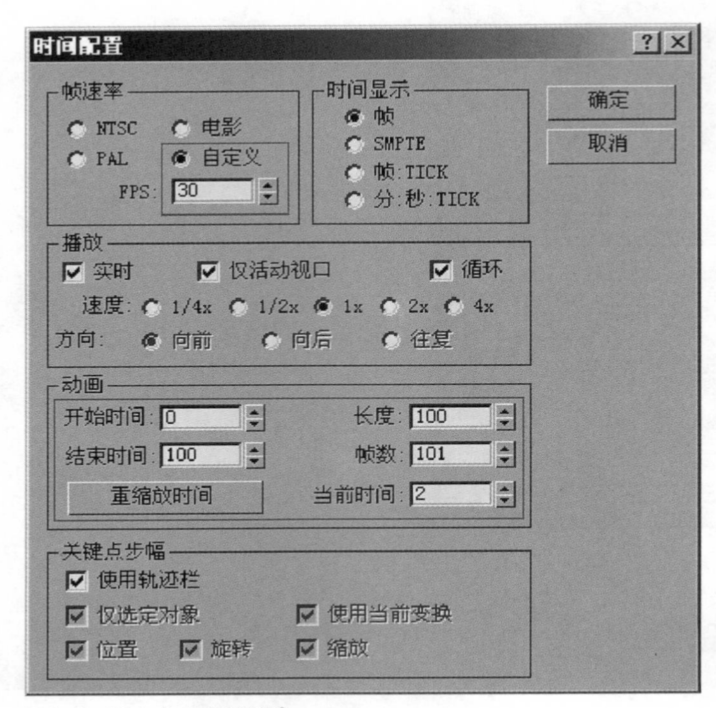

图4—2—48　动画时间帧率

17. 选中自动关键点命令按钮，打开时间轴动画自动记录功能。选中时间轴第20帧，单击设置关键点按钮，如图4-2-49所示。

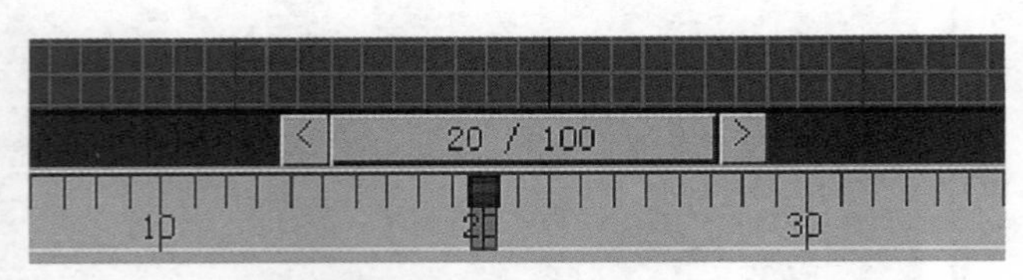

图4—2—49　创建关键帧

18. 选中时间轴第1帧，拖动Y轴向下垂直移动，如图4-2-50所示。

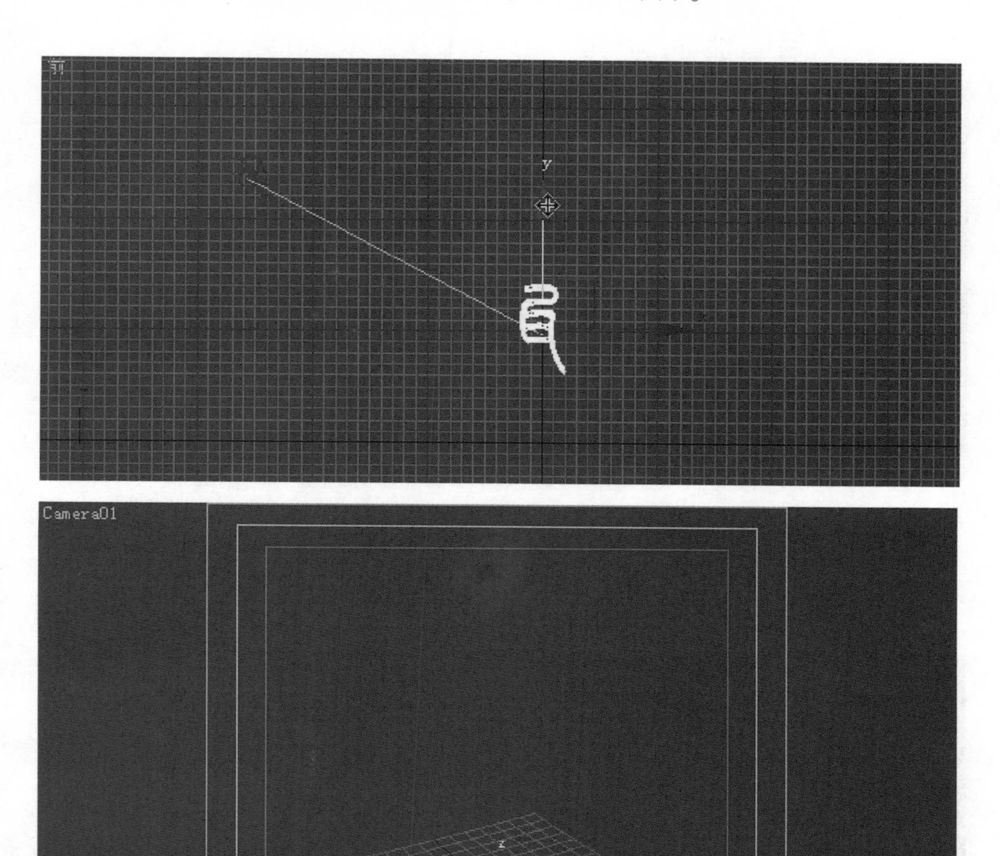

图4—2—50　往下移动Y轴

19. 继续选中时间轴第100帧，拖动Y轴向上垂直移动，如图4-2-51所示。

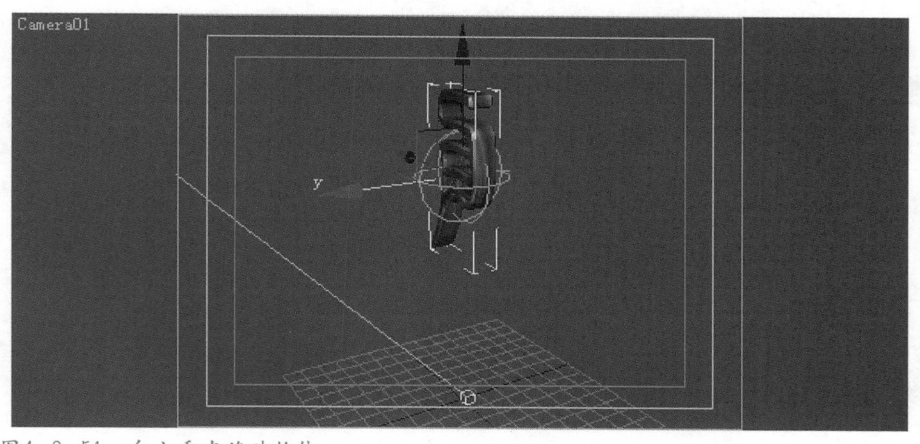

图4—2—51　向上垂直移动物体

20. 选择时间轴第100帧，单击工具栏中的旋转并选择按钮，在视图中按顺时针，旋转物体360°，如图4-2-52所示。

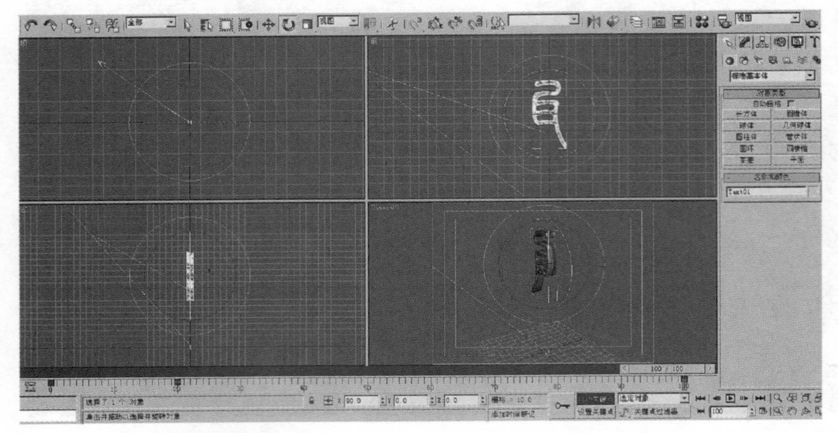

图4—2—52　旋转物体

21. 在视图中选中物体，右击选择“曲线编辑器”命令，如图4-2-53 所示。

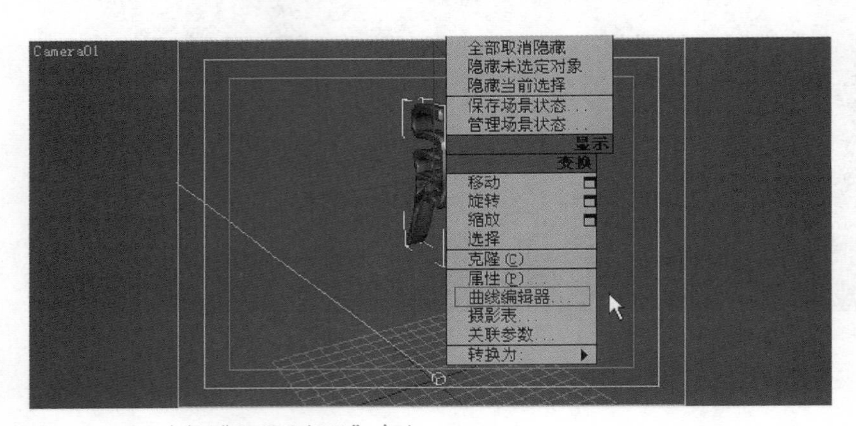

图4—2—53　选择“曲线编辑器”命令

22. 在弹出的曲线编辑器控制面板中，分别选中关键帧，然后再选择将切线设置为线性的按钮命令，这样动画物体就可以匀速旋转。如图4-2-54所示。

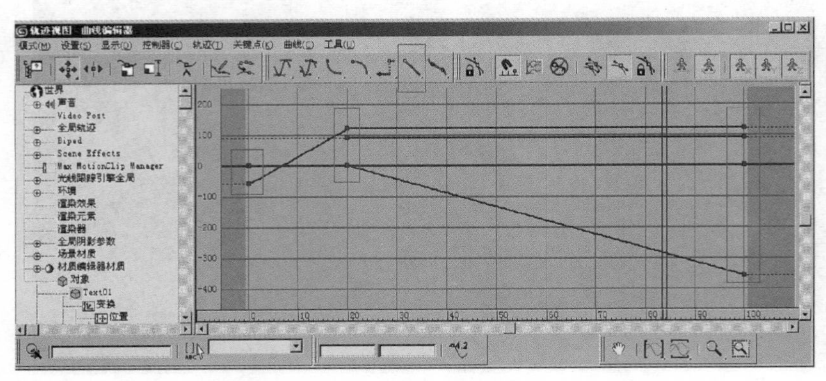

图4—2—54　在曲线编辑器控制面板中调整关键帧动画

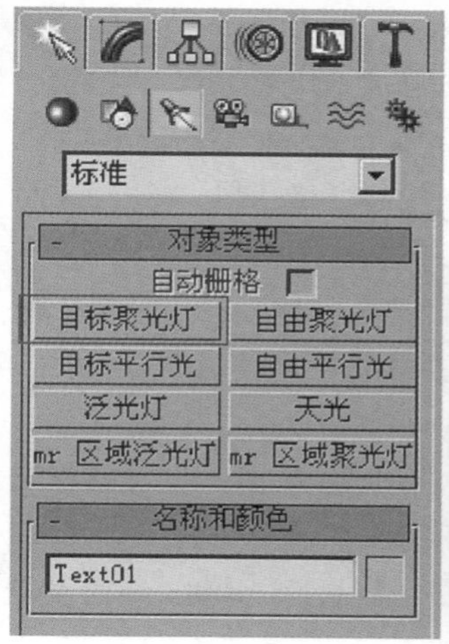

23. 单击控制面板中的创建按钮，再单击创建灯光按钮，选中目标灯光按钮。然后在前视图中创建一个目标灯光，如图4-2-55所示。

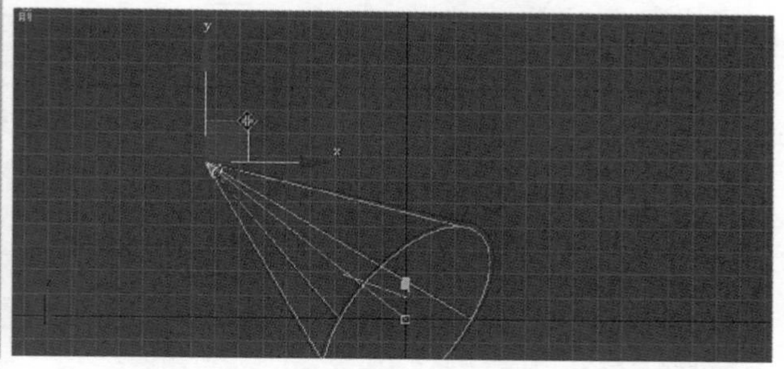

图4—2—55　创建灯光

24.选中视图中的灯光，单击控制栏中的修改命令按钮，设置灯光的参数，如图4-2-56所示。

25. 展开渲染器面板中的渲染器设置选项。因为创建的三维造型比较简单，所以可以采用质量更好些的抗锯齿超级采样，如图4-2-57所示。

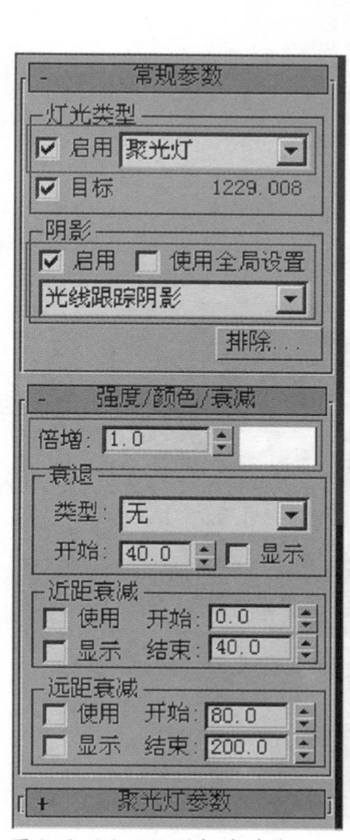

图4—2—56　设置灯光参数

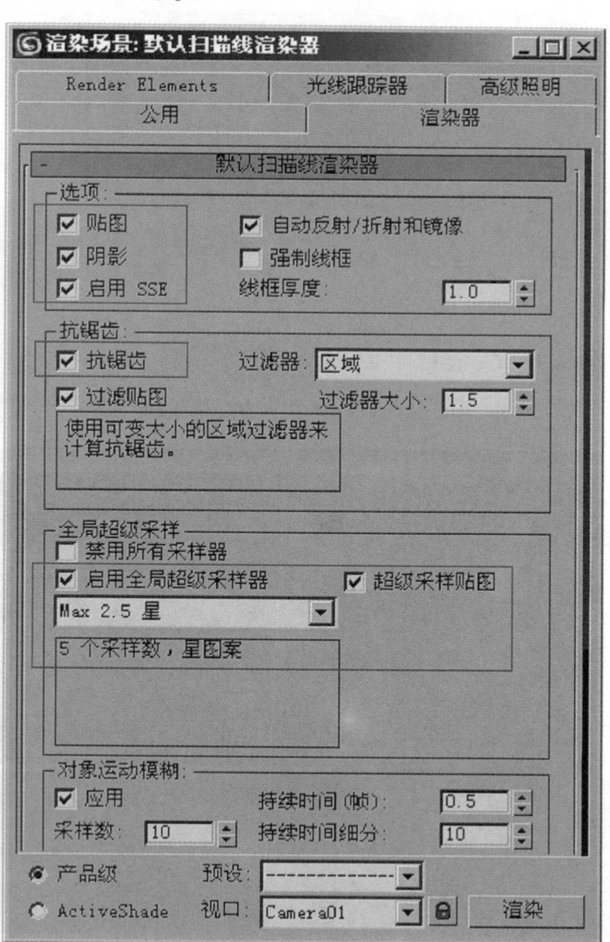

图4—2—57　选择全局超级采样器

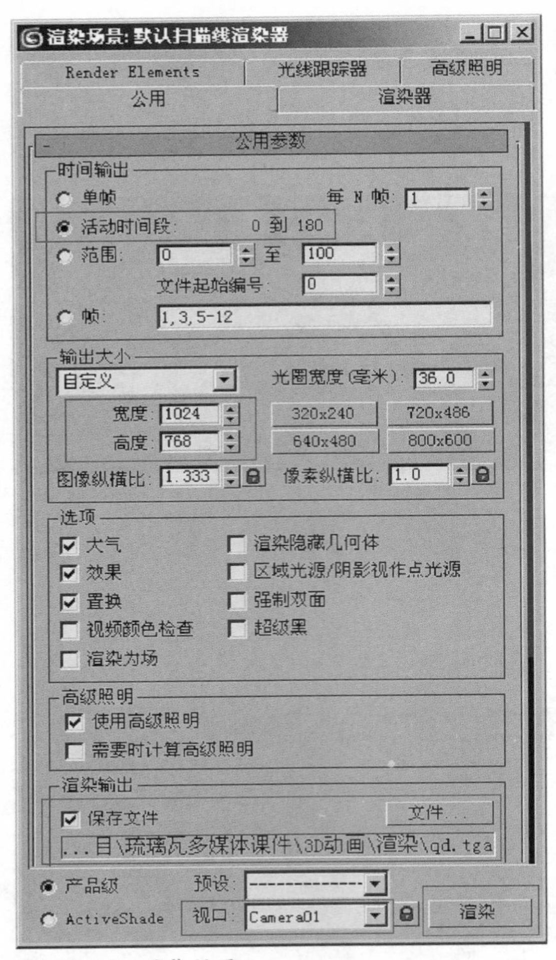

图4-2-58　渲染设置

26. 展开公用栏面板，设定渲染动画帧数以及渲染文件的输出存储位置，并选择渲染帧保存为TGA格式文件。

27. 在上述内容全部设置好后，再次确认相机视图是否处于选择中。否则，将不能正常输出所需要的画面。当然，也可以在渲染输出面板中，直接指定所需要的动画渲染视图。

28. 最后，按F10键，单击“渲染”按钮，如图4-2-58所示，开始动画渲染。

4.2.6　合成动画光效

1. 启动视频特效合成软件Combustion 2008，如图4-2-59所示。

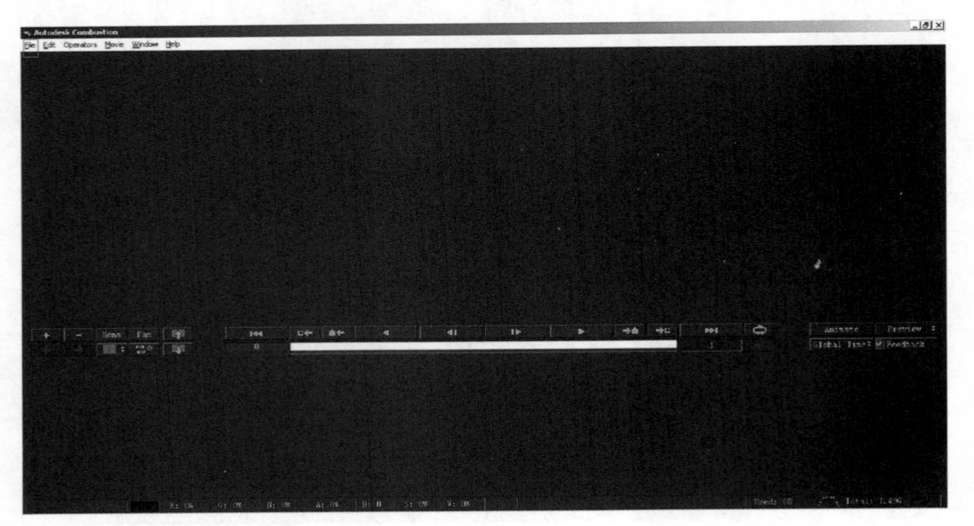

图4-2-59　Combustion启动界面

2. 按Ctrl + N键，新建工程文件命名为“qidong”。设置宽1024、高768帧速30fps（与FLASH、3DSMax工程文件的动画帧速保持一致），总动画为100帧，如图4-2-60所示，单击OK键。

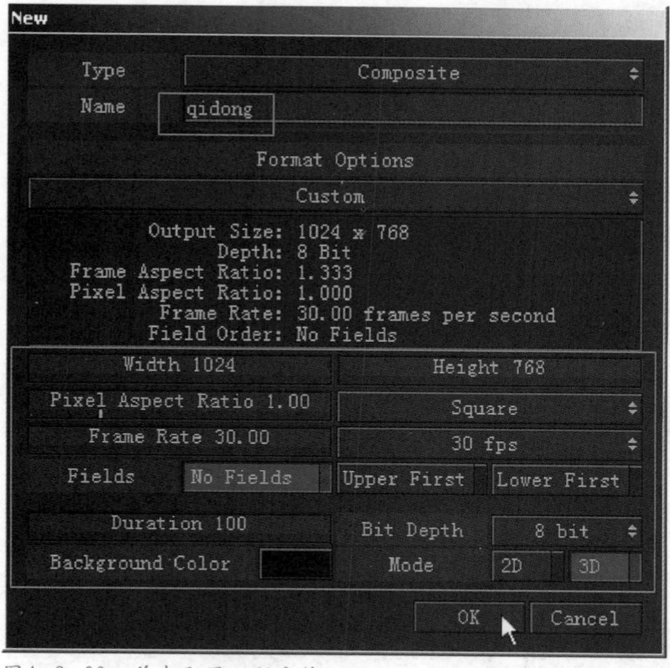

图4-2-60　首先配置工程文件

3. 进入工程界面后，首先按Ctrl + S键，保存一次工程文件，如图4-2-61所示。

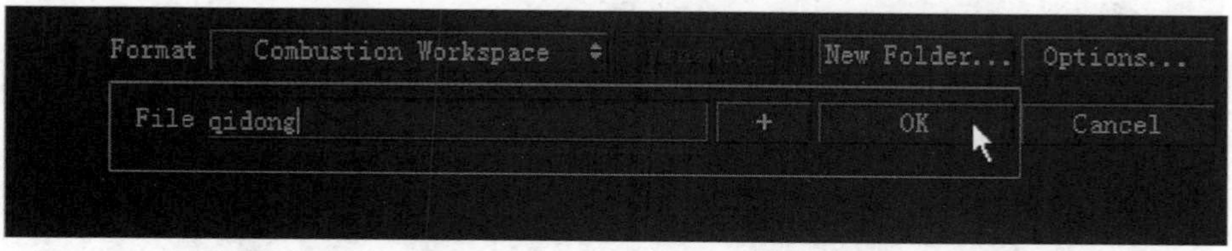

图4-2-61　保存工程文件

4. 选中Composite，右击选择Import Footage（导入素材）命令，导入动画帧素材，如图4-2-62所示。注意，时间滑动条要停留在播放器是第0帧位置。

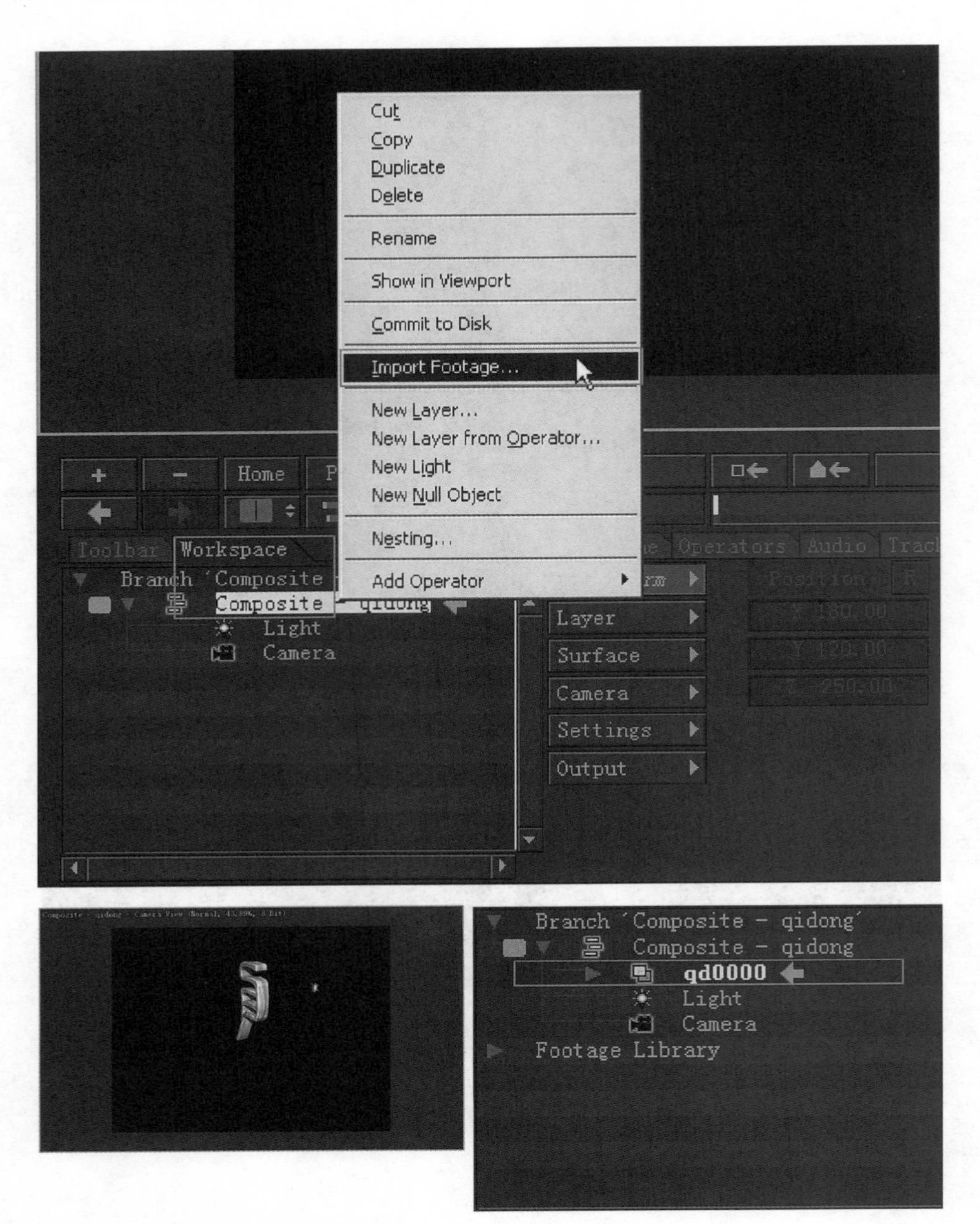

图4-2-62　导入动画帧素材

5. 按Ctrl + C键，再按Ctrl + V键，复制粘贴qd0000（2）图层，如图4-2-63所示。

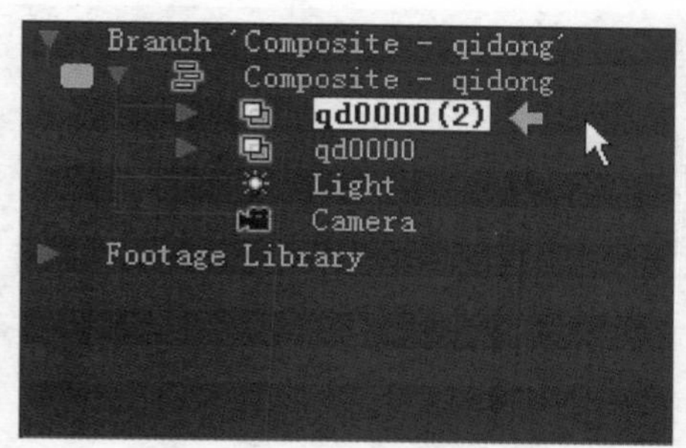

图4—2—63　复制粘贴图层

6. 选择菜单栏中的 **Operators | Trapcode | AE Shine** 命令，如图4-2-64所示。（提示：Combustion2008软件内部并没有Shine插件，需要安装进去才可以使用。）

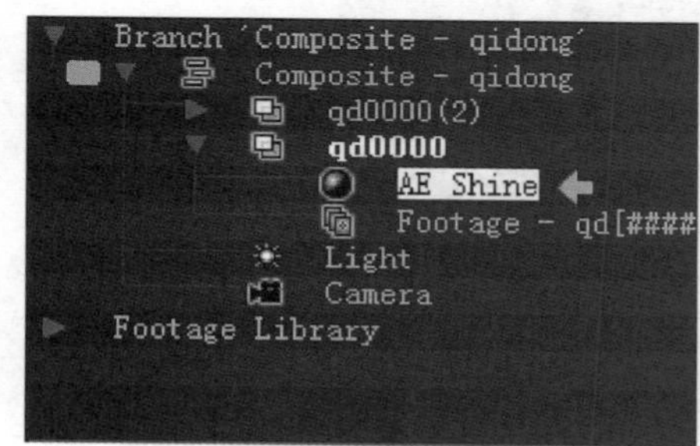

图4—2—64　添加Shine光效命令

7. 展开AE Shine Controls面板，选中坐标按钮，如图4-2-65所示，在视图中移动坐标位置。

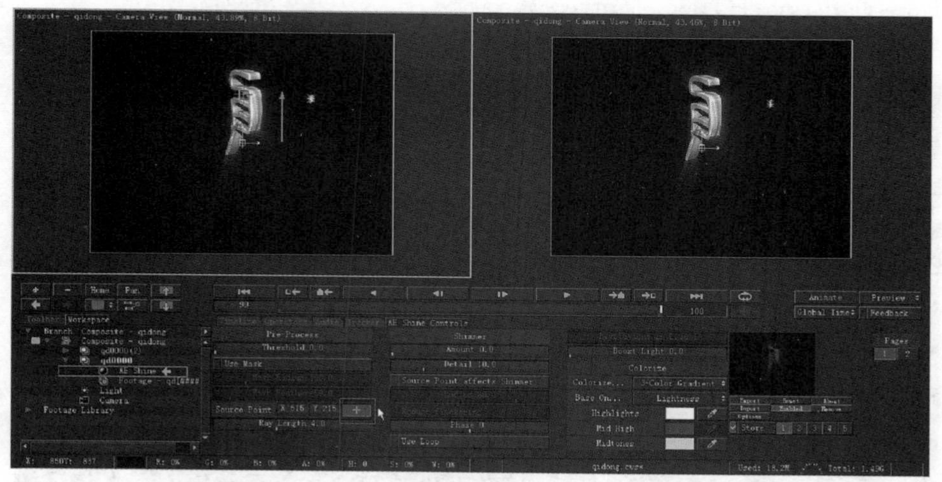
图4—2—65　向上移动发射光源坐标

8. 选择Colorize选项栏中的None命令，如图4-2-66所示。

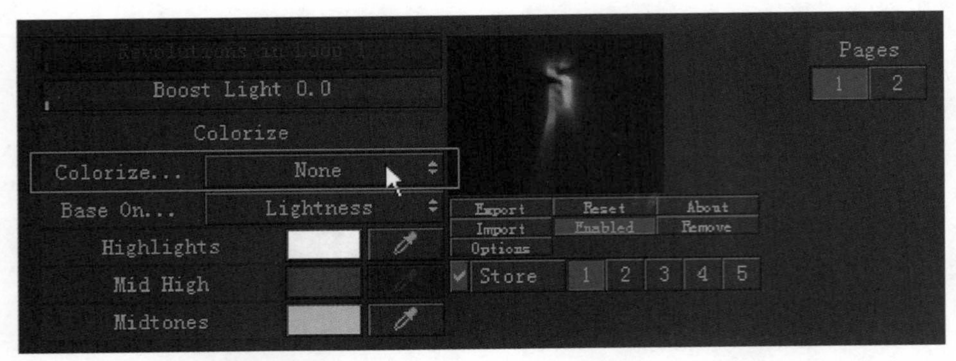

图4-2-66　选择None发光色彩模式

9. 在Composite中，把"qd0000"图层，移动到上一层，如图4-2-67所示。

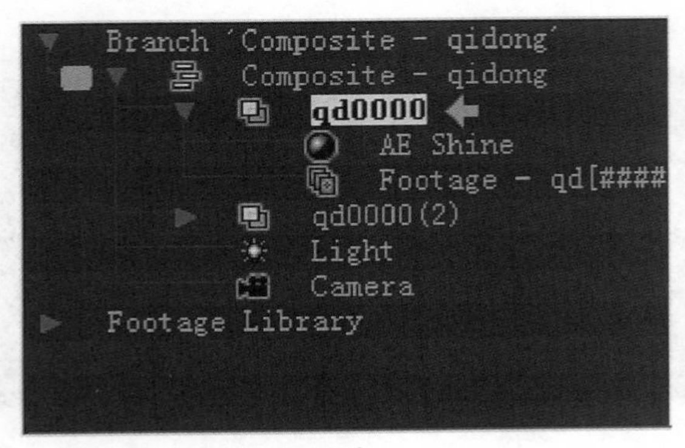

图4-2-67　移动qd0000图层

10. 选中"qd0000"图层内的AE Shine特效按钮，展开AE Shine Controls面板，设置Pre-Process的Threshold值为130，Shimmer的Amount值为100，如图4-2-68所示。

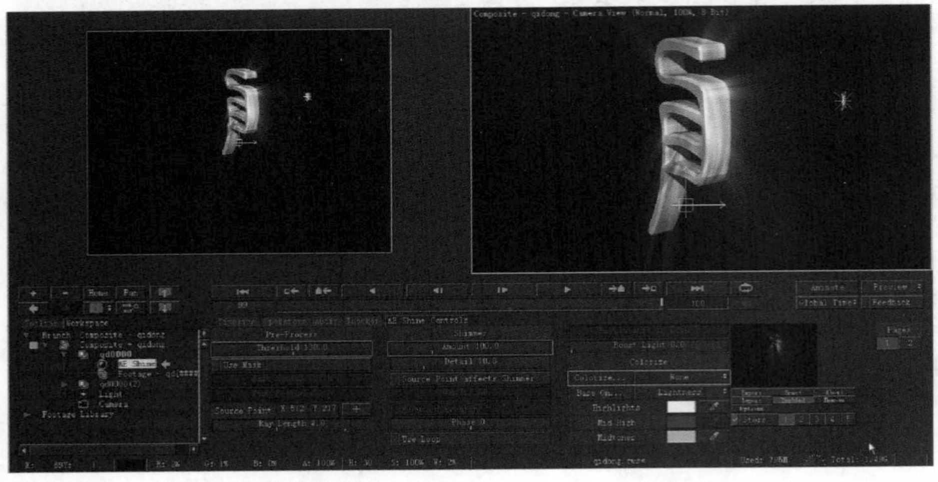
图4-2-68　设置Threshold与Amount值

11. 选中“qd0000”图层，展开Composite Controls选项栏，单击Surface按钮，设置图层融合模式为Hard Light，如图4-2-69所示。

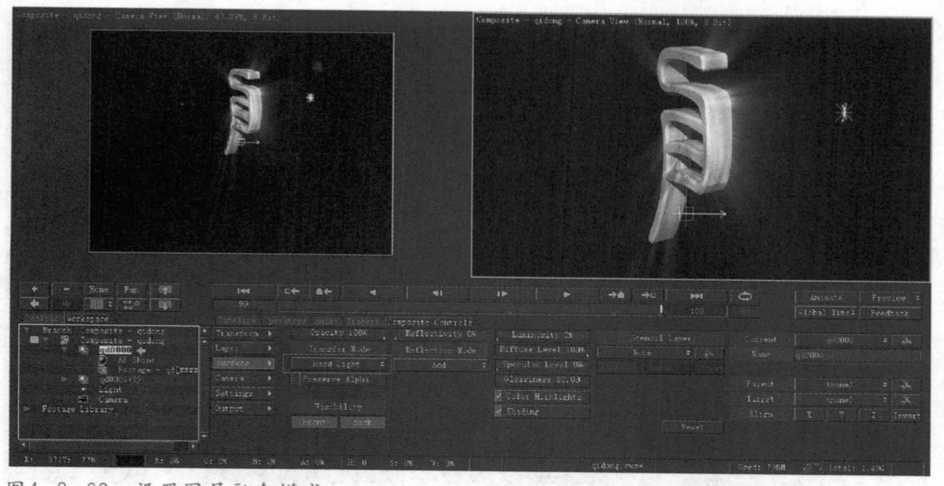

图4—2—69　设置图层融合模式

12. 选中“qd0000”图层，按Ctrl +C键，再按Ctrl +V键，复制粘贴“qd0000（3）”图层，如图4-2-70所示。这样光线效果会更加明亮一些。

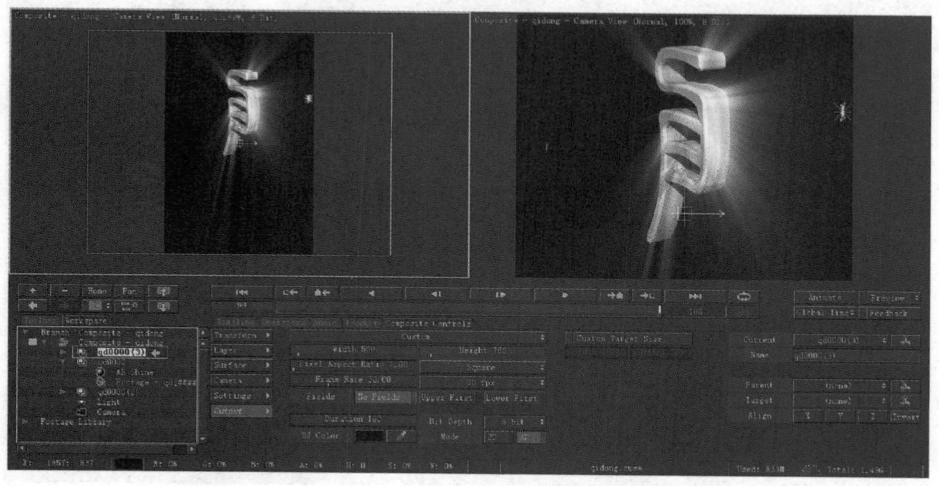

图4—2—70　增强光线效果

13.选中Composite – qidong，单击Output按钮，设置Custom的Width值为500，如图4-2-71所示。这样做的目的是缩小画面尺寸，尽可能地减小输出动画帧文件大小。

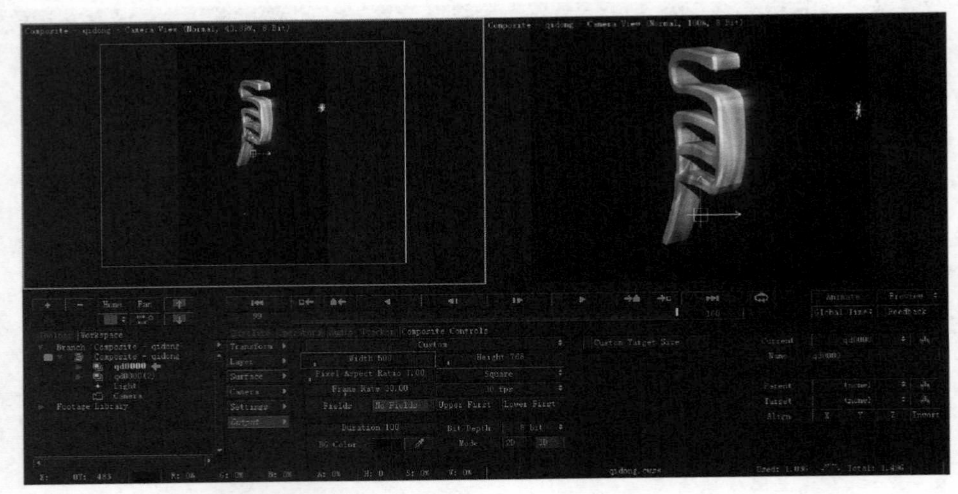

图4—2—71　缩小画面输出尺寸

14. 按Ctrl + R键，弹出视频渲染输出控制面板。文件输出设置为PNG图形格式，指定输出文件的存储位置，如图4-2-72所示。确定无误后，单击Process按钮开始渲染工作。

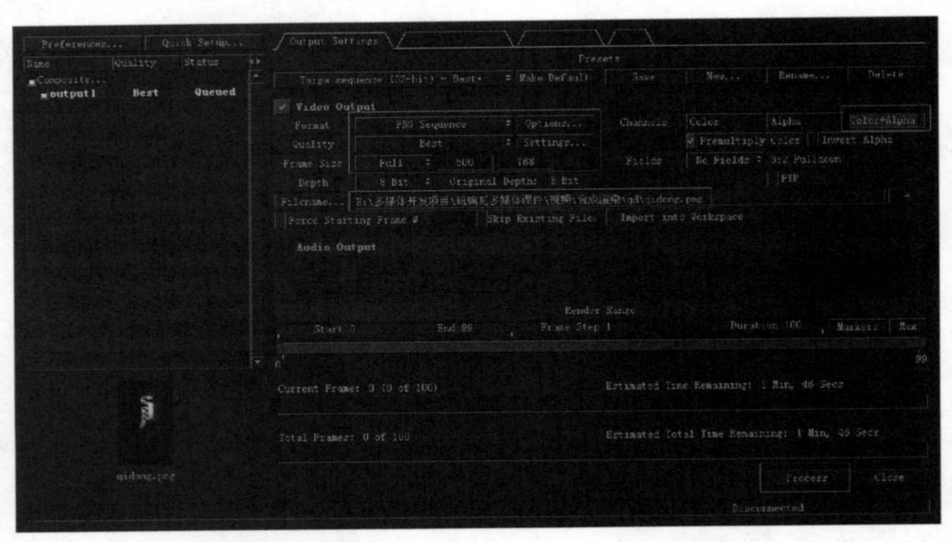

图4—2—72　设置渲染输出文件格式

15. 在工程文件渲染结束后，Combustion 2008会显示一个输出信息面板，如图4-2-73所示。其中，详细记录了项目成功渲染后的相关信息。最后，按Close按钮，关闭渲染面板。

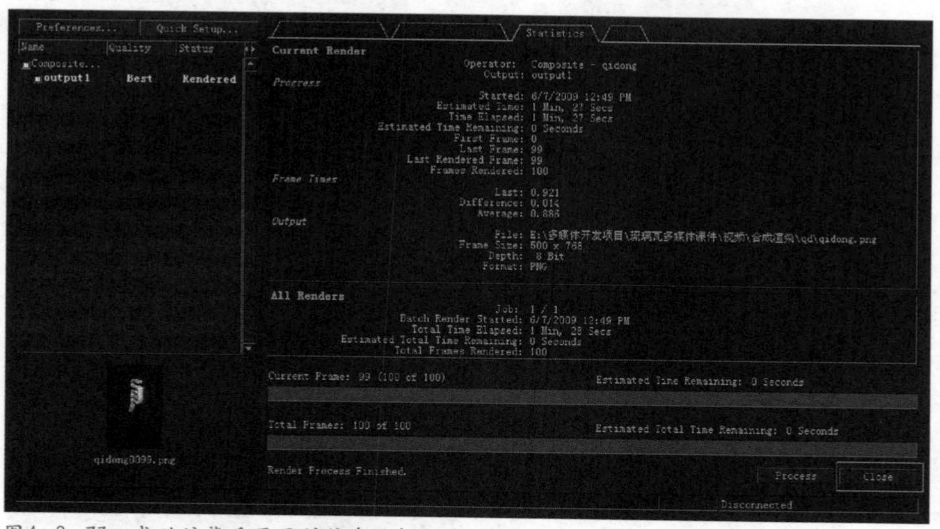

图4-2-73　成功渲染后显示的信息面板

● 4.2.7　创建SWF动画序列帧影片

1. 启动FLASH CS4软件，新建一个AS2.0工程文件。影片的输出属性设置，与本章的4.1.1所述内容完全相同。

2. 新建一个空白的1024×768尺寸影片剪辑元件，元件的注册点一定要选择在左上角。

3. 按Ctrl + R键，打开动画序列帧存储文件夹，选择第一个序列帧文件，单击“确定”按钮。在弹出的对话框中，选择“是”，导入动画序列帧于舞台上，如图4-2-74所示。

图4-2-74　导入动画序列帧

4. 在场景1时间轴面板中，新建一个“图层2”图层，选中第101帧，按F6键，创建一个空白的关键帧，如图4-2-75所示。然后打开动作面板，输入：gotoAndPlay(21);脚本。

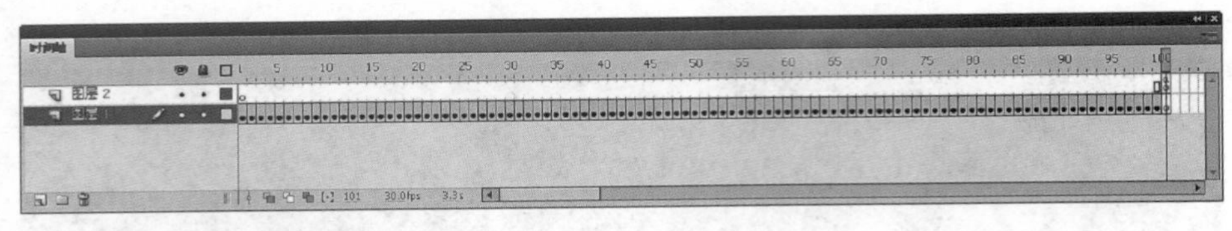

图4—2—75　创建AS脚本关键帧

5. 返回场景1。单击对齐面板中的垂直对齐按钮，把元件对齐到舞台中间，如图4-2-76所示。

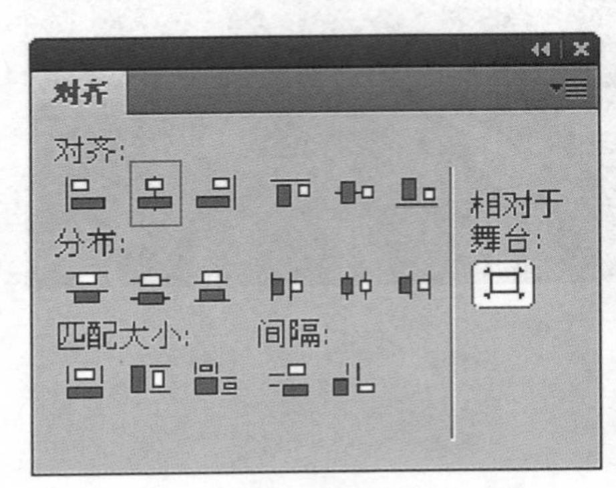

图4—2—76　把影片剪辑元件对齐到舞台视图中间

6. 最后，按Shift + F12键，发布已经制作好的动画影片。

● 4.2.8　场景动画影片发布

1. 启动FLASH CS4软件，按Ctrl + O键，打开“启动界面”工程文件。

2. 展开时间轴面板，新建名为“载入影片”的图层，再创建一个空白的影片剪辑元件，注册点选定左上角，并设定影片剪辑元件的实例名称为qd_mc,如图4-2-77所示。

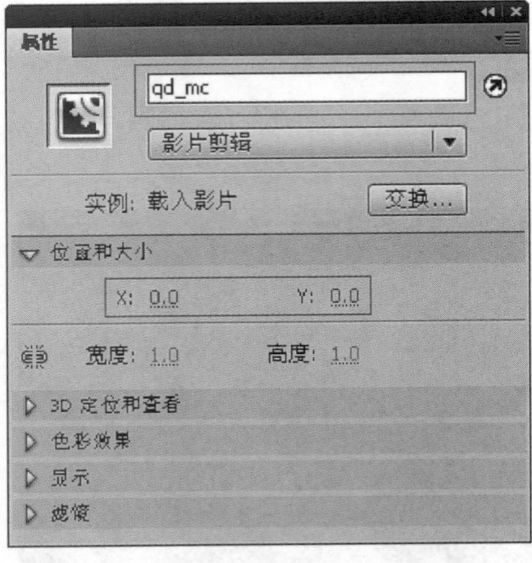

图4—2—77　设定影片剪辑元件的实例名

3. 重新排列场景1时间轴面板中的图层次序，如图4-2-78所示。最后按Shift + F12键，发布已经全部制作好的场景动画。最终的画面显示效果，如图4-2-79所示。

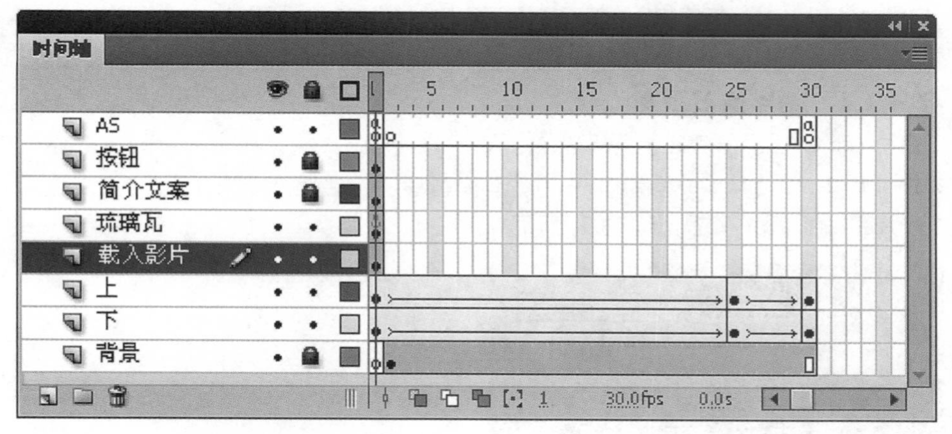

图4-2-78　重新排列时间轴图层次序

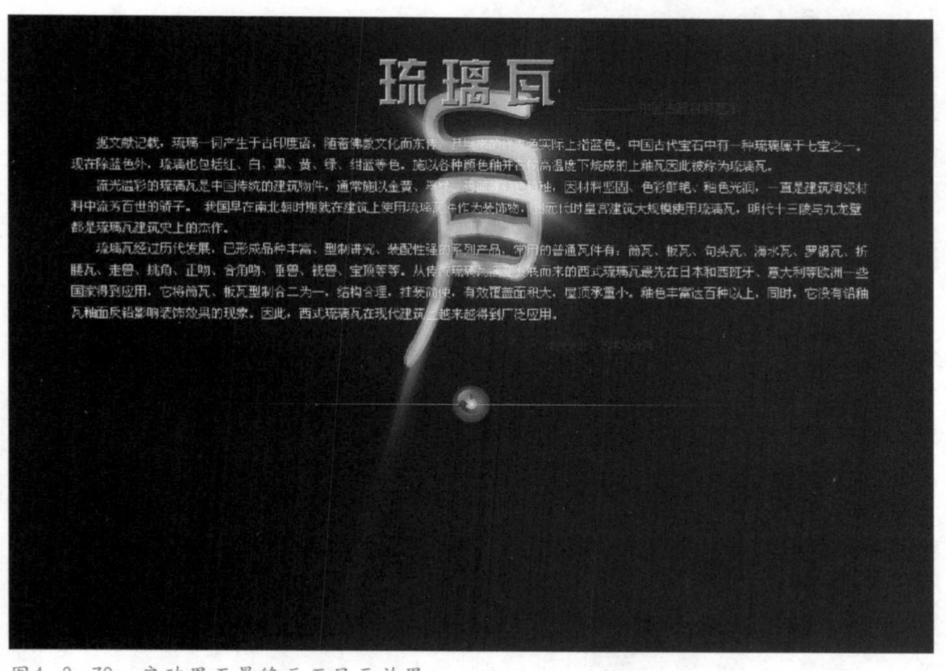

图4-2-79　启动界面最终画面显示效果

4.3　主界面制作

主界面的设计制作，是最能够体现多媒体课件的整体风格特征的。一般的多媒体课件主界面，其所包含的内容表现元素较多，因此每一个细微之处都应该认真对待，这样才能够制作出比较耐看的精品。下面具体讲解本教程中的制作步骤。

● 4.3.1　图片遮罩动画

1. 启动Flash CS4软件，新建一个AS2.0项目工程文件。

2. 按Ctrl + S键，存储项目工程文件名为“主界面”。

3. 影片的属性与发布设置，如图4-3-1所示。

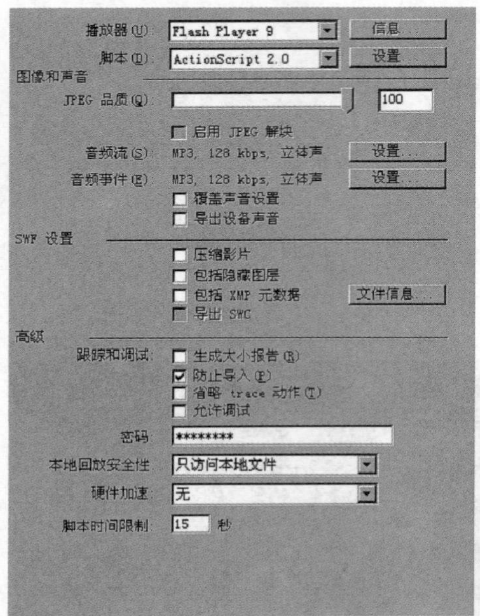

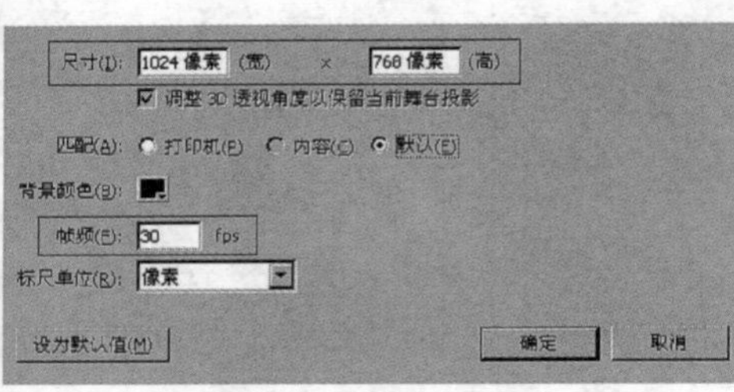

图4—3—1　影片发布设置

4. 按Ctrl + R键，导入主界面背景素材图片，命名时间轴图层为“背景”。使用对齐工具按钮命令，把图片对齐到舞台的中心点。

5. 按F8键，把图片转换成影片剪辑元件。

6. 双击展开影片剪辑元件，并锁定“背景”图层。再新建“线条”图层，如图4-3-2所示。

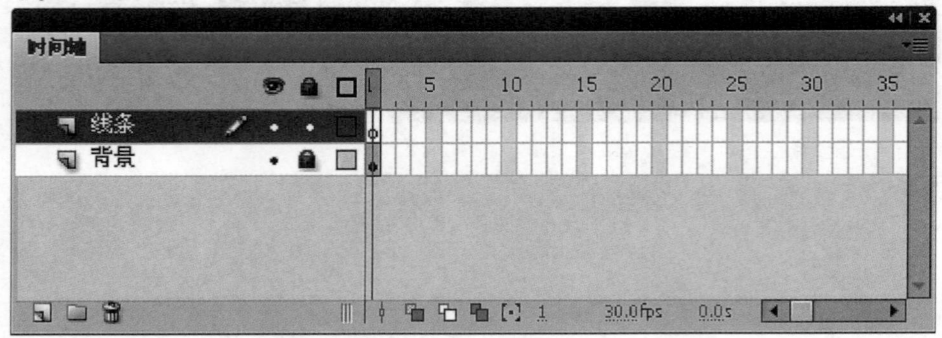

图4—3—2　新建线条图层

7. 在“线条”图层上，选择工具栏中的线条工具，沿着底图筒瓦排列的方向绘制白色线条，尽量绘制在筒瓦的受光部，如图4-3-3所示。

8. 新建“遮罩”图层，选择工具栏中的钢笔工具，绘制一个条形图形，如图4-3-4所示。

图4-3-3　绘制白色线条

图4-3-4　绘制遮罩图形

9. 选中“背景”图层时间轴上的第60帧，按F5键。选中“线条”图层时间轴上的第20帧，按F5键。选中“遮罩”图层时间轴上的第20帧，按F5键。再右击选择“创建补间动画”命令，在第20帧上按F6键。然后调整第1帧图形和第20帧图形于合适大小。选择“遮罩”图层，再右击选择“遮罩层”命令，如图4-3-5所示。最后，按Ctrl + Enter键，测试影片。

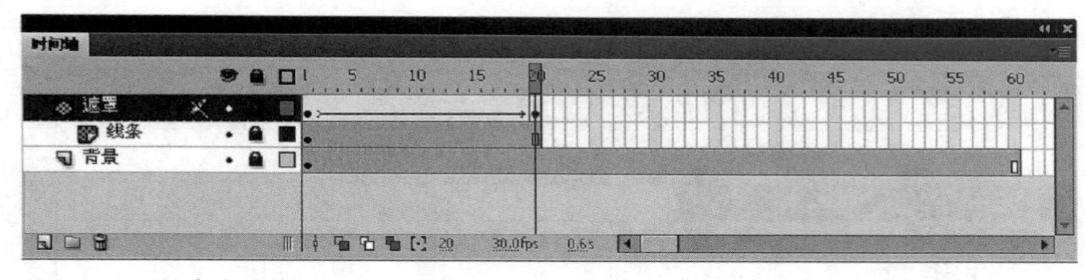

图4-3-5　创建遮罩动画

● 4.3.2　标题字动画

1. 在场景1时间轴面板中，新建名为“标题”图层，如图4-3-6所示。

2. 按Ctrl + R键，导入“琉璃瓦”、“中国古建艺术”PNG格式素材图片。选中舞台上两个图片，右击选择转换为元件命令，将图片转换成“标题”影片剪辑元件。双击展开元件，把两张图片分别放置在两个图层中，如图4-3-7所示。

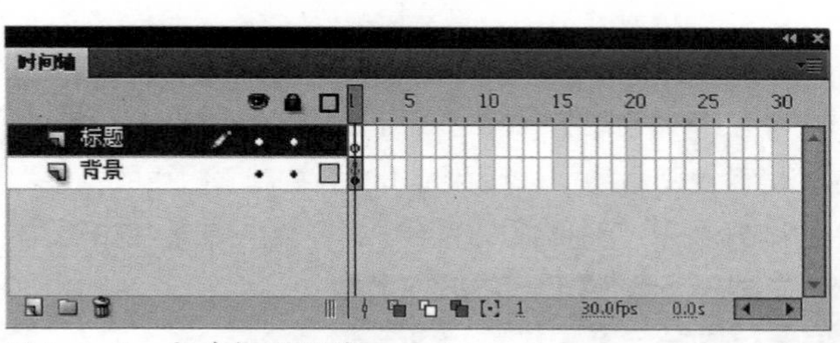

图4-3-6　新建标题图层

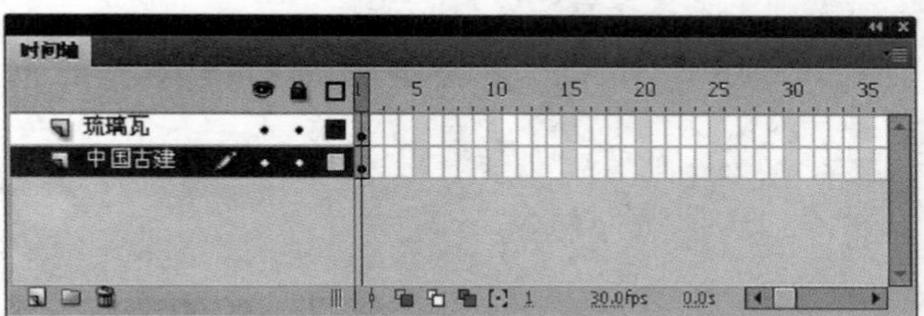

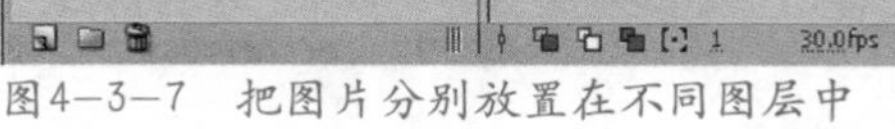

图4-3-7　把图片分别放置在不同图层中

3. 同时选中两个图层的第15帧，按F6键。然后再同时选中两个图层的第1帧，右击选择“创建传统补间”命令。然后调整第1帧图片位置，如图4-3-8所示。

4. 展开其属性面板，设置第1帧两张图片的Alpha值为0％，如图4-3-9所示。

图4—3—8　调整第1帧图形摆放的位置

图4—3—9　设置图片Alpha值

5. 继续新建一个名为“as”图层。在第15帧上按F6键，如图4-3-10所示。打开动作面板，输入脚本stop();。这时，移动时间线滑动条可以看到图片的移动。

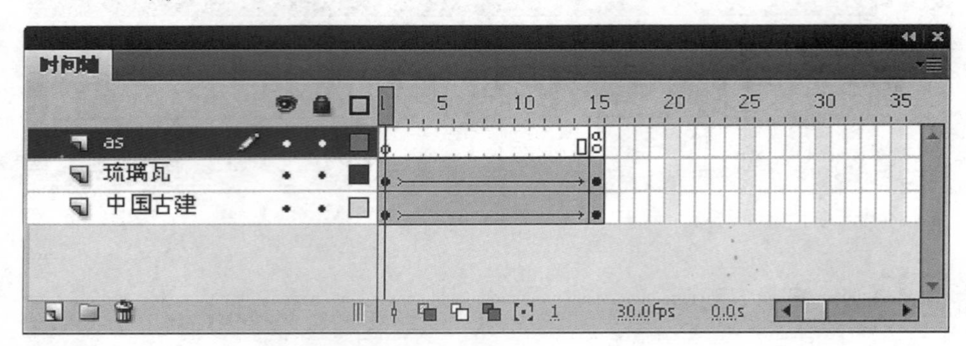

图4—3—10　时间轴关键帧的设置

4.3.3　三维造型动画

1. 启动3DS Max 8.0简体中文版软件，打开“启动飞.max”文件，另存为“主界面飞.max”文件，删除视图中三维造型字，隐藏视图中的相机和灯光，展开控制面板中的创建面板。然后如图4-3-11所示，在视图中创建一个圆柱体，在控制栏命令中启用切片180°。

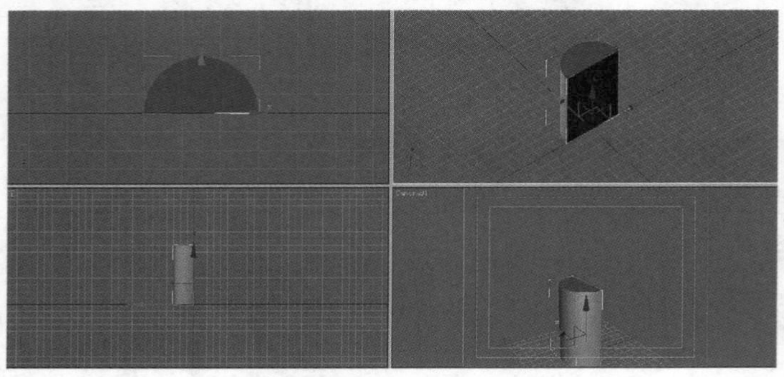

图4—3—11　切片圆柱体180°

2. 按住Shift键的同时，在视图中沿y轴移动复制物体，选择创建面板中的复合对象面板，选中布尔命令。再单击拾取操作对象B按钮，然后在视图中拾取对象，如图4-3-12所示。

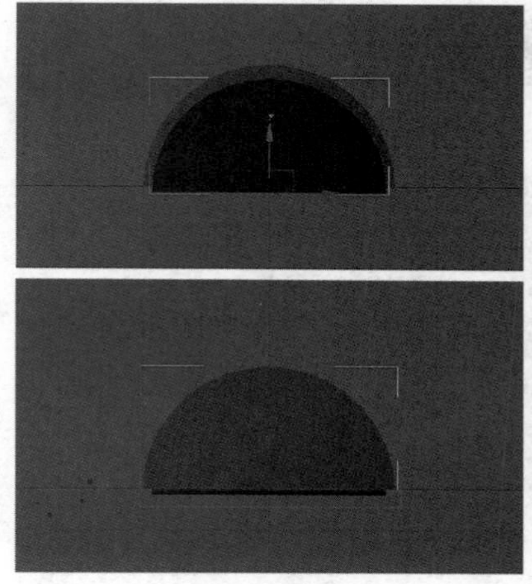

图4—3—12　布尔对象

3. 把物体转换为可编辑网格，选取造型一端，选择工具栏中的选择并均匀缩放工具，把厚度和直径缩小一些。按M键，打开材质编辑器控制面板，将材质指定给选定的对象，然后在修改器控制面板里，选择修改器列表中的UVW贴图命令，在选项设置里选择收缩包裹命令。如图4-3-13所示。

4. 把编辑好的造型，如图4-3-14所示，顺x轴方向间隔一定距离再复制2个，然后把3个造型成组。再使用控制面板中的轴移动工具命令，把组合物体轴移动到一端。

5. 把组合再复制3个，置于不同方向，并且都旋转成一定角度，如图4-3-15所示。

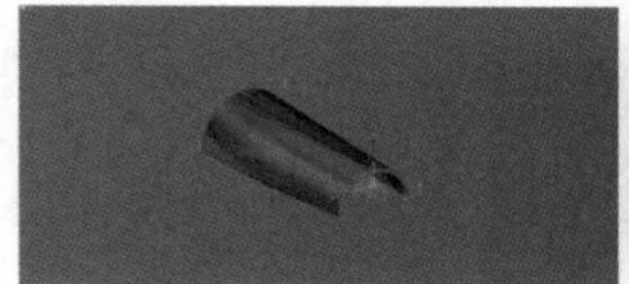
图4—3—13　缩小造型的边口

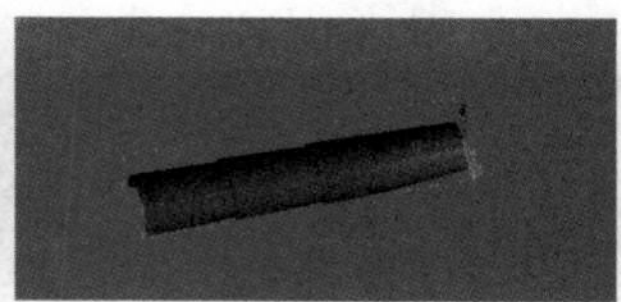
图4—3—14　移动组合物体轴

图4—3—15　旋转组合物体

6. 显示视图中的相机，并将其调整到比较合适的角度，如图4-3-16所示

7. 开启动画记录状态，单击工具栏中的选择并旋转工具。首先在时间轴上记录第85帧，然后记录第72帧、第66帧、第55帧、第42帧，并且，分别将物体旋转到一定角度。注意，要在记录第42帧时，把四组造型再重新组合一次，然后再旋转一定角度。继续记录、旋转第30帧、第1帧，将组合物体拖动到相机视图外。所有的关键帧造型，如图4-3-17所示。

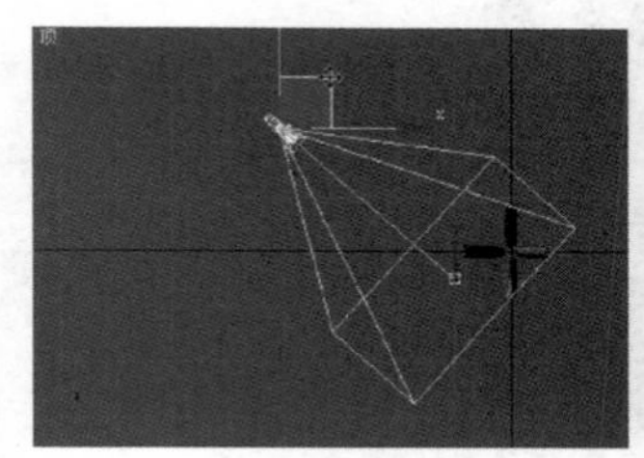
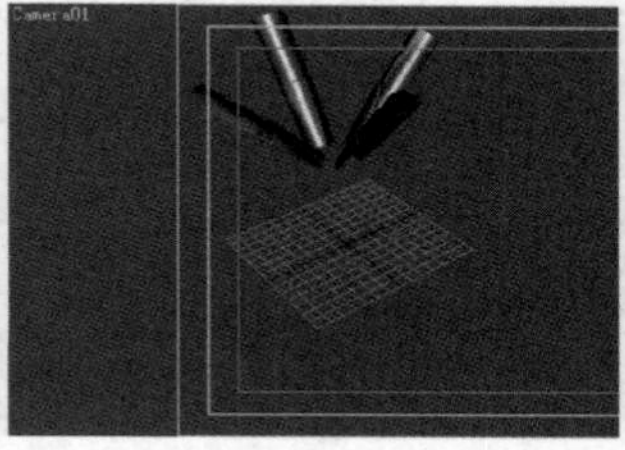
图4—3—16　调整后的相机与视图

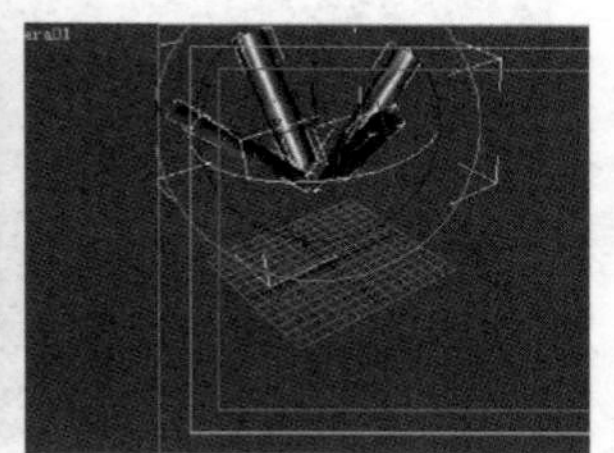
第85帧造型

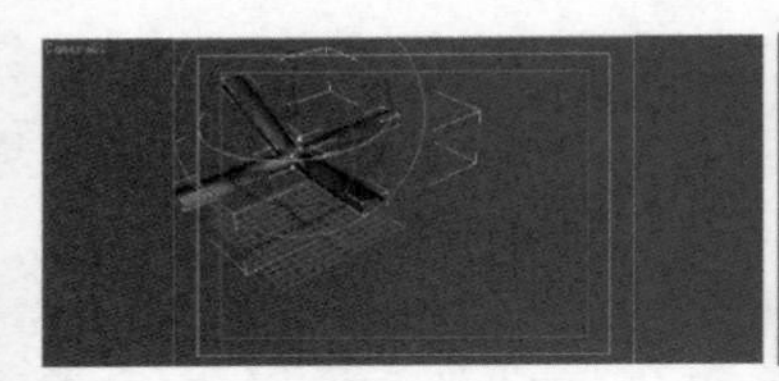

第72帧造型

第66帧造型

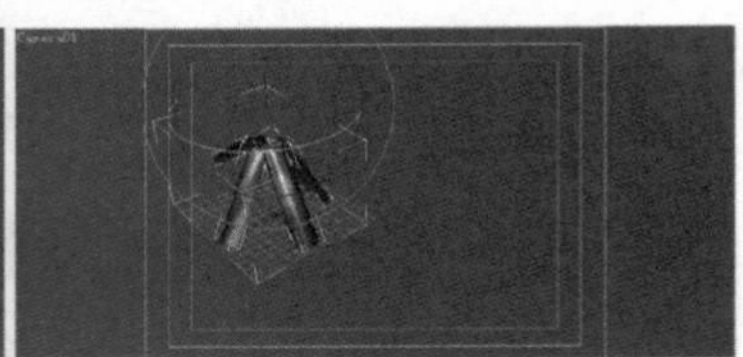

第55帧造型

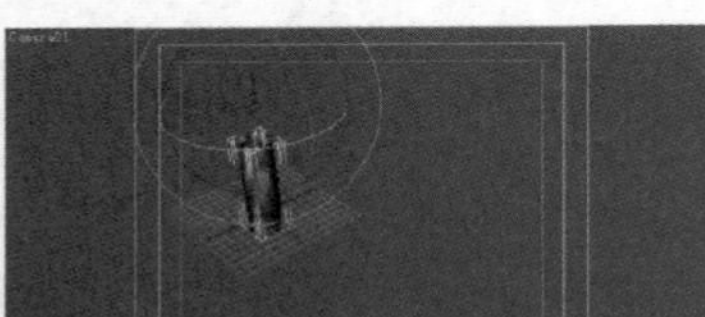

第42帧造型

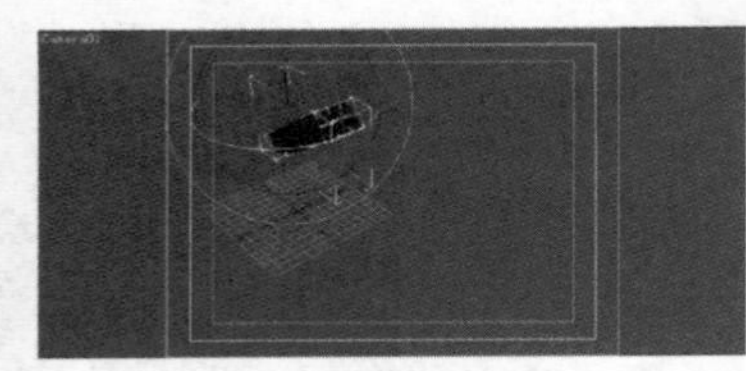

第30帧造型

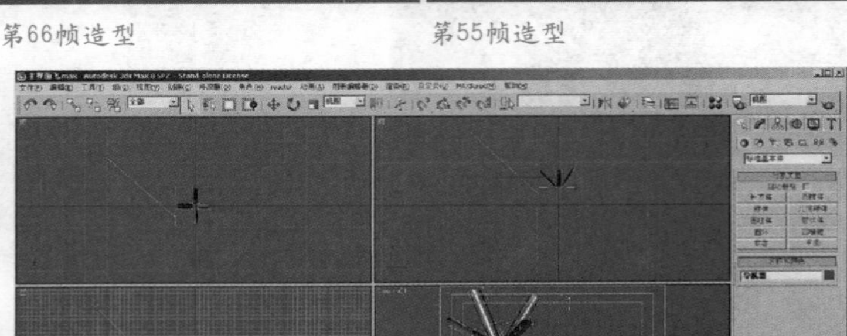

图4—3—17　关键帧造型设置

8. 打开动画渲染输出面板，首先选择输出范围从0至85帧，再指定输出存储路径。存储文件选择带透明通道的TGA格式。最后，单击渲染按钮。

● 4.3.4　TGA序列帧转PNG格式

1. 启动Combustion 2008软件，如图4-3-18所示，新建一个工程文件。

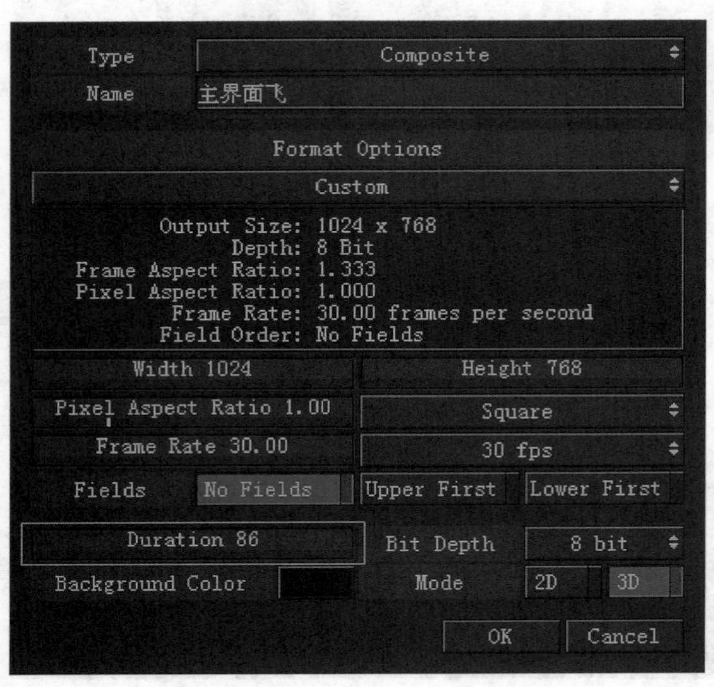

图4—3—18　新建工程文件

这里需要说明一下，3DS Max软件是可以直接输出PNG图形格式文件的，为什么要用Combustion 2008把TGA转换成PNG呢？因为TGA是工业标准视频图像格式，高质量无压缩，所以它可以作为视频图像原始素材存储格式。3DS Max直接输出的PNG图像质量，不如在Combustion 2008中用TGA转换的PNG质量好，同时，三维图形动画最终还要在Flash中合成。但在3DS Max软件中，一般而言，是不可能直接非常精确地渲染出合成所需要的画面效果的，而Combustion 2008作为影视合成软件可以很好地解决这个问题。因为Combustion 2008可以直接参照Flash场景图像，对三维动画素材作进一步编辑处理，直至二者完全吻合。

2. 先导入Flash主界面场景中的背景图片，如图4-3-19所示。

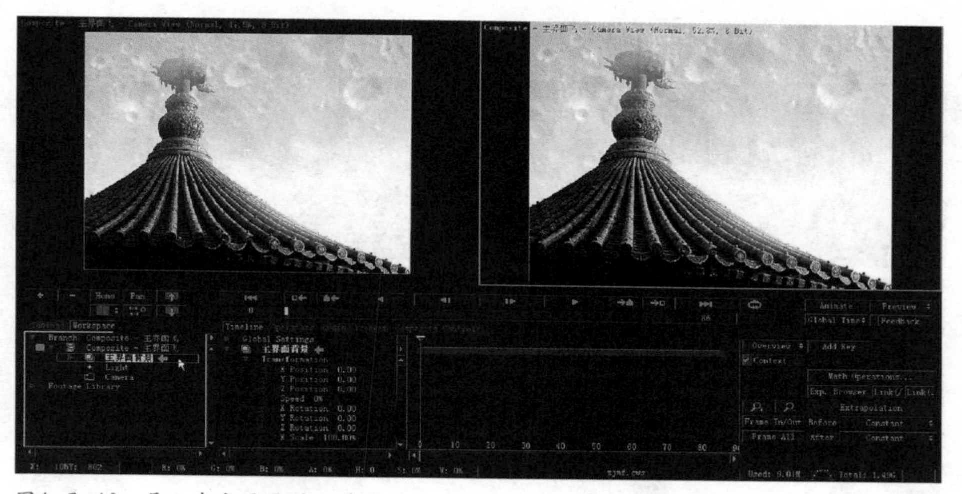

图4-3-19　导入合成需要的背景图片

3. 再导入主界面文件中的三维动画帧素材。然后展开Composite Controls面板，单击Transform按钮，设置y轴旋转180°，如图4-3-20所示。

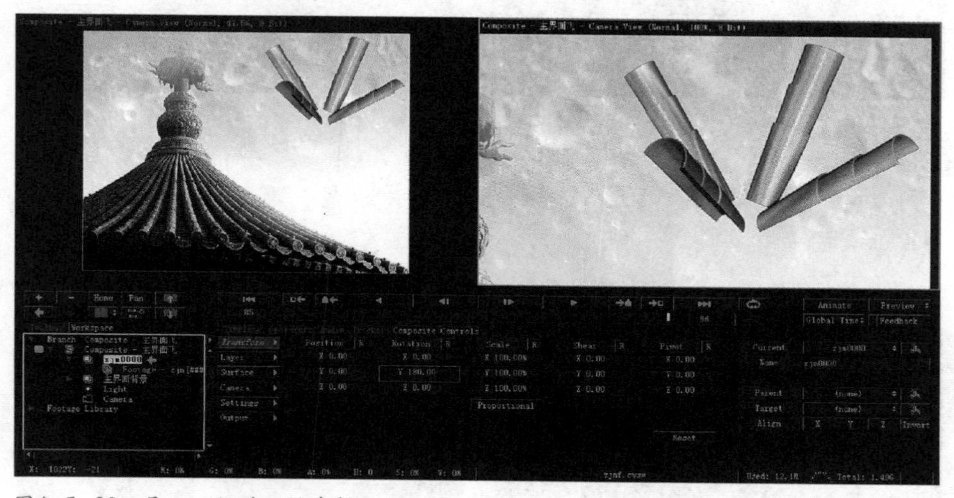

图4-3-20　导入三维动画帧素材

4. 展开“zjm0000”图层，选中Footage。单击Source按钮,选中Premultiplied With选项，去除图形黑边，如图4-3-21所示。

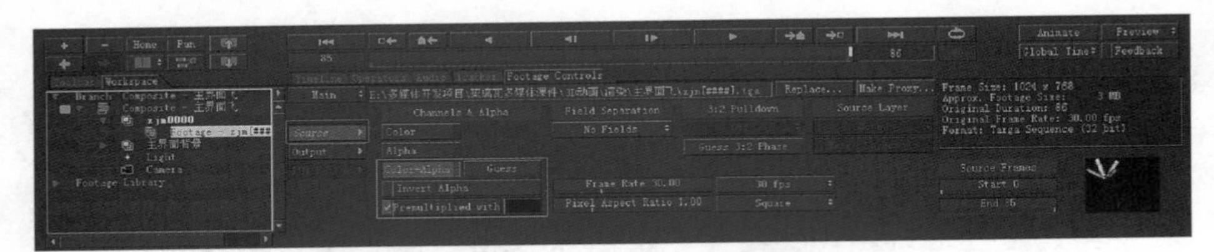

图4—3—21　去除图形黑边

5. 选择菜单栏中的**Operators | Color Correction | Discreet CC Basics**命令，如图4-3-22所示，设置CC Basics Controls参数。

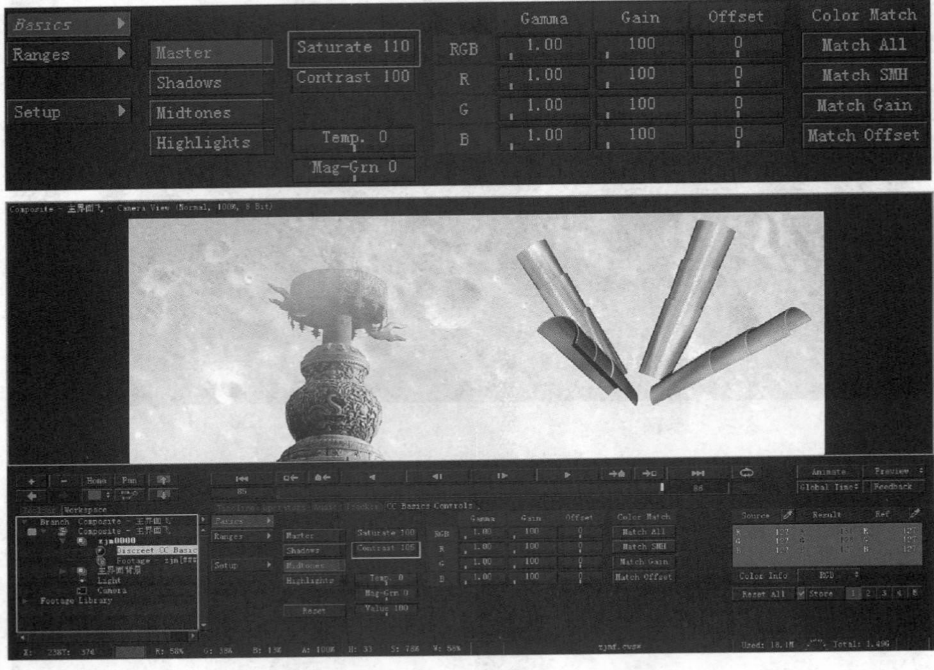

图4—3—22　CC Basics Controls

6. 关闭主界面背景图层，展开“zjm0000”图层。选中Footage-zjm单击Output按钮，设置Bottom选项为215，如图4-3-23所示。

Branch 'Composite - 王界面飞'
Composite - 王界面飞
zjm0000
Discreet CC Basic
Footage - zjm[###
主界面背景
Light
Camera
Footage Library

图4—3—23　裁剪素材画面（一）

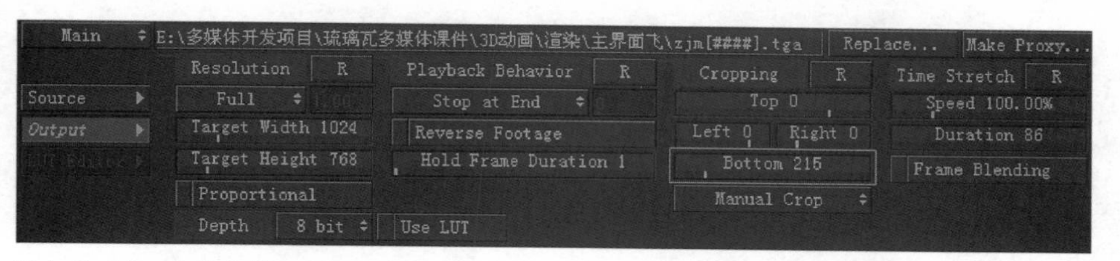

图4—3—23　裁剪素材画面（二）

7. 选中“zjm0000”图层，设置y轴移动参数为-107。单击Output按钮,设置工程文件的Height参数为550。最后，按Ctrl + R键，渲染输出文件设置为PNG格式，渲染工作完成后按Close键，如图4-3-24所示。

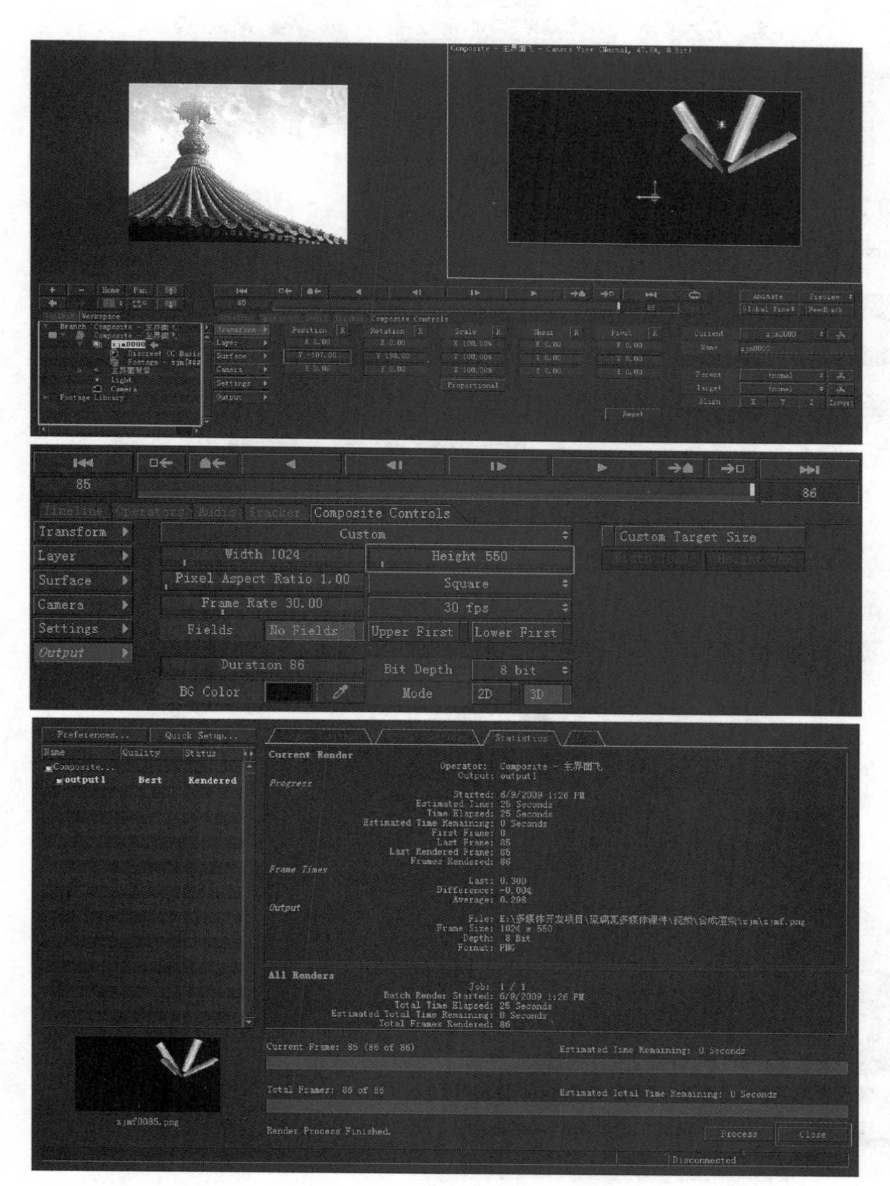

图4—3—24　输出PNG格式动画帧

● 4.3.5 导入PNG序列帧

1. 首先启动Photoshop CS4软件，打开上述渲染的第85帧PNG图形文件。选择菜单栏中的**图像 | 图像旋转 | 垂直翻转画布** 命令。如图4-3-25所示。

2. 单击图层面板中的添加图层蒙版按钮，然后选择工具栏中的填充工具蒙版。如图4-3-26所示，设置图层不透明度为20%，再另存为 “投影.png” 文件。关闭Photoshop CS4软件。

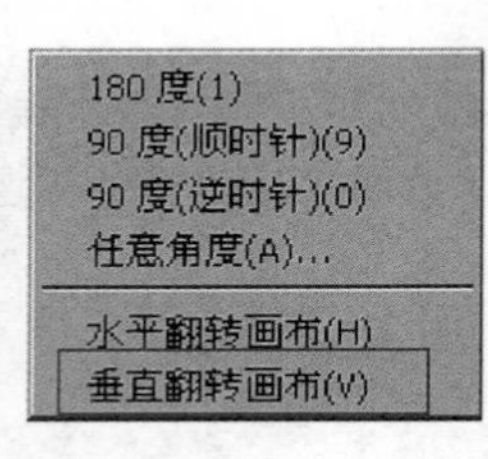

图4—3—25 翻转图像

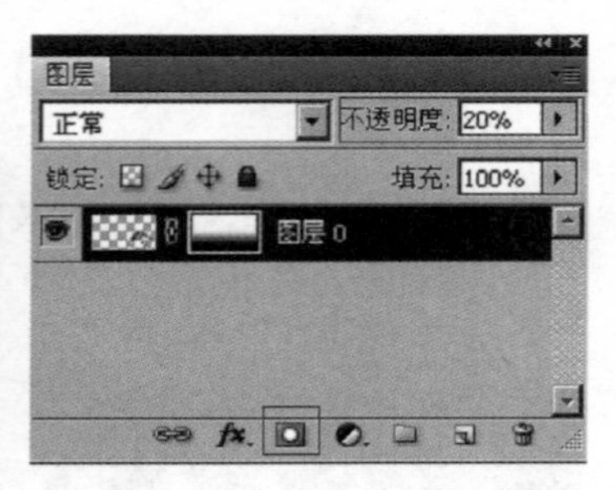

图4—3—26 蒙版图层

3. 启动Flash CS4软件，打开 “主界面.fla” 文件。选择工具栏中的矩形工具，在舞台视图中创建一个宽度1024、高度768的图形，然后用对齐命令，把图形对齐到舞台中心位置。再转换成影片剪辑元件，元件注册点在左上角。双击展开影片剪辑元件，删除舞台上的图形。按Ctrl + R键，导入PNG动画序列帧，如图4-3-27所示。

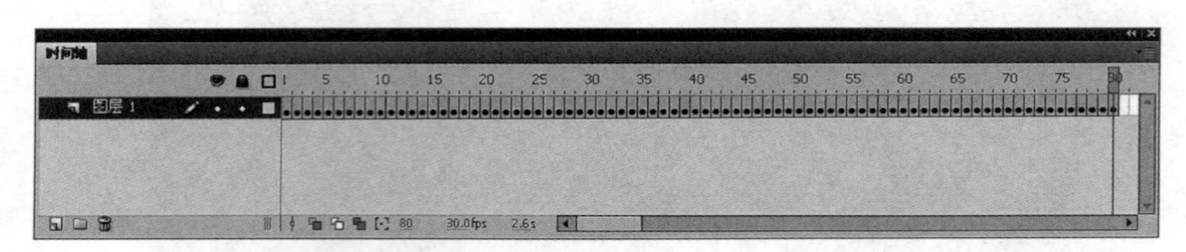

图4—3—27 在时间轴上导入动画序列帧

4. 把图层1命名为“帧”，新建图层“AS”。选中第80帧，按F6键，在动作面板里输入脚本：stop();。新建图层“投影”，选中第80帧，按F6键。再按Ctrl + R键，导入“投影.PNG”图形。最后，按Ctrl + Enter键，测试影片效果，如图4-3-28所示。

图4—3—28 导入投影图形测试影片

● 4.3.6　三维循环动画

1. 承接上文，在场景1中，单击时间轴面板中的新建图层按钮，新建“瓦”图层。

2. 锁定其他图层，新建一个宽度1024、高度768，命名为“旋转”的空白影片剪辑元件。

3. 展开元件的时间轴，选中第60帧按F6键。再按Ctrl + R键，导入动画序列帧。

4. 继续新建“AS”图层，在时间轴第65帧上按F6键，在帧标签面板栏中设置“on”名称。然后在第105关键帧动作面板里输入脚本：gotoAndPlay(“on”)。

5. 新建“光”图层，选择工具栏中的椭圆工具，在舞台视图中绘制一个光感的渐变图形。如图4-3-29所示，设置填充色彩。

6. 最后，按Ctrl + Enter键，测试影片动画显示效果，如图4-3-30所示。

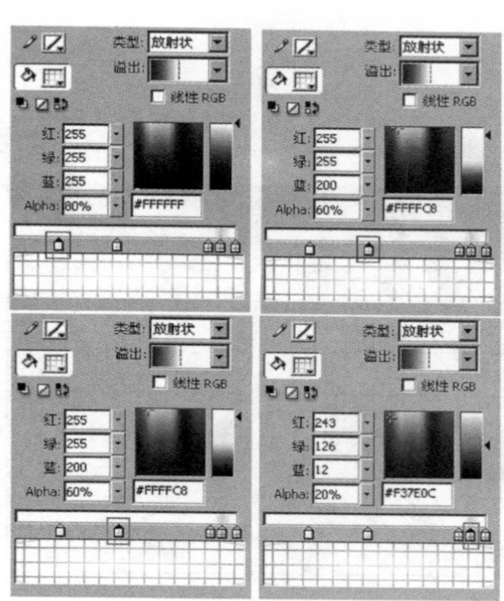

图4—3—29　填充渐变图形

图4—3—30　时间轴上的动画显示效果

● 4.3.7　内容交互按钮

1. 承接上文，在场景1中新建“按钮”图层，按Ctrl + R键，导入 “long.png”素材图形。

2. 选择工具栏中的任意变形工具，旋转图形，然后把图形转换成按钮元件。

3. 新建“黄色”图层。如图4-3-31所示，创建关键帧1图形并填充色彩。如图4-3-32所示，创建关键帧2图形并填充色彩。如图4-3-33所示，创建关键帧3图形并填充色彩。然后新建“亮光”图层，如图4-3-34所示，创建图形并填充色彩。新建“线框”图层，如图4-3-35所示，创建图形并填充色彩。最后的导航按钮时间轴，如图4-3-36所示。

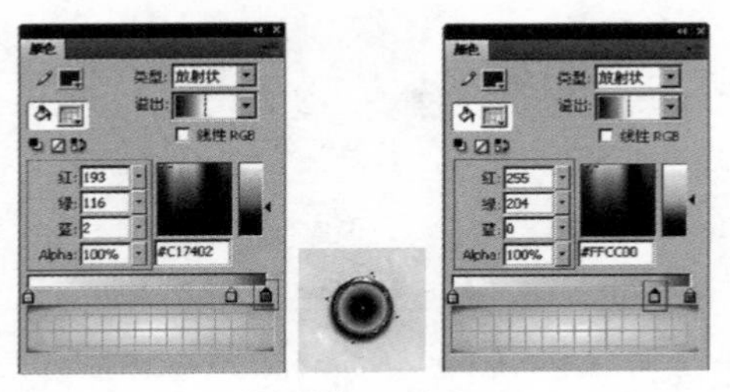

图4—3—31 “黄色”图层帧1

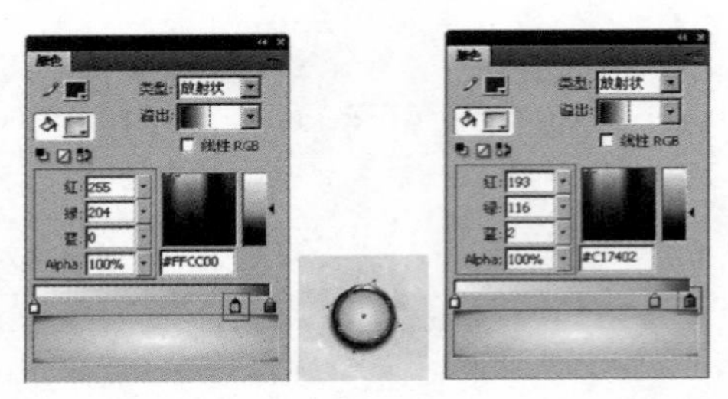

图4—3—32 “黄色”图层帧2

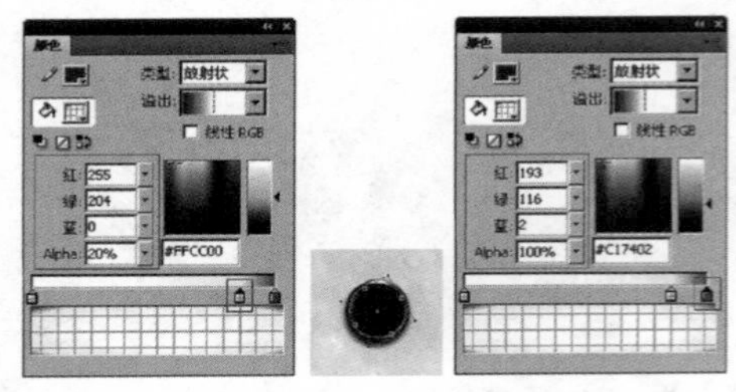

图4—3—33 “黄色”图层帧3

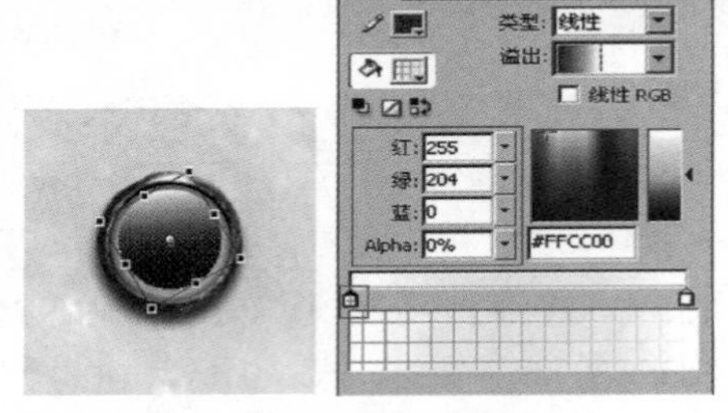

图4—3—34 “亮光”图层帧1

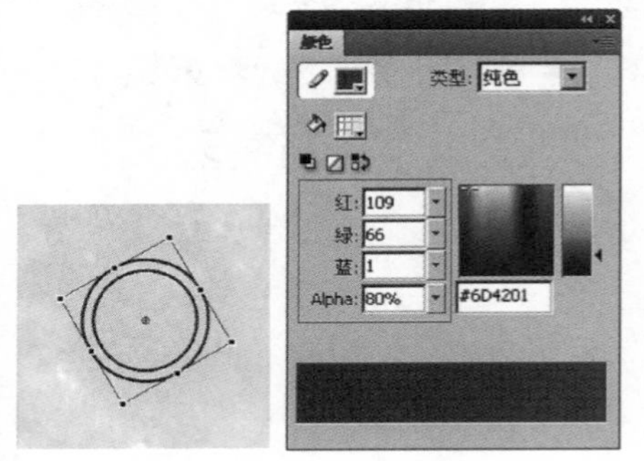

图4—3—35 “线框”图层帧1

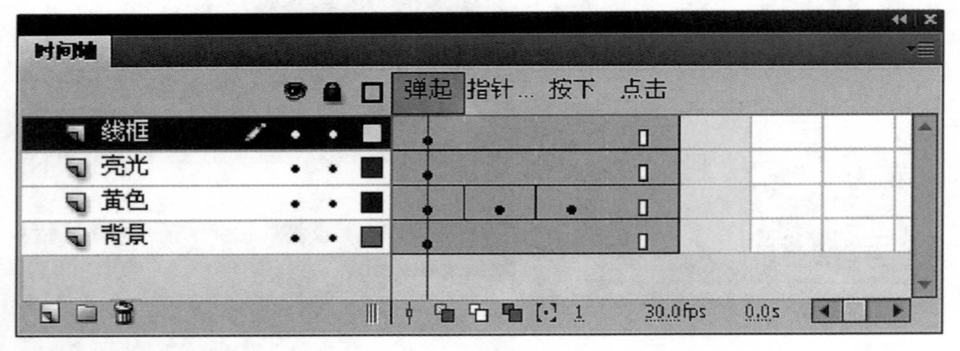

图4—3—36 导航按钮时间轴

4. 返回场景1，在“导航”影片剪辑元件的时间轴面板中，分别创建四个图层，然后分别在每个图层中复制一个导航按钮。具体操作如下：

图层1导入 “Cultural Origins”PNG图形素材到舞台视图中，输入静态文本 “文化渊源”。

图层2导入 “Variety Category”PNG图形素材到舞台视图中，输入静态文本“品种分类”。

图层3导入 “Laying Process”PNG图形素材到舞台视图中，输入静态文本“铺设工艺”。

图4—3—37　四个图层按钮元件间隔分布在舞台视图中

图4—3—38　场景1画面显示效果

图层4导入 “Firing Craft” PNG图形素材到舞台视图中，输入静态文本“烧制工艺”。并且把它们间隔分布在影片剪辑元件中，如图4-3-37所示。

5. 然后分别选中四个图层按钮，并且在动作面板中分别输入脚本，具体内容如下：

图层1的按钮脚本：
```
on (release) {
        _root.gotoAndStop("p05");
}
```
图层2的按钮脚本：
```
on (release) {
        _root.gotoAndStop("p04");
}
```
图层3的按钮脚本：
```
on (release) {
        _root.gotoAndStop("p03");
}
```
图层4的按钮脚本：
```
on (release) {
        _root.gotoAndStop("p02");
}
```

6．选中四个图层的关键帧，拖动到时间轴第20帧。再选中四个图层的第45帧，按F5键。然后选中图层1第30帧按F6键，选中图层2第34帧按F6键，选中图层3第39帧按F6键，选中图层4第44帧按F6键。并且，把它们前半部都转换成补间动画。

7．继续新建“AS”图层，选中第45帧，按F6键，在动作面板中输入脚本：stop();。

8．把四个图层第20帧上的图形，翻转移动到舞台视图右下方中心点处，完成所有动画设置。

9．最后，按Ctrl + Enter键，测试影片画面显示效果，如图4-3-38所示。

4.4 文化渊源内容制作

在一般的多媒体课件开发中，常有许多的展示文本，如何利用Flash CS4软件，对其进行最有效的表现，是至关重要的。本教程案例中的拉杆影片剪辑元件形式，是典型的应用形式之一。下面具体讲解其制作过程。

● 4.4.1 界面开页动画

1. 启动Flash CS4软件，新建AS2.0工程文件，基本设置与本章4.1.1所述相同。

2. 按Ctrl + R键，导入“文化渊源.jpg”素材图片，并对齐到舞台视图中心点位置。

3. 锁定“背景”图层，新建“飞檐”图层。按Ctrl + R键，导入“七走兽.png” 素材图片，并对齐到如图4-4-1所示的舞台视图左下角位置。

图4-4-1 对齐图形视图位置

4. 新建“遮罩”图层，选择工具栏中的矩形工具，在舞台视图区绘制一个遮罩用的图形，尺寸为1024×768，并对齐到舞台视图中心点位置。一般遮罩用图形所填充的颜色，没有什么特别的要求，最常见的是用深绿色。

5. 右击“遮罩”图层设置成“飞檐”图层的遮罩，如图4-4-2所示。

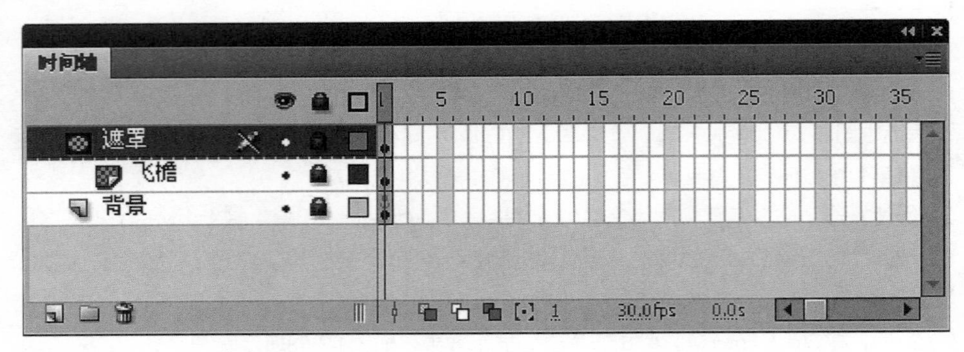

图4-4-2 设置图层遮罩

6. 选中“背景”图层，再选中帧10，按F6键，右击鼠标转换为传统关键帧。选中帧1，按Ctrl + F3键，在属性面板中设置帧图形Alpha值为0%，如图4-4-3所示。

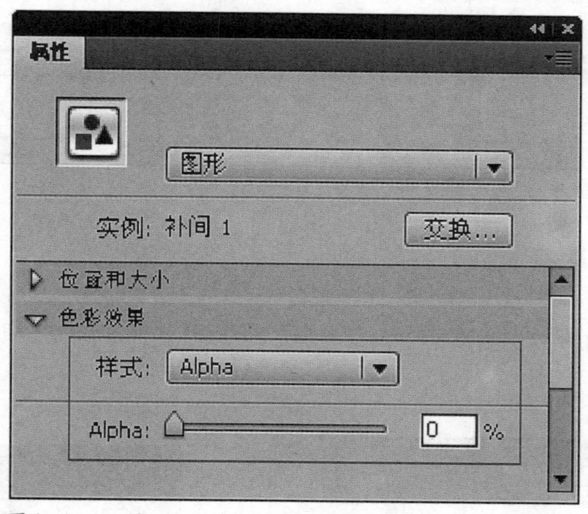

图4—4—3　帧1图形Alpha值

7. 同时选中“遮罩”、“飞檐”图层的帧1，按住鼠标左键拖动到帧10。再同时选中两图层的帧30，按F6键。然后选中“飞檐”图层，右击把帧转化为传统补间，选中帧10，如图4-4-4所示，把图形拖动到舞台视图外，设置帧10图形的Alpha值为0%。

图4—4—4　把图形拖动到舞台视图外并设置其Alpha值为0%

8. 同时选中两图层帧50，按F5键。再按Enter键预览时间轴动画。如图4-4-5所示。

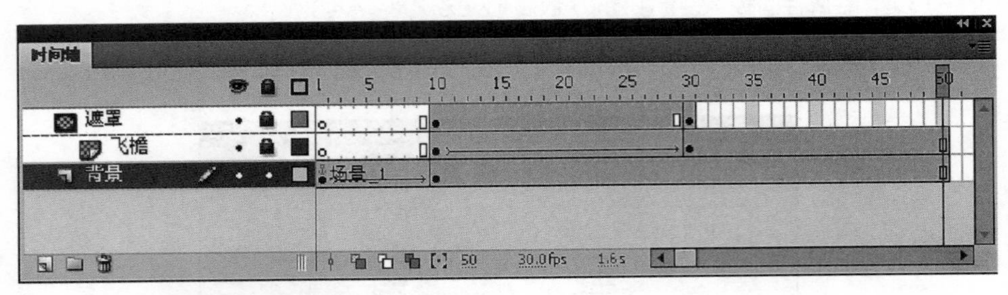

图4—4—5　时间轴面板关键帧设置

4.4.2　标题字动画

1. 新建“标题”图层，选中帧30，按F6键。选择工具栏中的文本工具，在舞台上输入：“琉璃瓦的文化渊源”文本，并在其属性栏中设置字体大小和填充颜色，如图4-4-6所示。

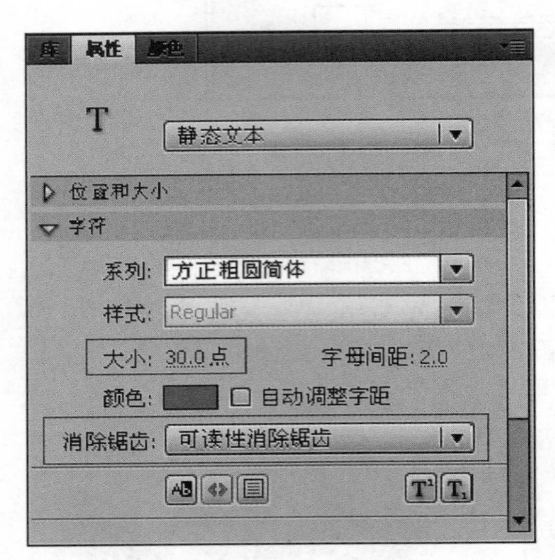

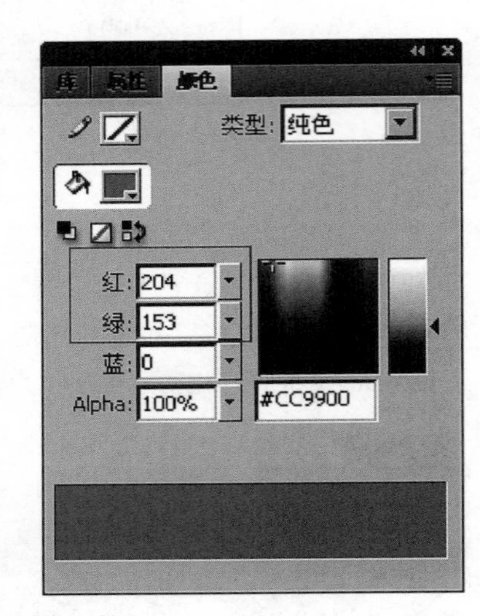

图4—4—6　输入文本设置与填充颜色

2. 采用同样的方法，在中文字下面再输入一组字母，其属性设置，如图4-4-7所示。

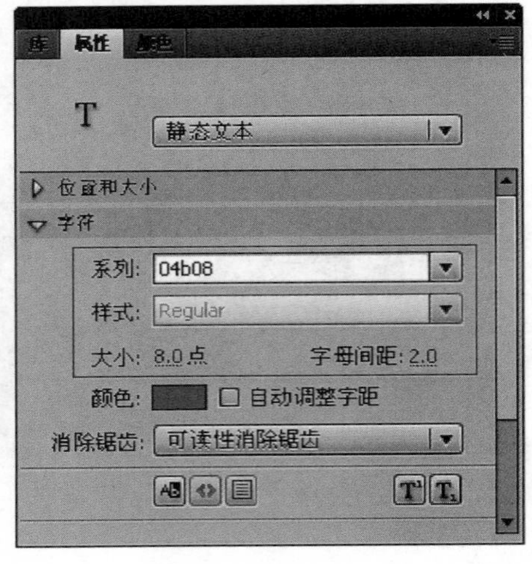

图4—4—7　字母属性设置

3. 选中帧40，按F6键，选中帧30，右击选择创建传统补间命令。然后把舞台上的图形拖移到如图4-4-8所示的位置，按Enter键预览动画效果。

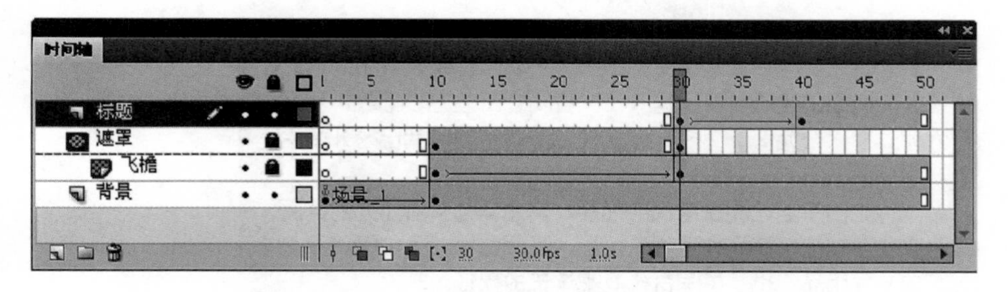

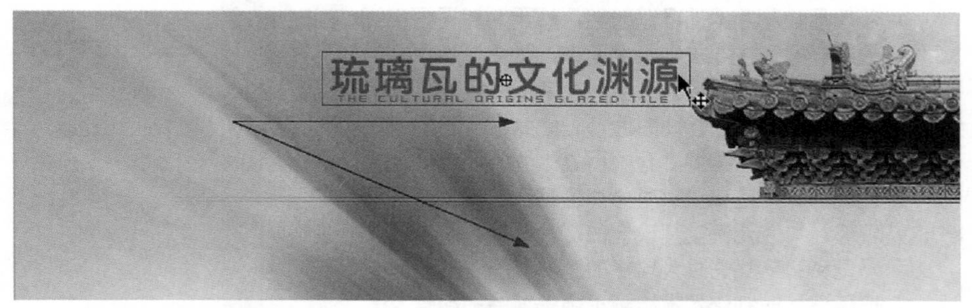

图4—4—8　拖移图形位置

● 4.4.3　拉杆影片剪辑元件

1. 启动Fireworks 8.0软件，新建一个377×577透明背景图形文件，如图4-4-9所示。

图4—4—9　新建一个透明背景文件

2. 选择工具栏中的文本工具，如图4-4-10所示，在编辑视图中输入文本。

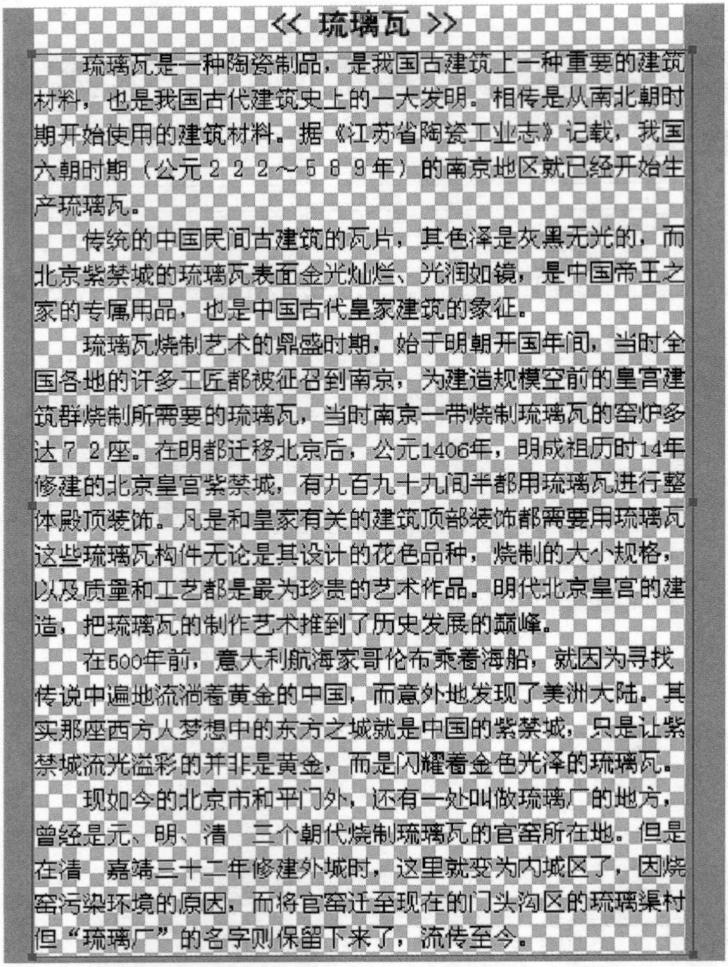

<< 琉璃瓦 >>
琉璃瓦是一种陶瓷制品，是我国古建筑上一种重要的建筑材料，也是我国古代建筑史上的一大发明。相传是从南北朝时期开始使用的建筑材料。据《江苏省陶瓷工业志》记载，我国六朝时期（公元２２２～５８９年）的南京地区就已经开始生产琉璃瓦。
传统的中国民间古建筑的瓦片，其色泽是灰黑无光的，而北京紫禁城的琉璃瓦表面金光灿烂、光润如镜，是中国帝王之家的专属用品，也是中国古代皇家建筑的象征。
琉璃瓦烧制艺术的鼎盛时期，始于明朝开国年间，当时全国各地的许多工匠都被征召到南京，为建造规模空前的皇宫建筑群烧制所需要的琉璃瓦，当时南京一带烧制琉璃瓦的窑炉多达７２座。在明都迁移北京后，公元1406年，明成祖历时14年修建的北京皇宫紫禁城，有九百九十九间半都用琉璃瓦进行整体殿顶装饰。凡是和皇家有关的建筑顶部装饰都需要用琉璃瓦这些琉璃瓦构件无论是其设计的花色品种，烧制的大小规格，以及质量和工艺都是最为珍贵的艺术作品。明代北京皇宫的建造，把琉璃瓦的制作艺术推到了历史发展的巅峰。
在500年前，意大利航海家哥伦布乘着海船，就因为寻找传说中遍地流淌着黄金的中国，而意外地发现了美洲大陆。其实那座西方人梦想中的东方之城就是中国的紫禁城，只是让紫禁城流光溢彩的并非是黄金，而是闪耀着金色光泽的琉璃瓦。
现如今的北京市和平门外，还有一处叫做琉璃厂的地方，曾经是元、明、清 三个朝代烧制琉璃瓦的官窑所在地。但是在清 嘉靖三十二年修建外城时，这里就变为内城区了，因烧窑污染环境的原因，而将官窑迁至现在的门头沟区的琉璃渠村但“琉璃厂”的名字则保留下来了，流传至今。

图4—4—10　在视图中编排文本

3. 按Ctrl + F3键，展开属性面板，如图4-4-11所示，设置文字属性选项参数，按Ctrl + S键，存储为PNG格式文件。关闭Fireworks 8.0软件。

属性
文本
琉璃瓦是
宋体
14
100
正常
0
150
%
滤镜:
宽: 383
X: -2
高: 543
Y: 27
0
0
100%
0
不消除锯齿
自动调整字距

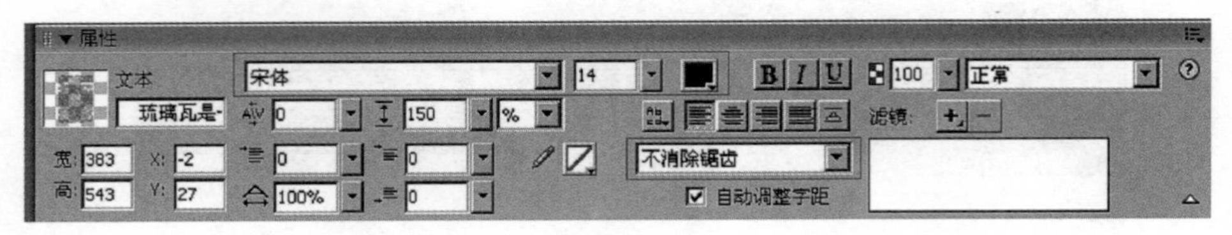

图4—4—11　文字属性设置

4. 启动FLASH CS4软件，打开“文化渊源.fla”工程文件。按Ctrl + Alt + T组合键，展开时间轴面板，新建“简介文本”图层，选中帧30，按F6键。

5. 按Ctrl + R键，如图4-4-12所示，选择导入“琉璃瓦的文化起源.png”图形文件。

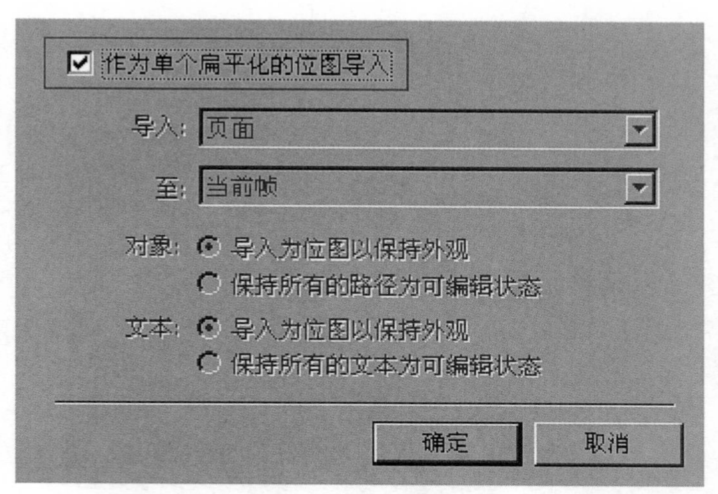

图4—4—12　PNG图形导入对话框

6. 把导入的文本图形放置在如图4-4-13所示的舞台视图右下位置。

图4—4—13　放置文本图形

7. 把图形转换为影片剪辑元件，命名为“拉杆文本”。在属性栏中命名实例名为“lgwb_mc”。

8. 然后双击展开元件，把时间轴图层命名为“影片”。

9. 选中舞台上的图形，转换为影片剪辑元件，命名为“文本内容影片”。在属性栏中命名实例名为“scroll_content”。

10. 再次，双击展开元件，选中图形转换为影片剪辑元件，命名为“文本内容影片2”。在属性栏中命名实例名为“item_holder”。

11. 再把图层命名为“影片”，新建“遮罩”图层。如图4-4-14所示，绘制遮罩用的图形。

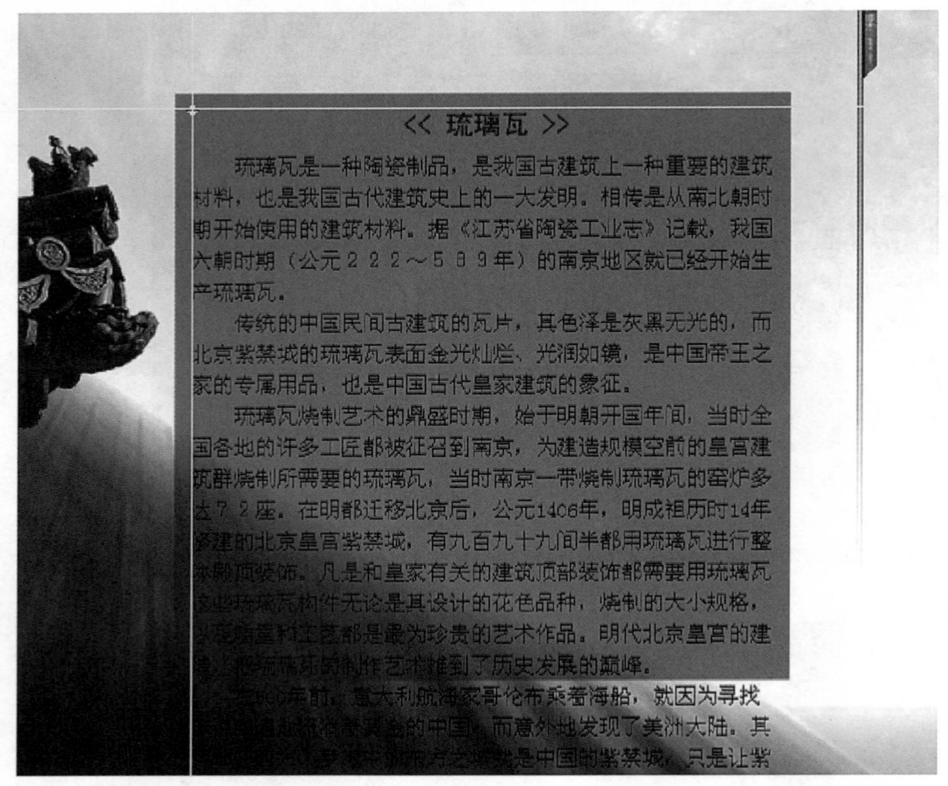

图4—4—14　绘制遮罩图形

12. 在时间轴面板中，选中“遮罩”图层，右击设置图层为遮罩，如图4-4-15所示。

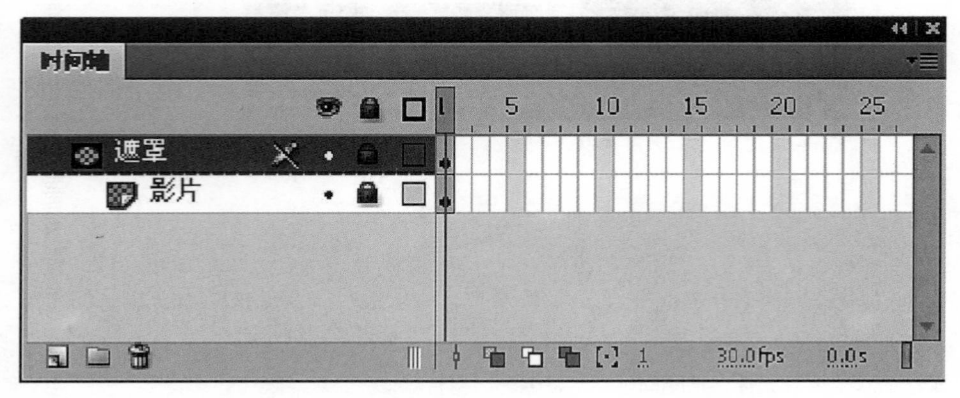

图4—4—15　设置遮罩图层

13. 双击舞台外视图区，返回“拉杆文本”剪辑元件时间轴面板。

14. 新建“拉杆”图层，在舞台上绘制一条高度300的垂直线。属性设置，如图4-4-16所示。

图4—4—16　设置线条高度与填充颜色

15. 然后把线条图形转换为影片剪辑元件，命名为“拉杆”。在其属性面板中命名实例名为“scrollbar”。

16. 双击展开元件，再次把线条图形转换为影片剪辑元件，命名为“轨迹”。注册点选择中间顶端位置，如图4-4-17所示。在其属性面板中命名实例名为“track”。

名称(N): 轨迹
类型(T): 影片剪辑
注册(R):
文件夹: 库根目录
确定
取消

图4—4—17　元件注册中心点

17. 新建“往下”图层，在舞台上绘制一个圆，如图4-4-18所示。把图形转换为影片剪辑元件，命名为“往下”。在其属性面板中命名实例名为“down”。

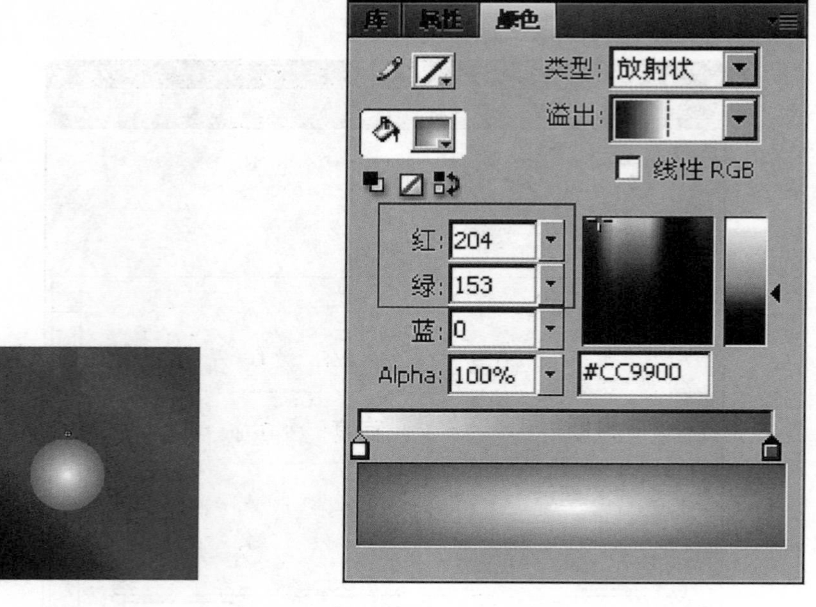

图4-4-18　在舞台上绘制一个圆

18. 采用相同的方法，再绘制一个圆转换为影片剪辑元件，命名为“往上”。在其属性面板中命名实例名为“up”。元件的注册点选择下中间点。

19. 选择对齐面板中的按钮命令，把两个圆对齐到轨迹线的两端，如图4-4-19所示。

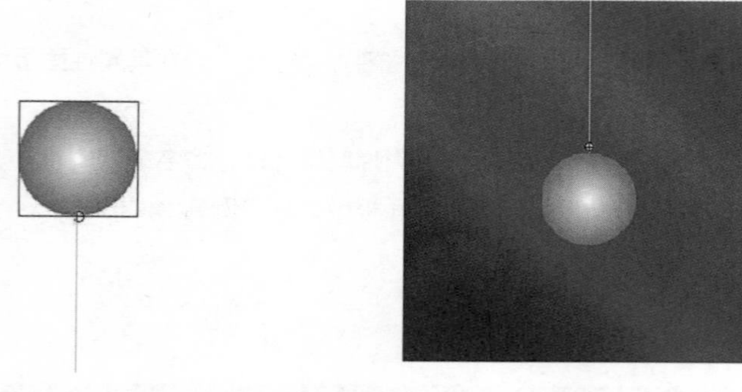

图4-4-19　两个圆对齐到轨迹线的两端

20. 绘制一个长方形按钮剪辑元件，如图4-4-20所示。把按钮元件再转换成影片剪辑元件，在其属性面板中命名实例名为“knob”。

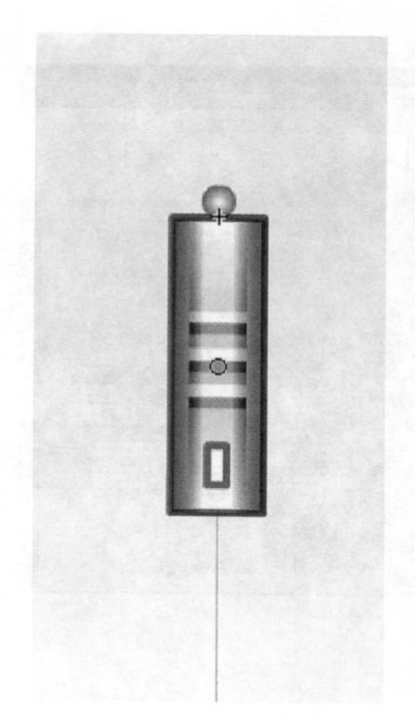

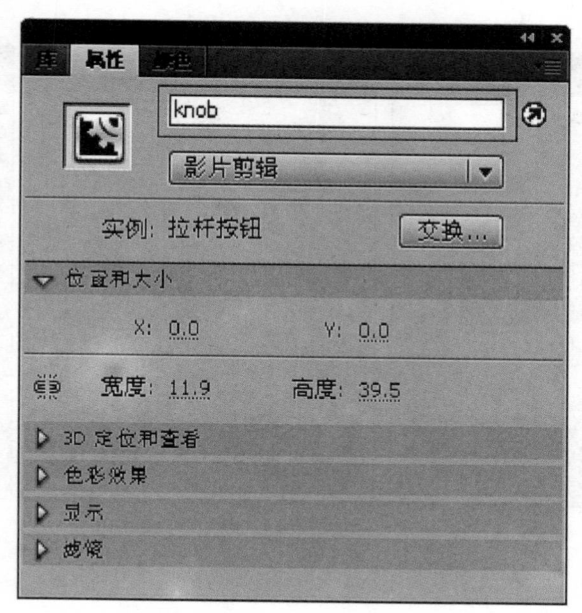

图4—4—20　绘制按钮元件

21. 返回场景1“拉杆文本”剪辑元件时间轴，在时间轴面板中新建“AS”图层。按F9键，展开动作面板输入脚本：详见本教程光盘实例文件。再返回场景1的时间轴，如图4-4-21所示。新建“AS”图层。选中帧50，在动作面板中输入脚本：stop();按Enter键预览效果。

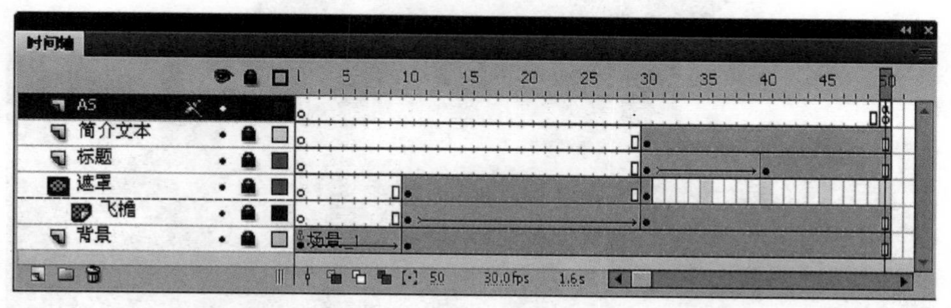

图4—4—21　场景1时间轴面板关键帧设置

● 4.4.4　图例动画

1. 新建“图形”图层，选择帧40，按F6键。

2. 选择工具栏中的图形工具，在舞台上绘制图形，颜色填充与属性设置，如图4-4-22所示。

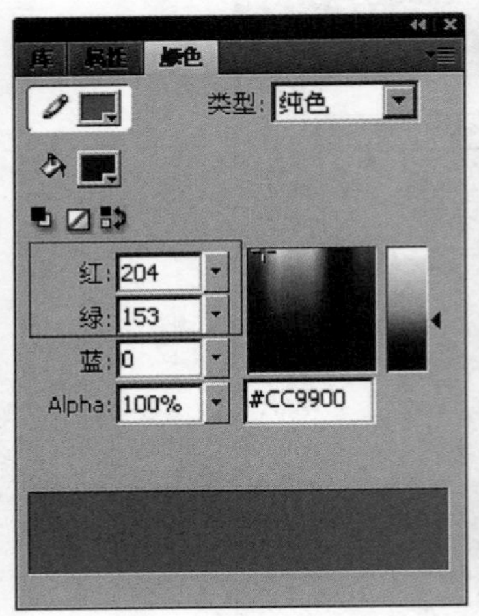

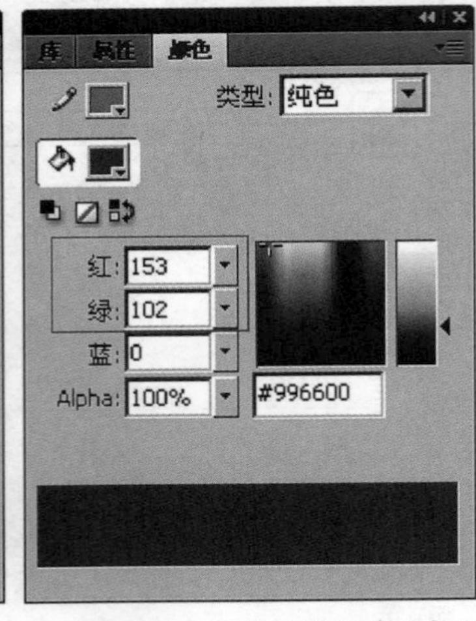

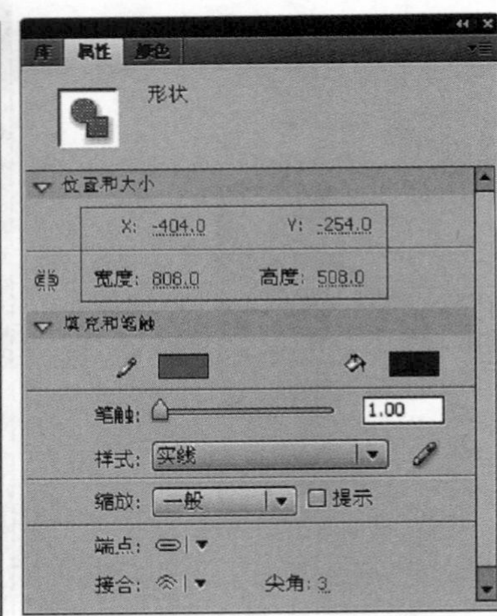

图4—4—22　图形属性与填充颜色

3. 新建“图片”图层，按Ctrl + R 键，导入“故宫.jpg”素材图片，如图4-4-23所示。

图4—4—23　素材图片

4. 同时选中两个图层，转换名为“故宫”图形元件，属性显示，如图4-4-24所示。

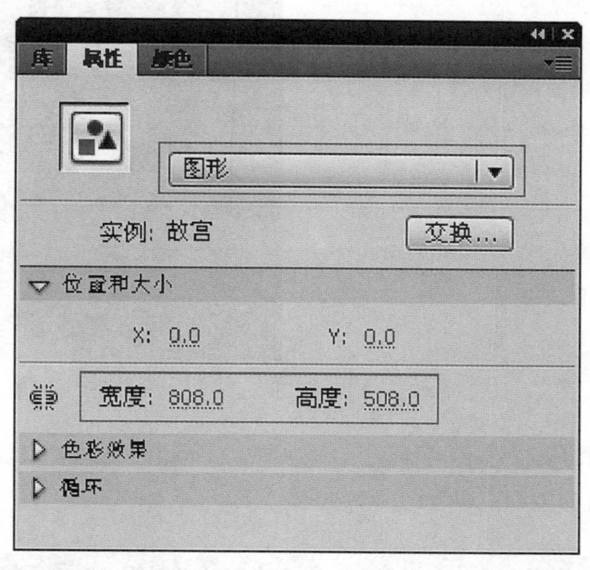

图4—4—24　图形属性

5. 然后再把图形转换成影片剪辑元件，命名为“故宫”。选中帧25，按F6键。

6. 选中帧2，按F6键，右击选择创建传统补间命令。

7. 在舞台视图中把图形缩小，尺寸如图4-4-25所示。然后选择工具栏中的任意变形工具，如图4-4-26所示，把图形翻转180°，然后再把图形移动到舞台上半部位。

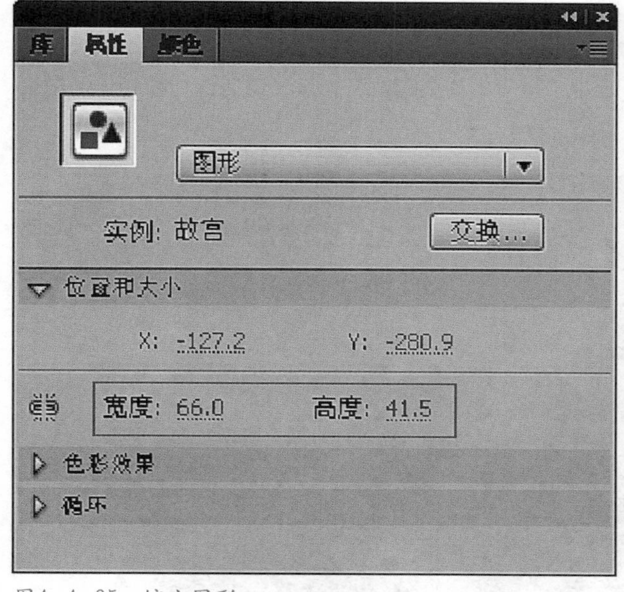

图4—4—25　缩小图形

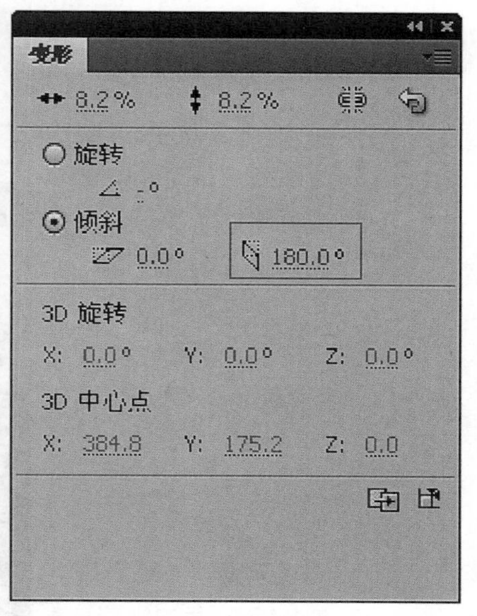

图4—4—26　翻转图形

8. 新建“按钮”图层，删除“影片”图层中的帧1，复制帧2，粘贴到“按钮”图层帧1。

9. 把帧1图形转换为按钮元件，打开动作面板输入脚本：on (rollOver) {play();}。

10．选中帧25，按F6键，然后在舞台上创建一个按钮元件，如图4-4-27所示。打开动作面板输入脚本：on (release) {gotoAndStop(1);}。

图4—4—27　创建关闭按钮

11. 新建“AS”图层，展开时间轴面板，输入脚本：stop();。选中帧25，按F6键，在动作面板中输入脚本：stop();。如图4-4-28所示。

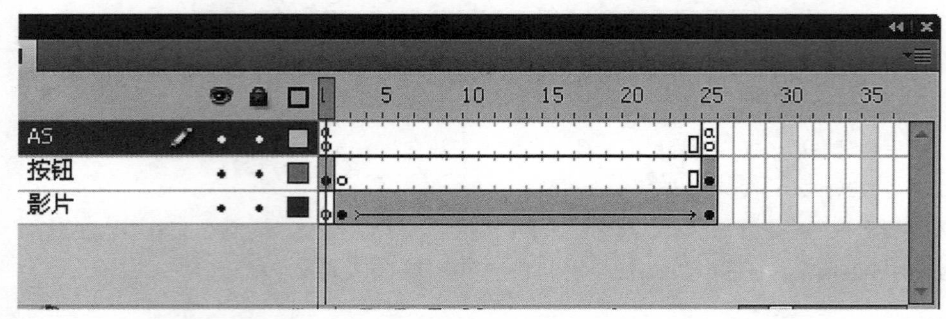

图4—4—28　“故宫”剪辑元件的时间轴面板

12. 按相同的上述方法与过程，制作出其他的五个按钮图片动画。

13. 返回到场景1时间轴面板，选中“图片”图层的帧50，按F6键。选中帧40，右击选择创建传统补间命令。然后按住左键，把图形往右移动一定距离。在其属性面板中，展开色彩效果样式选项，设置Alpha值为0%。

14. 新建“背景字”图层，选中帧50，按F6键。然后再导入文字图形素材，放置到如图4-4-29所示的位置。最后，按Enter键预览动画效果。

图4—4—29　放置文字图形

15．场景1时间轴，如图4-4-30所示。最后按Ctrl + Enter键测试影片，如图4-4-31所示。

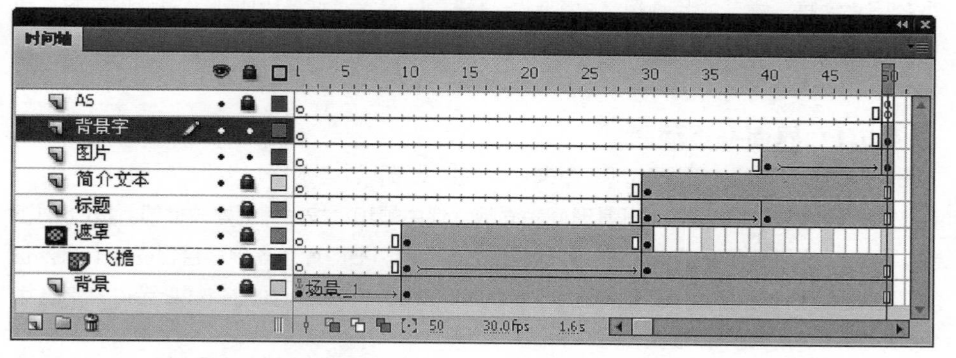

图4-4-30　场景1时间轴关键帧设置

图4-4-31　最终影片画面显示效果

4.5 品种规格内容制作

图片动画是在多媒体课件中比较常见的表现形式，Flash CS4同样能够处理各种类型的图片动画。本节的品种规格内容制作模块，就包含了许多用Flash CS4处理的图片动画。下面具体讲解制作过程。

● 4.5.1 界面开页动画

1. 启动Flash CS4软件，新建AS2.0工程文件。属性发布设置与本章4.1.1所述相同。

2. 按Ctrl + Alt + T组合键，展开其时间轴面板。选中帧10，按F6键创建关键帧。按Ctrl + R键，导入“光效背景.jpg”素材图片，如图4-5-1所示。把图片对齐到舞台视图中心点，也可以直接在属性面板中，设置其图片坐标为X = 0.0、Y =0.0，如图4-5-2所示。然后选中帧50，按F5键，如图4-5-3所示。

图4—5—1　导入背景素材图片

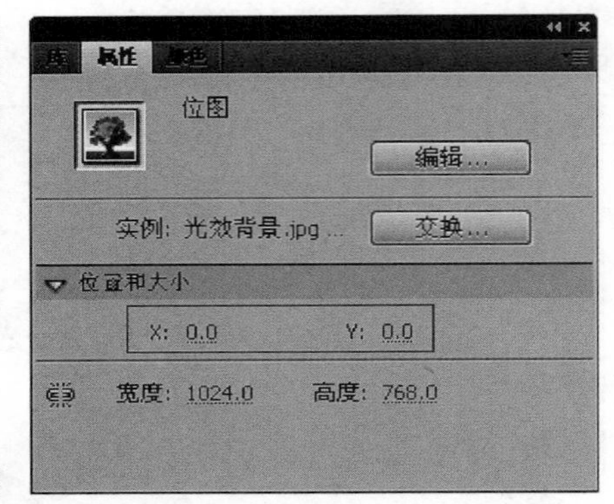

图4—5—2　设置图片坐标

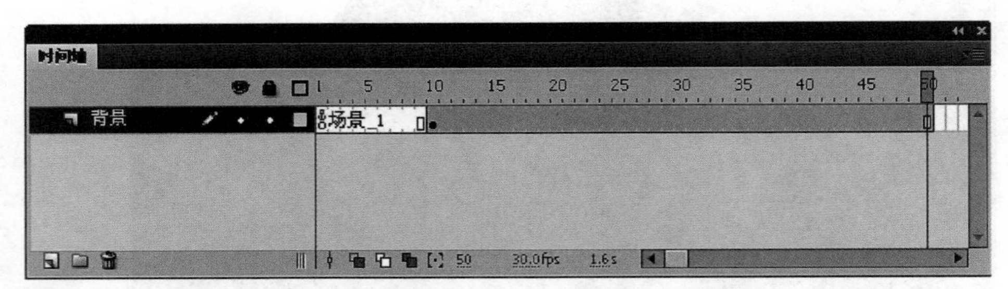

图4—5—3　场景1时间轴关键帧设置

图4—5—4　导入图片素材

3. 锁定“背景”图层。新建“闪”图层，选中帧21，按F6键。选中帧1，按Ctrl + R键，导入“闪.jpg”素材图片。如图4-5-4所示。右击选择创建传统补间命令。选中帧10，按F6键，选中帧20，按F6键。如图4-5-5所示。设置帧1与帧20上的图形属性，选中色彩属性Alpha值为0%，如图4-5-6所示。

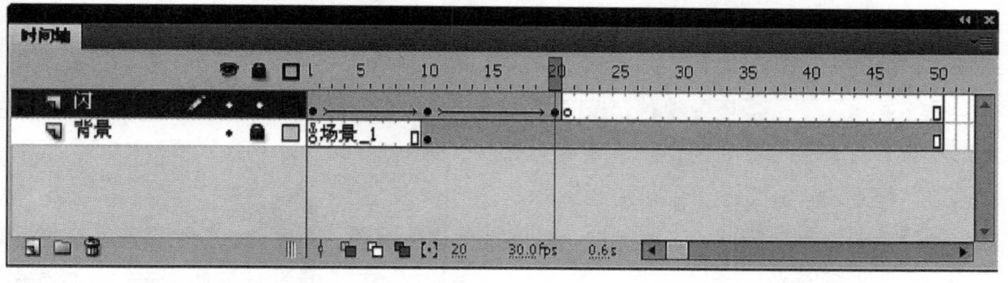

图4—5—5　新建图层设置关键帧

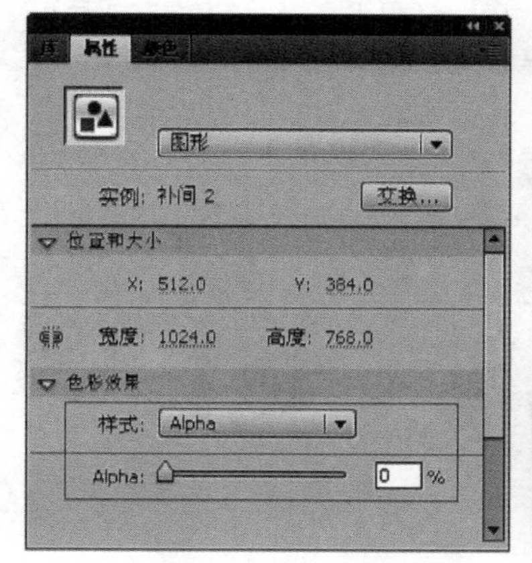

图4—5—6　设置图形Alpha值

图4—5—7　导入素材图片

4. 新建“龙”图层，选中帧21，按F6键，选中帧10，按F6键。按Ctrl + R键，导入“品种规格.jpg”素材图片，如图4-5-7所示。右击选择创建传统补间命令。设置帧10上的图形属性Alpha值为0%。

5. 新建“屋脊兽”图层，选中帧21，按F6键。按Ctrl + R键，导入“三脊兽.png”素材图片，如图4-5-8所示。右击选择创建传统补间命令。选中帧50，按F6键。选中帧21，按住Shift键同时拖动图形，如图4-5-9所示。按Ctrl + F3键，打开属性面板，设置帧21舞台上的

图4—5—8　导入素材图片

图4—5—9　移动帧21舞台上的图形

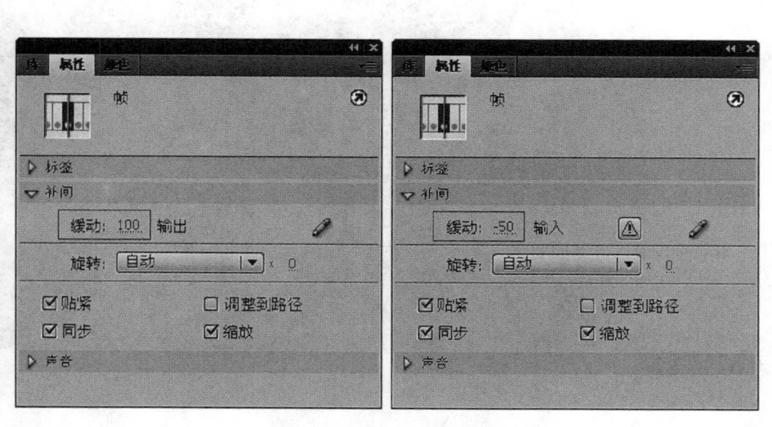

图4—5—10　设置补间缓动

图形属性Alpha值为0%。单击帧21，设置属性面板中的补间缓动为100；单击帧50，设置属性面板中的补间缓动为-50。如图4-5-10所示。

6. 新建“遮罩”图层，选中帧21，按F6键创建关键帧。锁定其他图层，选择工具栏中的矩形工具，在舞台上绘制图形，其宽度为1024、高度为768，并对齐到舞台中间。选中“遮罩”图层，右击选择“遮罩层”命令。

7. 新建“载入影片”图层，选中帧50，按F6键创建关键帧。在舞台上绘制图形，其宽度为1024、高度为768，并对齐到舞台中间。右击选择转换为影片剪辑元件。元件注册点选左上角，如图4-5-11所示。在其属性面板中设置实例名为“zryp_mc”。双击展开元件，删除图形。最后形成一个空白的影片剪辑元件，用于载入外部的SWF内容影片。

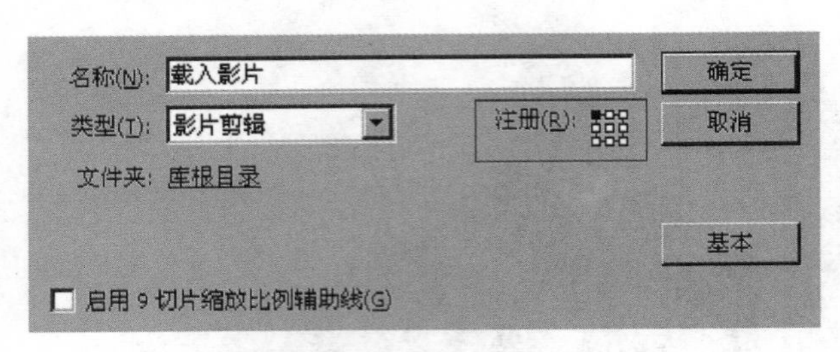

图4—5—11 选择元件注册点

图4—5—12 素材图片

8. 新建“按钮”图层，选中帧50，按F6键创建关键帧。按Ctrl + R键，导入“品种规格_3.png”素材图片，如图4-5-12所示。

9. 在舞台上，把导入的图像与背景中相同的图像重合放置，如图4-5-13所示。

图4—5—13 与背景图像重合放置

10.继续保持图形处于选择状态，然后右击选择转换为影片剪辑元件。双击展开元件，选择帧20，按F6键创建关键帧。选择帧1，右击选择创建传统补间命令。选中帧1舞台上的

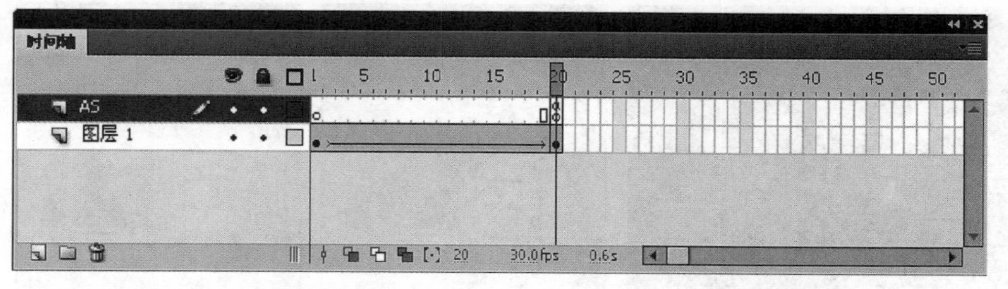

图4—5—14 图形渐变动画关键帧

图形，在其属性面板中设置图形Alpha值为0%。新建“AS”图层，选中帧20，按F6键创建关键帧，如图4-5-14所示。打开动作面板,输入脚本：stop();。

11. 返回场景1舞台，选中影片剪辑元件。右击选择转换为按钮元件。

12. 双击展开按钮元件，选中按钮时间轴中的帧3，按F6键创建一个关键帧。选中舞台上

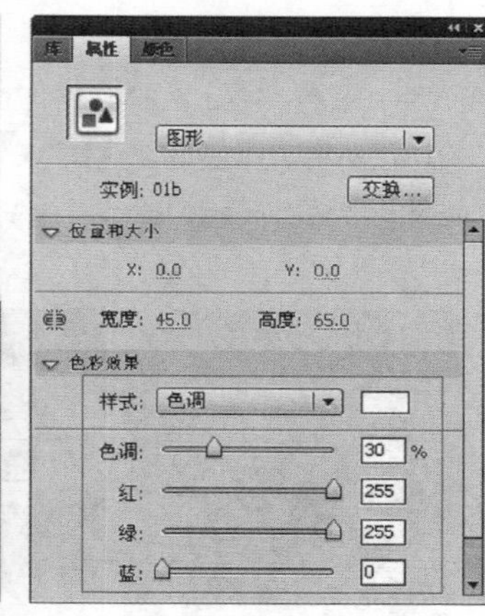

图4—5—15　图形色彩效果色调设置

的影片剪辑元件，右击选择“分离”命令。打开其4属性面板，选择设置图形色彩效果选项栏中的色调选项，如图4-5-15所示。

13. 选中帧4，按F6键。在舞台上绘制鼠标感应热区，如图4-5-16所示。

图4—5—16　绘制鼠标感应热区

图4—5—17　字型图片的放置位置

14. 选中帧3，按F6键，创建一个关键帧，再按Delete键删除。

15. 新建“字母”图层，按Ctrl + R键，导入字型图片素材。放置在如图4-5-17所示位置。

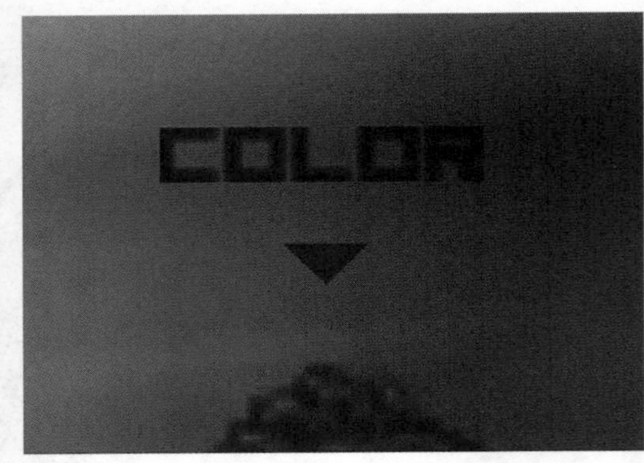

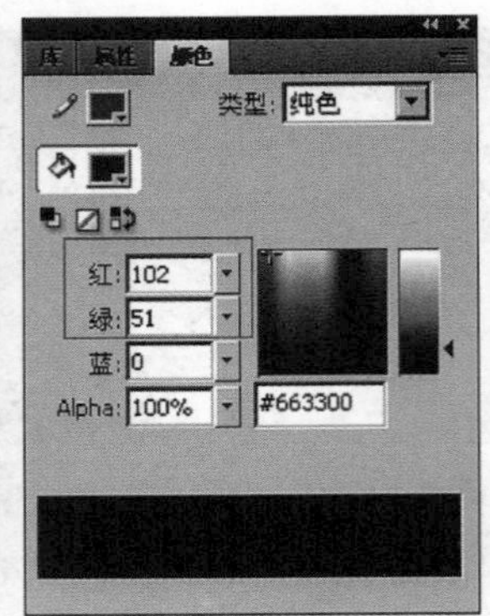

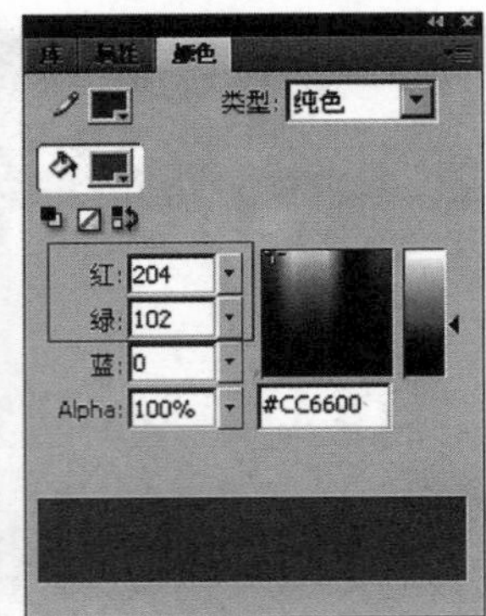

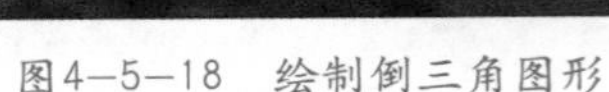
图4—5—18　绘制倒三角图形

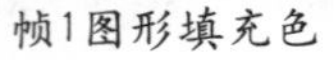
帧1图形填充色　　帧2图形填充色

图4—5—19　填充关键帧颜色

16. 新建“闪”图层，锁定其他图层。如图4-5-18所示，在舞台上绘制一个倒三角图形。

17. 选中图形，右击选择转换为影片剪辑元件。双击展开元件，选中帧1，按F6键，选中帧2，按F6键。然后填充这2个关键帧的图形颜色，如图4-5-19所示。

18. 返回按钮时间轴，选中“闪”图层帧2，按F6键，再按Delete键删除。

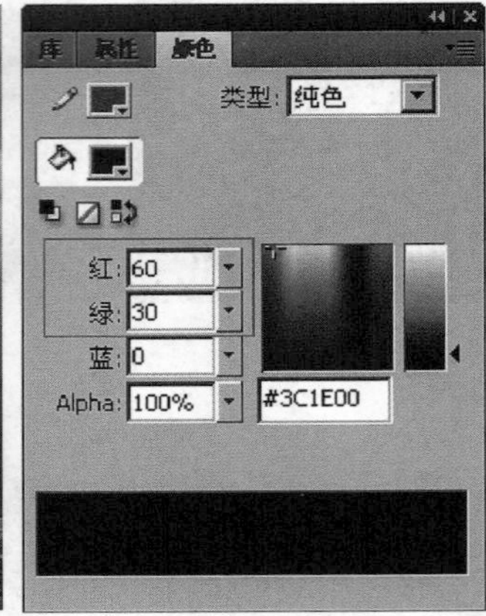

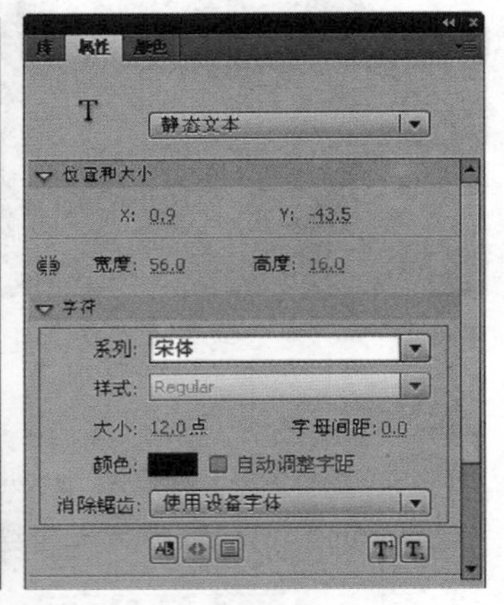

图4—5—20　字体与填充色彩

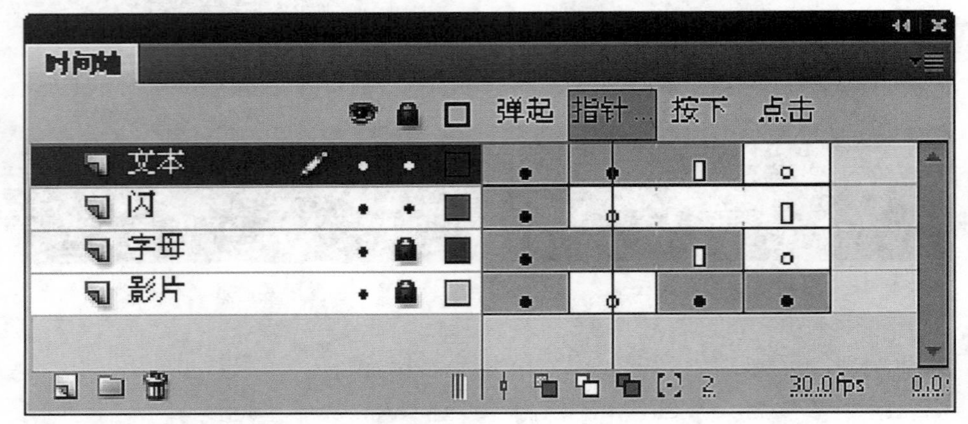

图4—5—21 按钮时间轴关键帧设置

19. 新建“文本”图层，选择工具栏中的文本工具，设置填充颜色，如图4-5-20所示，在舞台上输入“颜色按钮”文本。

20. 选择帧2，按F6键创建一个关键帧，如图4-5-21所示。重新填充文字颜色为纯黑色。

21. 然后采用上述相同的步骤与方法，完成其他两个按钮的制作。

22.选中舞台上“种类”按钮，展开其动作面板，输入脚本：on (release) {

loadMovie(“种类.swf”，“zryp_mc”);

}

选中“规格”按钮，在其动作面板中输入脚本：on (release) {

loadMovie(“规格.swf”，“zryp_mc”);

}

选中“颜色”按钮，在其动作面板中输入脚本：on (release) {

loadMovie(“颜色.swf”，“zryp_mc”);

}

最后，按Ctrl + Enter键，测试影片画面显示效果，如图4-5-22所示。

图4—5—22 影片测试画面显示效果

● 4.5.2 颜色按钮影片

1. 启动Flash CS4软件，新建AS2.0工程文件。属性发布设置与本章4.1.1所述相同。

2. 按Ctrl + R键，导入“光效背景.jpg”素材图片。并对齐到场景舞台视图中心点的位置。按Ctrl + Alt + T组合键，展开其时间轴面板。选中帧15。

3. 锁定“背景”图层，新建“线框”图层。选择工具栏中的矩形工具，绘制方形线框，然后再复制三个，并且如图4-5-23所示，间隔排列在舞台上。

图4—5—23　排列绘制的线框

4. 新建“文字”图层，选择工具栏中的文本工具，在图形线框里分别选择填充颜色，再输入文本，如图4-5-24所示。

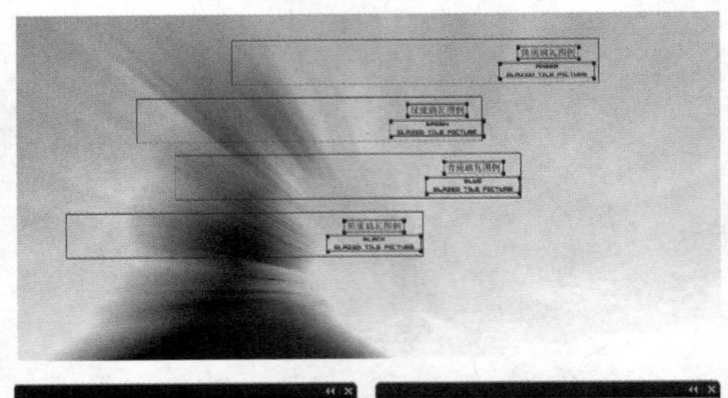

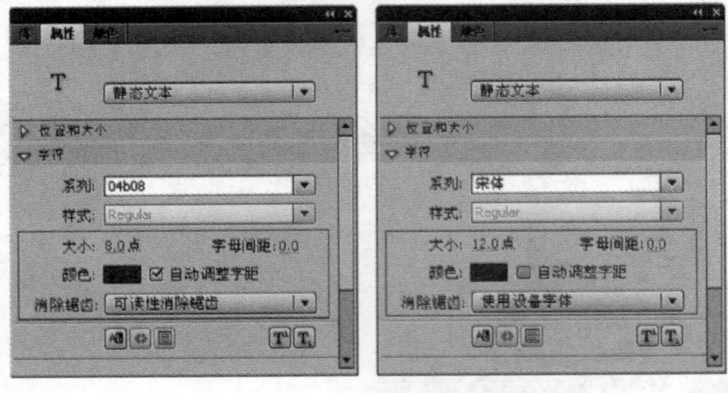

图4—5—24　输入标注文本并选择字体填充颜色

5. 新建“按钮”图层，按Ctrl + R键，导入素材图片。缩小图片宽度为72、高度为55.5，作为按钮图标分布在舞台视图中，如图4-5-25所示。

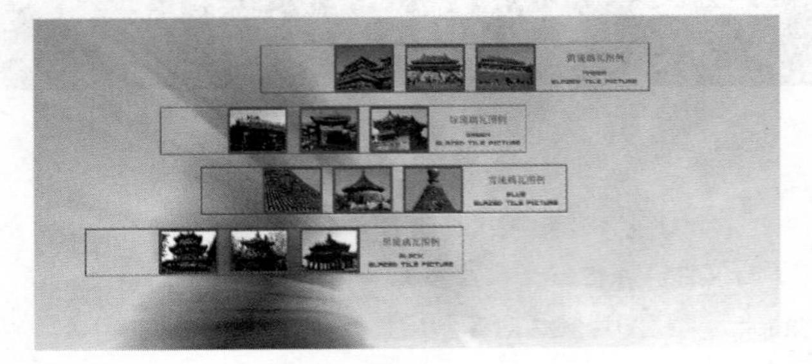

图4—5—25　排列导入的图片

6. 锁定其他图层，选择工具栏中的矩形工具，绘制一个宽度为72、高度为55.5的图形。然后再把图形转换成按钮元件，双击展开按钮元件，新建“文本”图层，输入“放大”文本，并填充渐变色彩。然后再同时选中上下两帧，按住鼠标左键移动到帧2。返回场景1舞台，复制按钮元件，覆盖所有的图标，如图4-5-26所示。

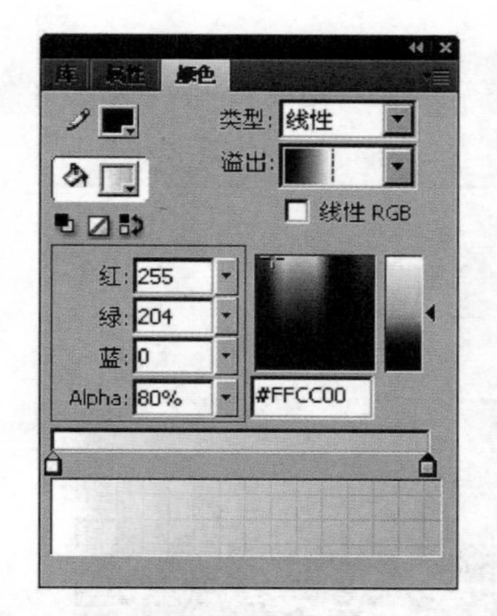

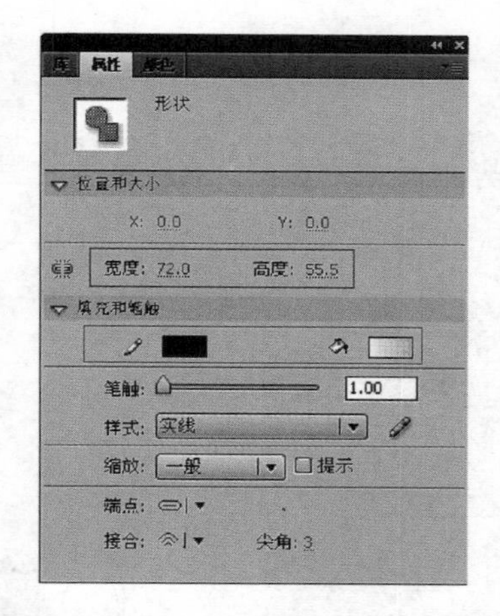

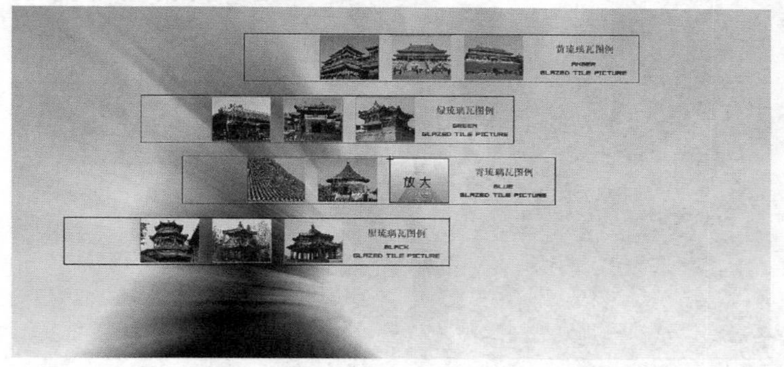

图4—5—26　制作图标按钮元件

7. 新建“影片”图层，复制所有的图标粘贴于“影片”图层，选中帧2至帧13，按F6键。
8. 选中右1图标，删除其他图片。
9. 把图片转换成影片剪辑元件，选中帧15，右击选择创建传统补间命令。把图片拖动到舞台右下角，并设置图片尺寸为480×370。选择菜单中 修改 | 变形 | 水平翻转 命令。新建“AS”图层，选中帧10，按F6键，在其动作面板中输入脚本：stop();。如图4-5-27所

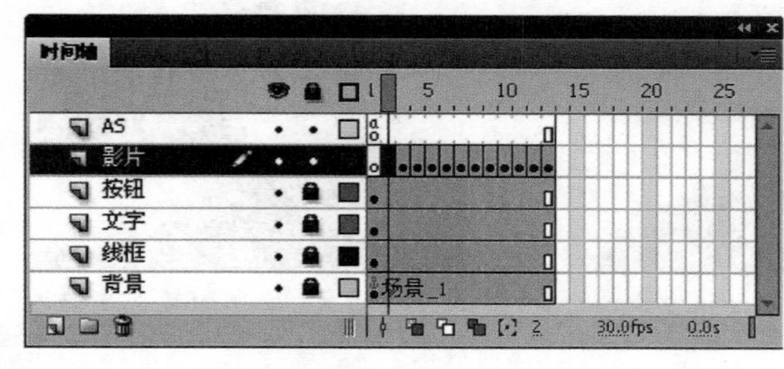

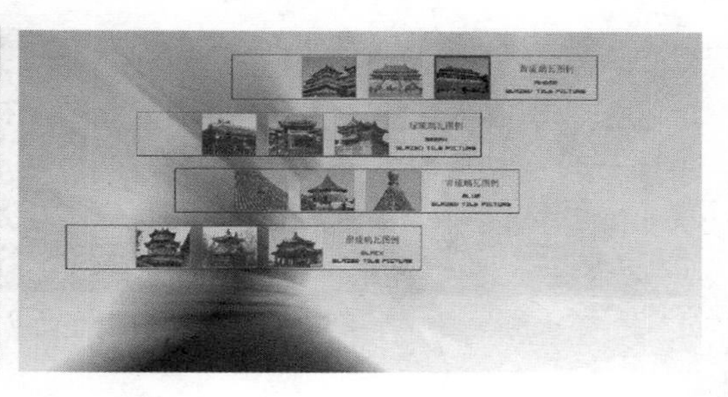

图4—5—27　创建翻转动画影片剪辑元件（一）

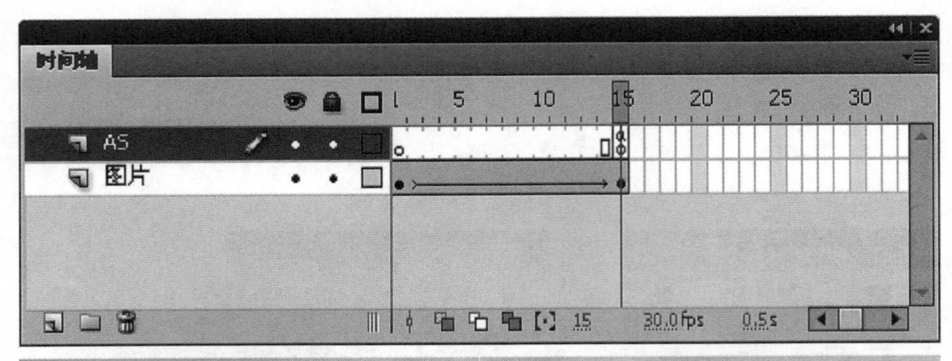

图4—5—27　创建翻转动画影片剪辑元件（二）

示。

10. 选中按钮图层中的右1按钮，如图4-5-28所示，打开动作面板输入脚本：on (release) {gotoAndStop(2);}。使用相同的上述方法，完成其他图例动画的制作。最后按Ctrl+ Enter

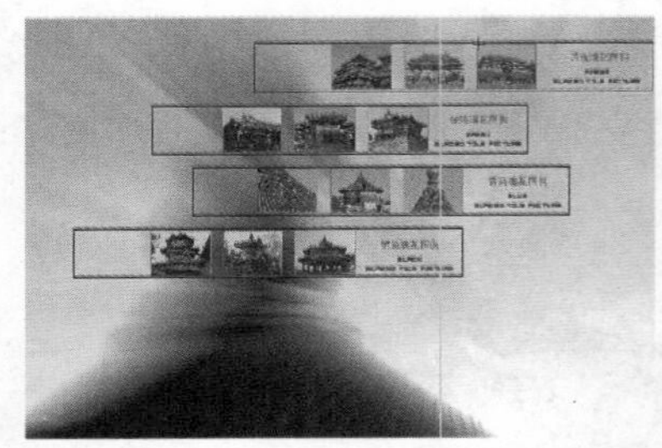

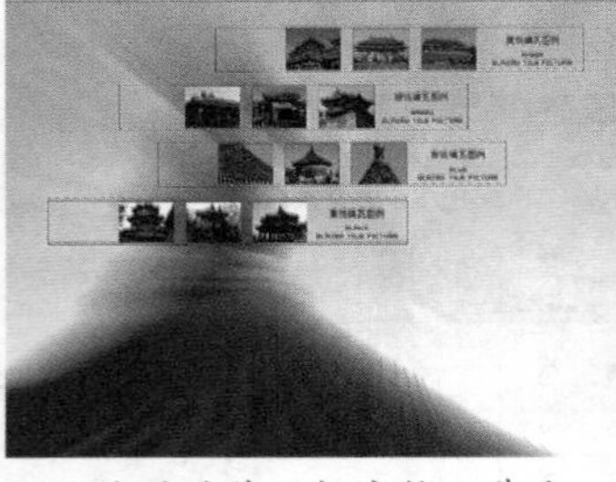

图4—5—28　分别在按钮元件的动作面板中输入脚本

图4—5—29　按钮翻转动画画面效果

键，测试影片画面效果，如图4-5-29所示。

11.新建“黄绿青黑”图层，按Ctrl + R键导入素材图片，如图4-5-30所示。把导入的图片

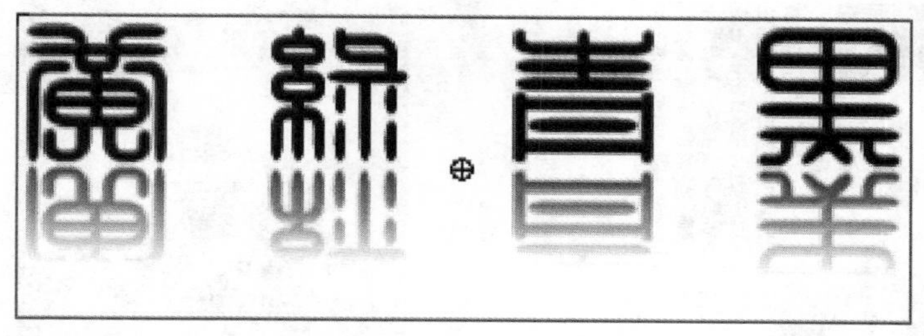

图4—5—30　PNG图片素材

图4—5—31　图片在舞台右下角放置的位置

放置在舞台右下角，如图4-5-31所示。

12. 再把图片转换成影片剪辑元件，然后双击展开影片剪辑元件，选中帧25，按F6键。再右击选择创建传统补间命令，选中帧15，按F6键，拖动图形向上移动一定位置。最后选中帧1上的图形，在其属性面板中设置Alpha值为0％。

13. 新建 “AS”图层，选中帧25，按F6键，如图4-5-32所示，然后输入脚本：stop( );。

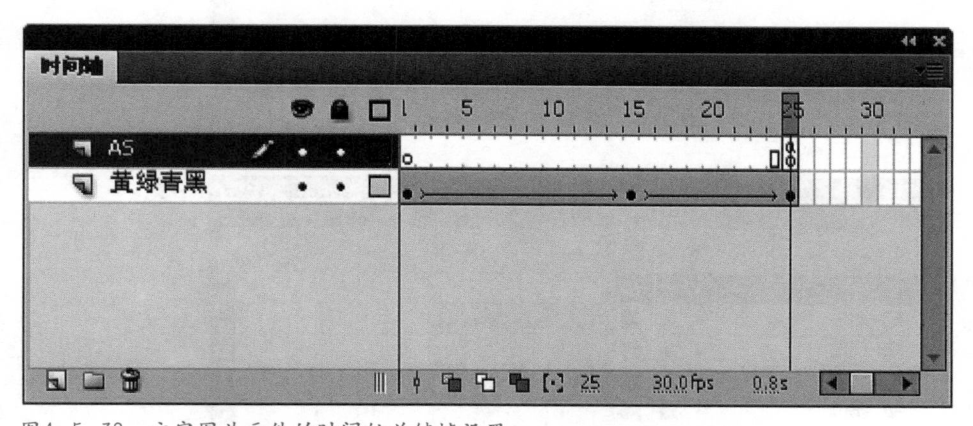

图4—5—32　文字图片元件的时间轴关键帧设置

14. 选择场景1时间轴面板，新建“简介文本”图层。选择工具栏中的文本工具，在舞台

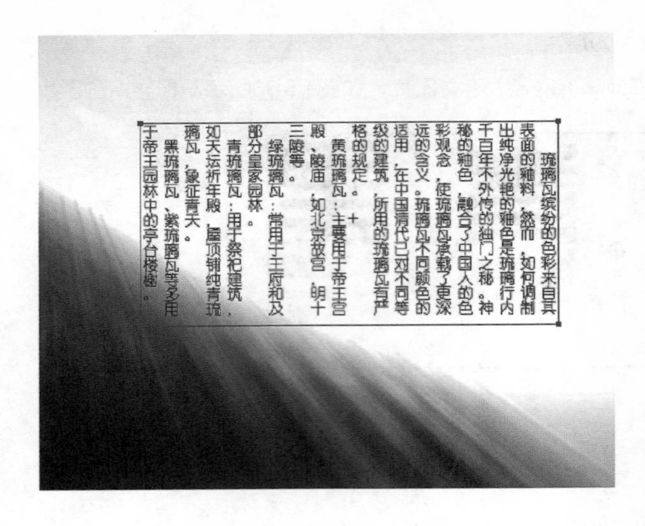

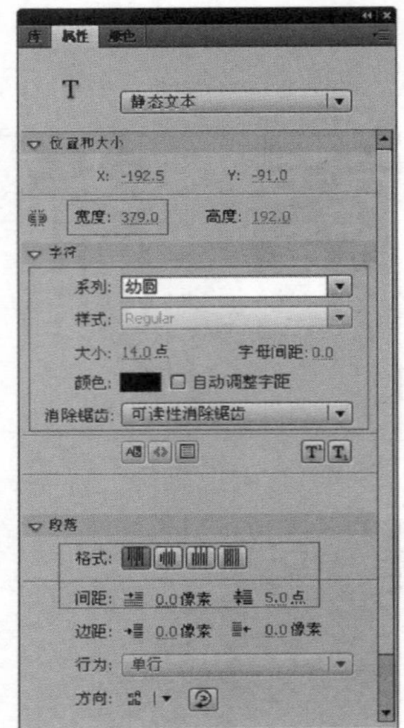

图4—5—33　选择字体输入文本

上输入文本，如图4-5-33所示。

15. 把文本转换成影片剪辑元件，双击展开影片剪辑元件。选中帧25，按F6键。右击选择创建传统补间命令，如图4-5-34所示。选中帧1舞台文本图形，向上移动一定位置。然后在其属性栏中设置图形Alpha值为0％。

16. 场景1时间轴面板的关键帧设置，如图4-5-35所示。最后，返回场景1舞台，按Ctrl +

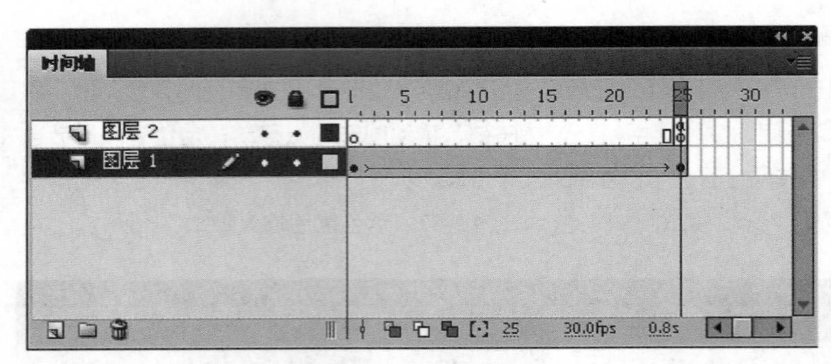

图4—5—34　文本影片剪辑元件时间轴关键帧设置

图4—5—35　场景1时间轴关键帧设置

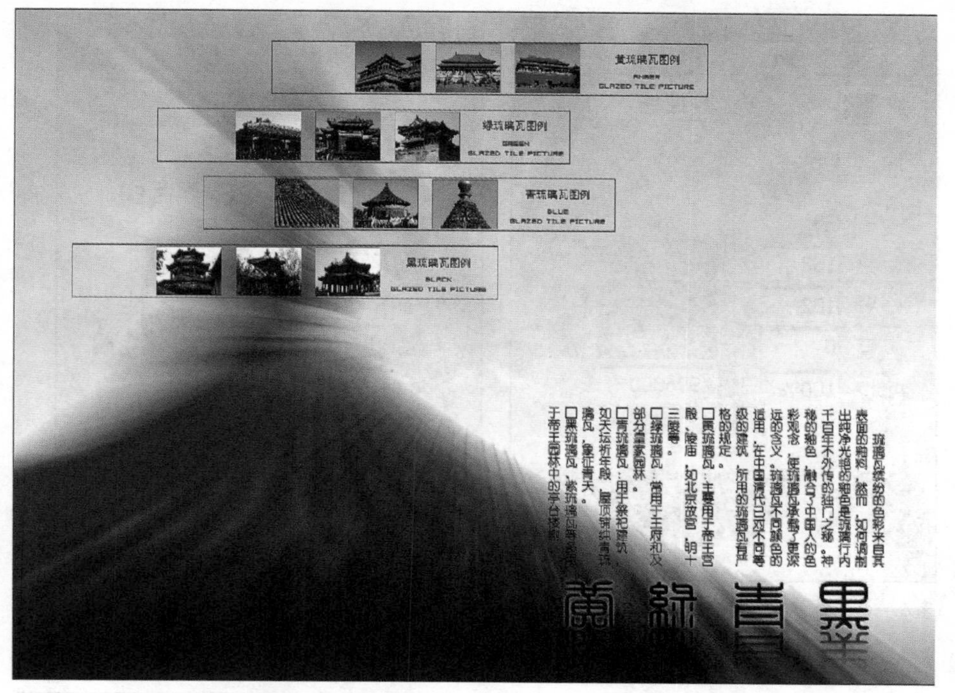

图4—5—36 最终整体画面效果

Enter 键，测试影片画面效果，如图4-5-36所示。

● 4.5.3 种类按钮影片

1. 启动Flash CS4软件，新建AS2.0工程文件，项目设置与本章4.1.1所述相同。

2. 按Ctrl + R键，导入“光效背景.jpg”素材图片，对齐到舞台视图中心点。

3. 锁定“背景”图层，新建“十脊兽图示”图层。按Ctrl + R键，导入“十脊兽.png”素

图4—5—37 十脊兽.png素材

材图片。如图4-5-37所示。

4. 将素材图片置于舞台左上角，再把图片转换成影片剪辑元件。然后双击展开元件，展开时间轴面板，选中时间轴帧30，按F6键。右击选择创建传统补间命令，选中帧1舞台上的图形，向下移动一定位置。展开属性面板，设置图形的Alpha值为0％。

5. 新建“按钮”图层，选中帧30，按F6键。锁定“底图”图层，选择工具栏中椭圆工具，在舞台上绘制一个圆形，如图4-5-38所示填充颜色。选择工具栏中的文本工具，输入文本。

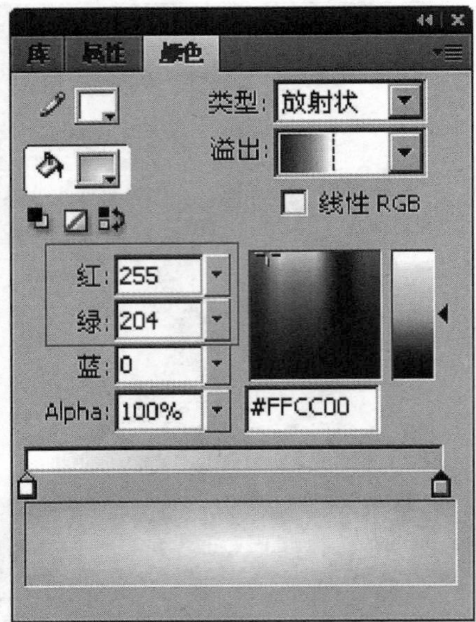

图4—5—38　绘制圆图形填充色彩

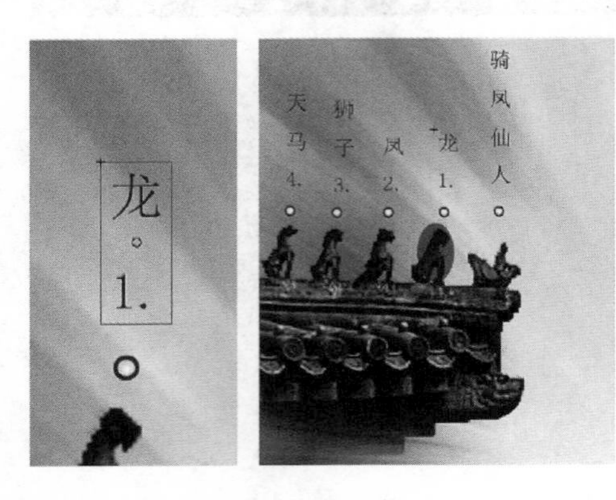

图4—5—39　绘制按钮感应热区

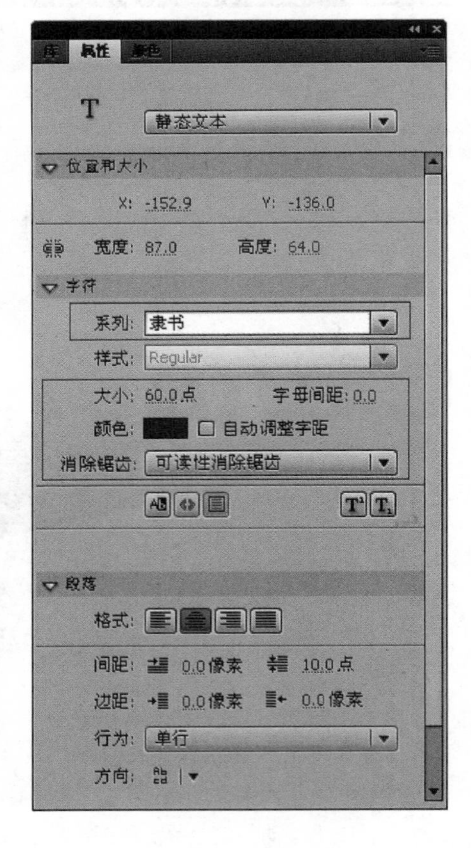

图4—5—40　设置字体颜色

6. 把文本转换为按钮剪辑元件，双击展开按钮元件。选中帧4，按F6键，然后再绘制一个按钮感应热区图形。如图4-5-39所示。

7. 选中帧2，按F6键，再按Delete键删除。然后在舞台视图的左上方输入文本字，再分离成图形，如图4-5-40所示。

8. 返回“十脊兽”时间轴面板，新建“AS” 图层，选中帧30，按F6键。在其动作面板中输入脚本：stop();。时间轴关键帧面板，如图4-5-41所示。然后按相同的上述方法，完成其他按钮图形的制作。最后的画面显示效果，如图4-5-42所示。

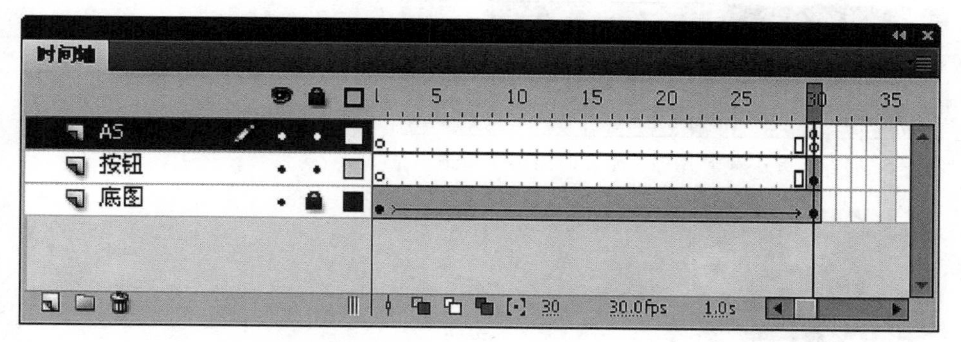

图4—5—41　十脊兽图层时间轴关键帧设置

图4—5—42　最后的画面显示效果

9. 返回场景1时间轴，新建“瓦片小样”图层。按Ctrl + R键，导入“筒瓦.png”素材，并放置于舞台视图右下方。

10. 再把图片转换成影片剪辑元件，命名为“瓦片小样”。然后双击展开影片剪辑元件。选中帧25，按F6键。右击选择创建传统补间命令。选中帧1舞台上的图形，向上移动一定位置后，在其属性面板中设置图形的Alpha值为0％。

11. 新建“文本”图层，选择工具栏中的文本工具，在关键帧25舞台上输入文本。

12. 新建“AS”图层，在关键帧25的动作面板中输入脚本：stop();。如图4-5-43所示。最后，按Ctrl + Enter键测试影片动画效果，最终画面，如图4-5-44所示。

13. 锁定其他图层，新建“走兽样图”图层。选择工具栏中的文本工具，在舞台视图中输

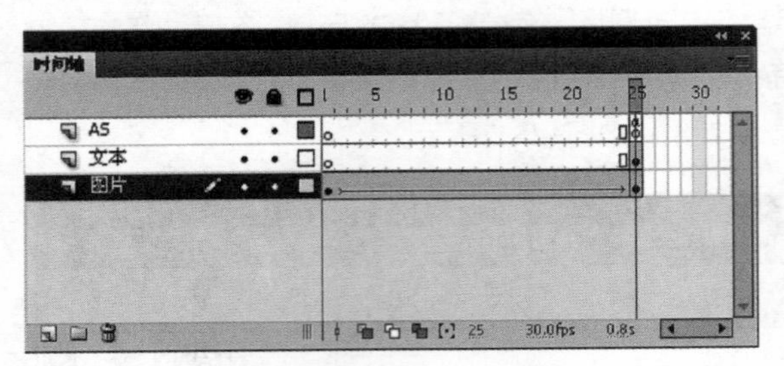

图4—5—43 瓦片小样影片剪辑元件时间轴关键帧

图4—5—44 影片画面显示效果

入文本，设置输入字体并填充颜色，如图4-5-45所示。

14. 把文本转换为影片剪辑元件，然后再双击展开影片剪辑元件，选中帧15，按F5键。

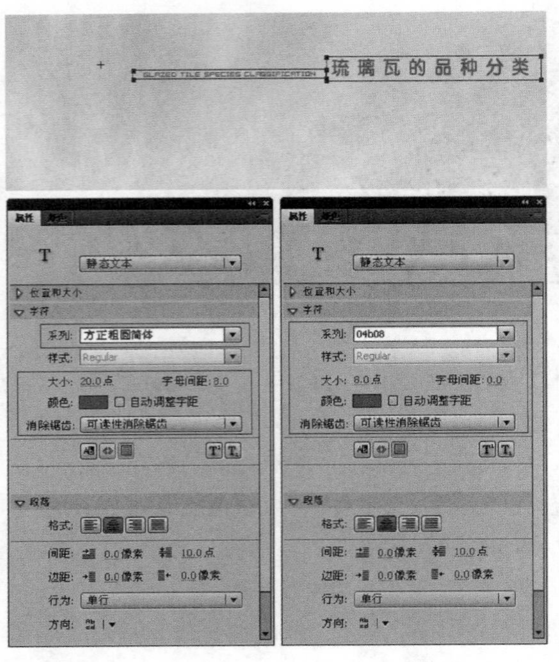

图4—5—45 设置输入字体和填充颜色

15. 新建“拉杆影片”图层，选中时间轴帧7，按F6键。选择工具栏中的图形工具，如图4-5-46所示，在舞台上绘制图形，然后再把导入的素材合并在一起。

16. 把制作好的图形转换为影片剪辑元件，双击展开影片剪辑元件。选中帧19，按F5键。

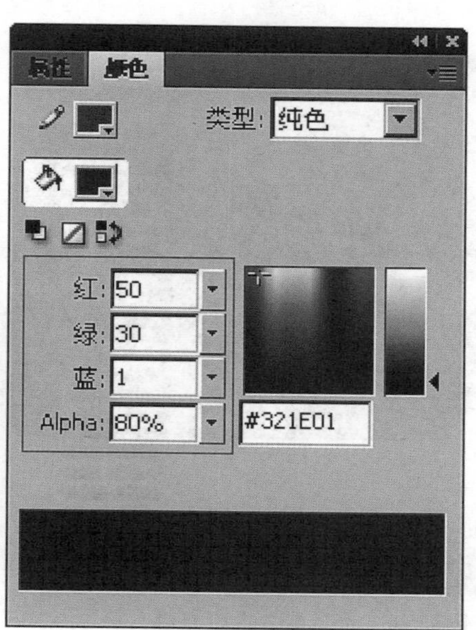

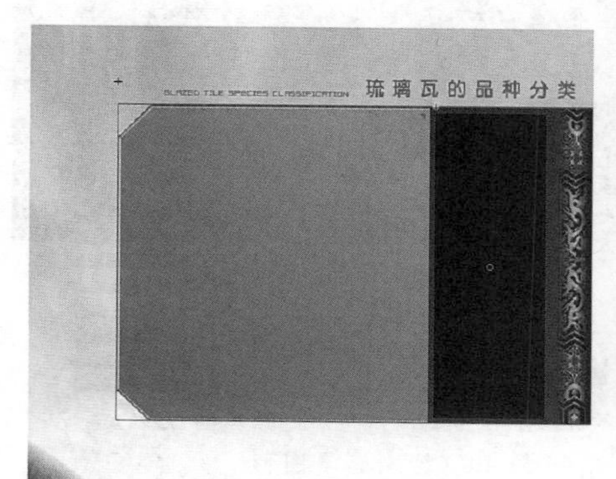

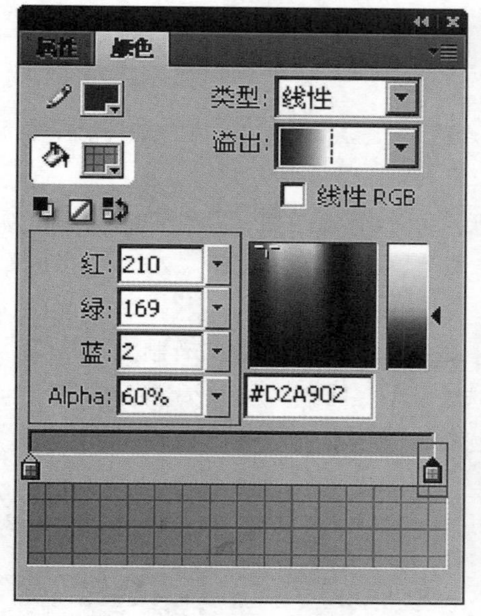

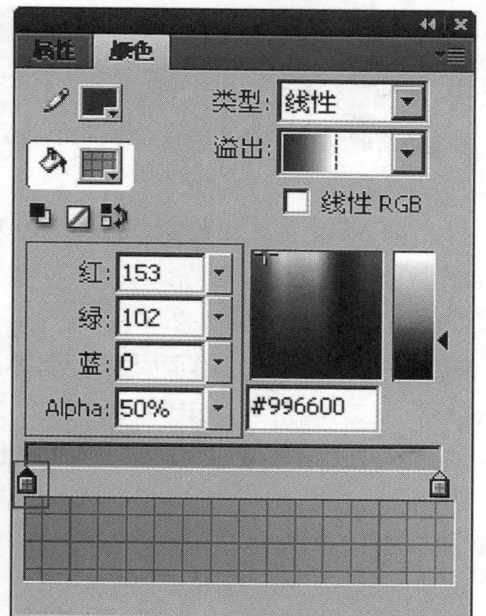

图4-5-46　合并在一起后的图形和填充色

17. 新建“拉杆影片”图层，在舞台上绘制按钮元件图形，形状与色彩，如图4-5-47所示。然后再复制按钮，并按图4-5-48所示排列。再给每个按钮输入文本和脚本。例如，按钮1脚本为：

```
on (release) {
    this._parent.gotoAndStop(1);
}
```

然后，再把文本与按钮合并转换成影片剪辑元件。

18. 返回“拉杆影片”场景时间轴，新建“遮罩”图层。如图4-5-49所示，绘制遮罩图

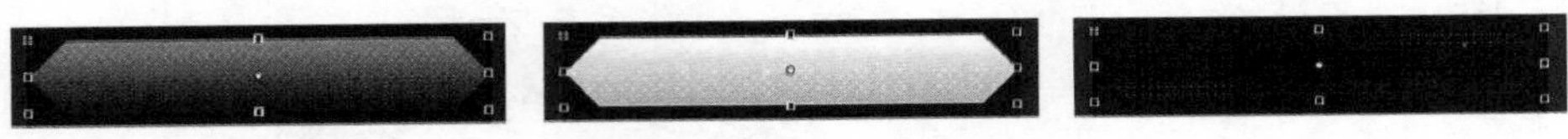

图4—5—47　按钮元件内从帧1到帧4的图形效果

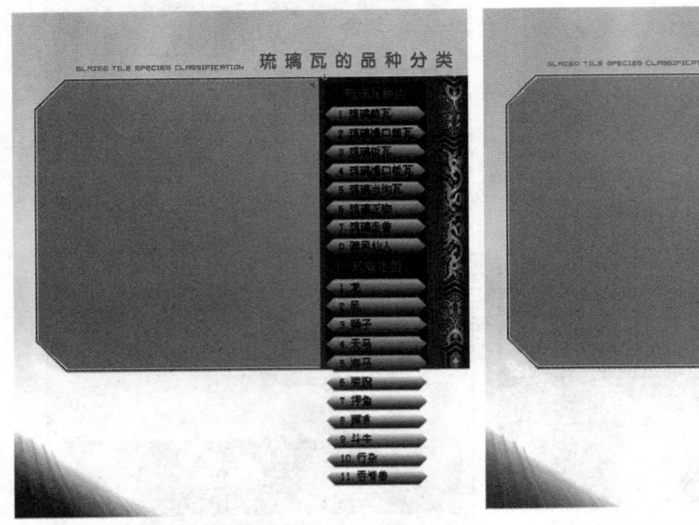

图4—5—48　按钮与文本的排列　　图4—5—49　绘制遮罩图形

形。

19. 选中“遮罩”图层，右击，选择遮罩命令。

20. 锁定全部图层，新建“图片”图层。选中“图片”图层，按F6键，把时间轴都转换为空白关键帧。

21. 按Ctrl + R键，导入19张素材图片，然后把图片分别粘贴在每一个对应的空白关键帧里。图片内容放置要与按钮指定的帧相吻合，并且，给每一张图片输入文本，然后再统一放置在固定的位置。如图4-5-50所示。

22. 新建“AS”图层，在动作面板中输入脚本：stop();，完成影片剪辑元件制作。

23. 返回“走兽样图”影片剪辑元件时间轴，选中帧7，按F6键。从上述内容制作工程文件中，复制一个已制作好的“滑动条”影片剪辑元件，把它粘贴到如图4-5-51所示的位置。

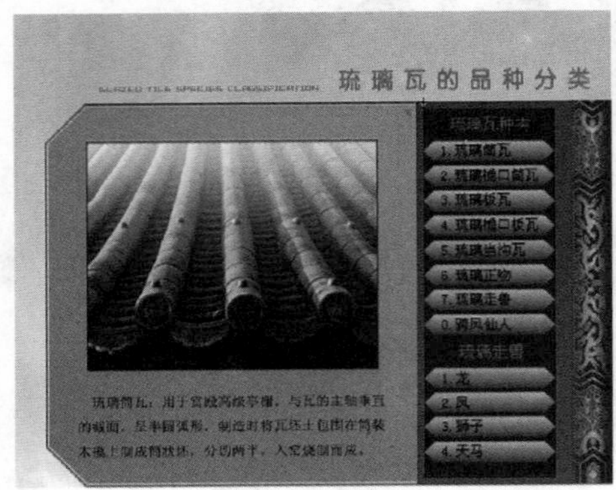

图4—5—50　帧1舞台上的图片与文本位置

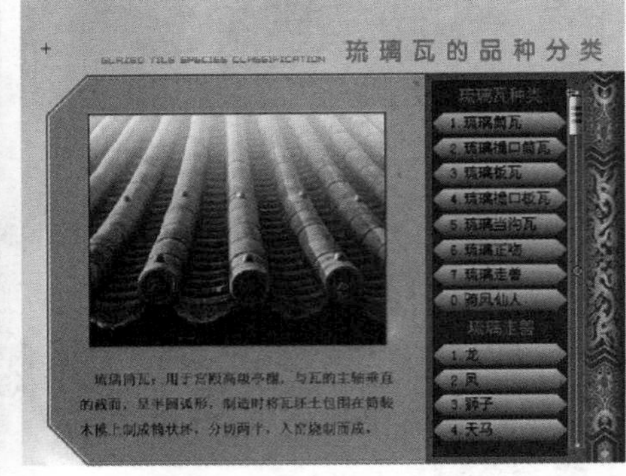

图4—5—51　粘贴的滑动条影片剪辑元件

24. 锁定其他图层，新建“闪白”图层，在屏幕中绘制白底黑框图形，如图4-5-52所示。

25. 右击，选择创建补间形状动画命令。然后分别设置帧1与帧15关键帧的色彩填充Alpha值为0％，如图4-5-53所示。设置关键帧7的色彩填充Alpha值为100％。

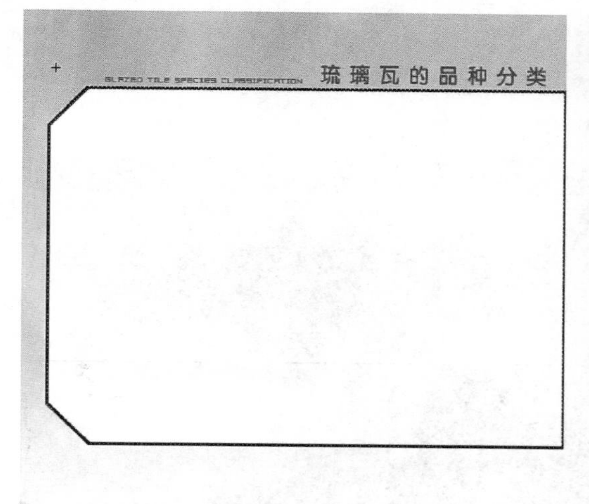

图4—5—52　绘制的图形在舞台的位置

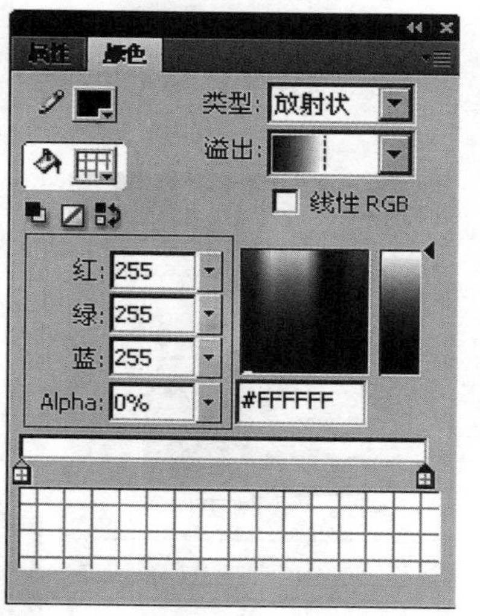

图4—5—53　图形色彩填充Alpha值

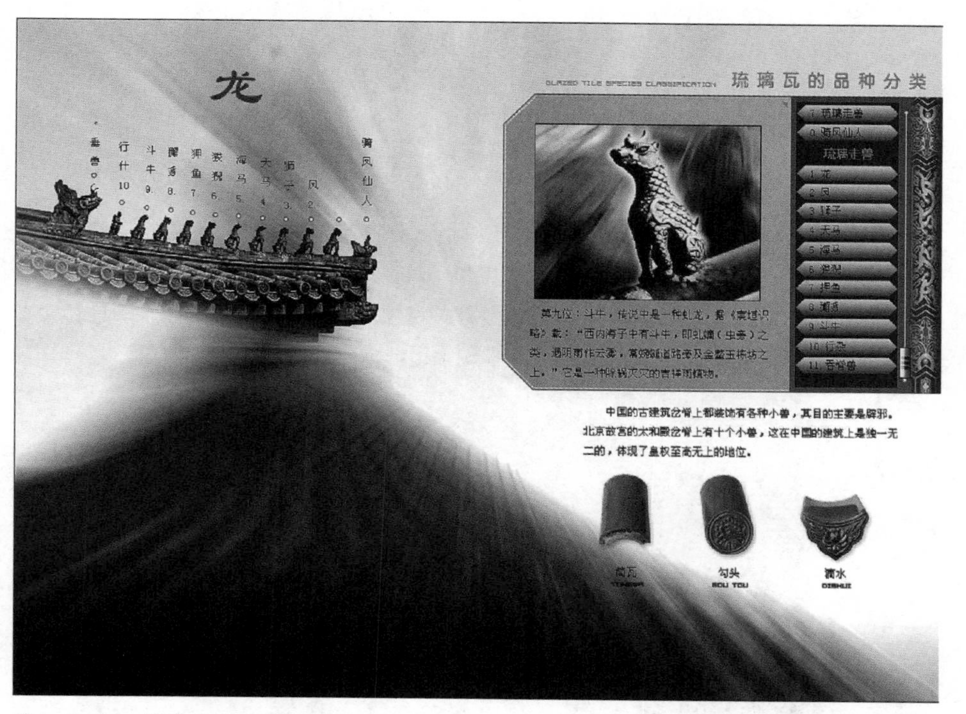

图4—5—54　最终的画面测试效果

26. 新建“AS”图层，选中帧15，创建关键帧。在动作面板中输入脚本：详见本教程配套光盘中案例文件。“走兽样图”影片剪辑元件的时间轴关键帧，如图4-5-54所示。最后，返回场景1时间轴面板，按Ctrl + Enter组合键测试影片，如图4-5-54所示。最终输出影片时要关闭“背景”图层。

● 4.5.4 规格按钮影片

1. 启动Flash CS4软件，新建AS2.0工程文件。项目属性设置与本章4.1.1所述相同。

2. 按Ctrl + R键，导入“光效背景.jpg”素材图片并对齐到中心点。选中帧20，按F5键。

3. 锁定“背景”图层，新建“图形”图层。选择工具栏中的矩形工具，在舞台视图中如图4-5-55所示，绘制图形，填充颜色。

4．右击，选择创建补间形状命令。选中帧13，按F6键，然后分别选中帧19与帧20，按F6

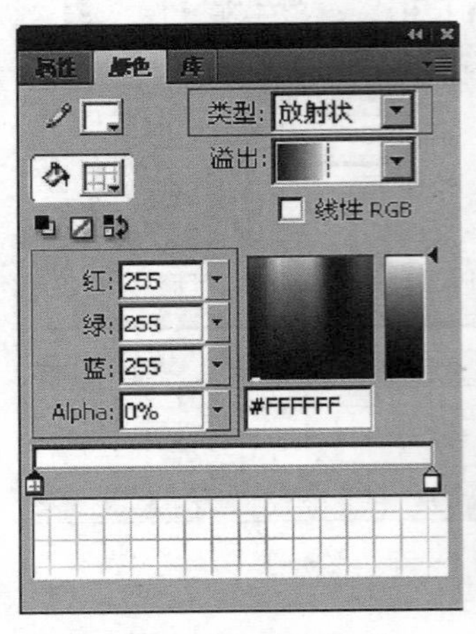

图4—5—55　绘制填充图形

键。设置帧19舞台图形颜色填充Alpha值为0％，再删除帧20舞台图形，保留边框。再选中帧1舞台上的图形，选择工具栏中的任意变形工具，如图4-5-56所示，缩小图形。

5. 新建“表格”图层，选中帧20，按F6键创建关键帧。选择工具栏中的线条工具和文本工具，绘制一个表框，输入文本。

图4—5—56　缩小图形

6. 新建“文本”图层，选中帧20，按F6键。选择工具栏中的文本工具，输入标题简介。

7. 新建“AS”图层，选中帧20，按F6键，如图4-5-57所示。在动作面板中输入脚本：stop();。

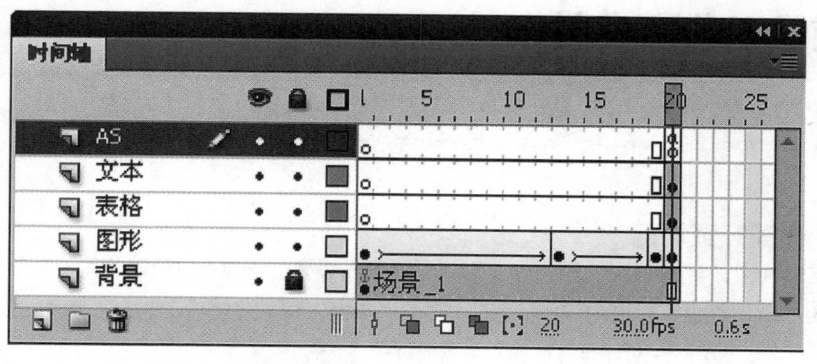

图4—5—57　场景1时间轴关键帧设置

8. 最后，按Ctrl + Enter键，测试影片画面效果。正式发布影片时，要关闭参考用背景图层。

9. 本节案例的教程内容最终画面显示效果，如图4-5-58所示。

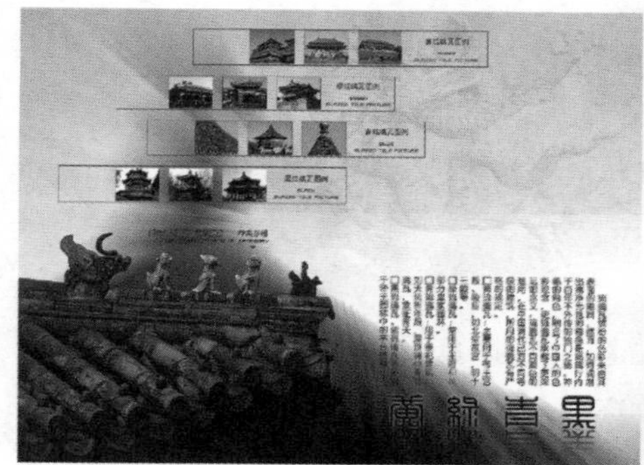

颜色按钮界面最终画面显示效果

品种按钮界面最终画面显示效果

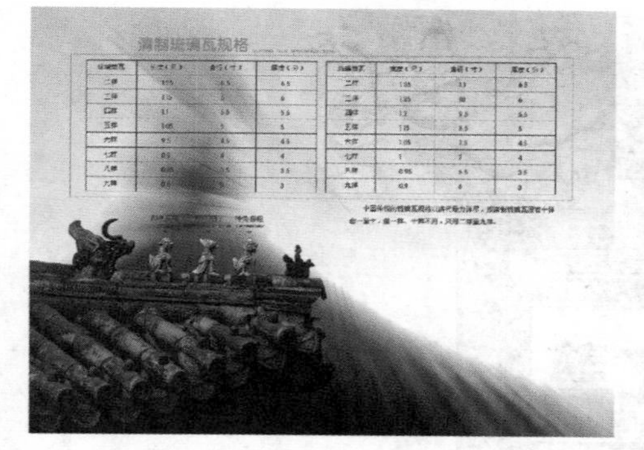

规格按钮界面最终画面显示效果

图4—5—58　本节内容模块最终画面显示效果

4.6 铺设工艺内容制作

铺设工艺的内容表现，可以说是FLASH动画技术比较典型的应用。下面继续讲解，如何利用FLASH图形动画技术特点，表现复杂的内容形式以及具体的制作过程。

● 4.6.1 界面开页动画

1. 启动Flash CS4软件，新建AS2.0工程文件。影片属性发布设置与本章4.1.1所述相同。
2. 按Ctrl + Alt + T组合键，展开时间轴面板。按Ctrl + R键，导入“铺设工艺.jpg”素材图片，如图4-6-1所示。并且把图片对齐到舞台视图中心点位置。

图4—6—1 导入素材图片

3. 选中帧60，按F5键，然后选中帧10，按F6键。再选择帧1，右击选择创建传统补间命令。然后把帧1舞台上的图形属性Alpha值设为0%。
4. 锁定“背景”图层，按Ctrl + R组合键，导入“铺设.png”素材图片。如图4-6-2所示。

图4—6—2 导入PNG图形素材

5. 选中帧25，按F6键，再选中帧10，右击选择创建传统补间命令。然后把帧10上图形拖离舞台视图外，如图4-6-3所示。

6. 新建“播放器”图层，选中帧25，按F6键。再按Ctrl + R键，导入“播放器.png”素材图片。如图4-6-4所示。

图4—6—3　垂直移动图形

图4—6—4　导入图形

7. 选中帧45，按F6键。再选中帧25，右击选择创建传统补间命令。把帧25舞台上的图形往左移动一点位置，如图4-6-5所示。

图4—6—5　向左移动图形

8. 新建“遮罩”图层，选中帧10，按F6键。绘制一个1024×768尺寸的图形，设置为遮罩。然后，把“铺设”图层也拖入遮罩中，如图4-6-6所示。

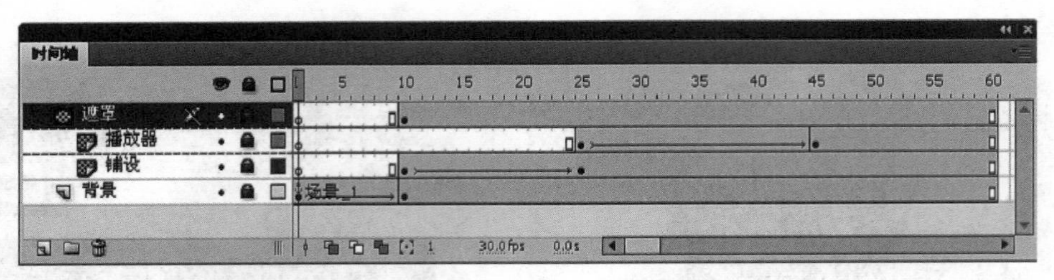

图4—6—6　设置图层遮罩

9. 分别新建“下角”、“上角”图层，同时选中两个图层的帧45，按F6键。再按Ctrl + R键，然后分别导入“工艺上.png”、“工艺下.png”图形素材，置于舞台上，并对齐在一起，如图4-6-7所示。分别选中两图层的帧50，按F6键，再将其转换成传统补间，然后再把图形移动到播放器两端。如图4-6-8所示。

图4—6—7　将图形对齐到一起

图4—6—8　将图形移动到播放器两端

10. 新建“标题”图层，选中帧25，按F6键。选择文本工具，输入标题文本，如图4-6-9所示。

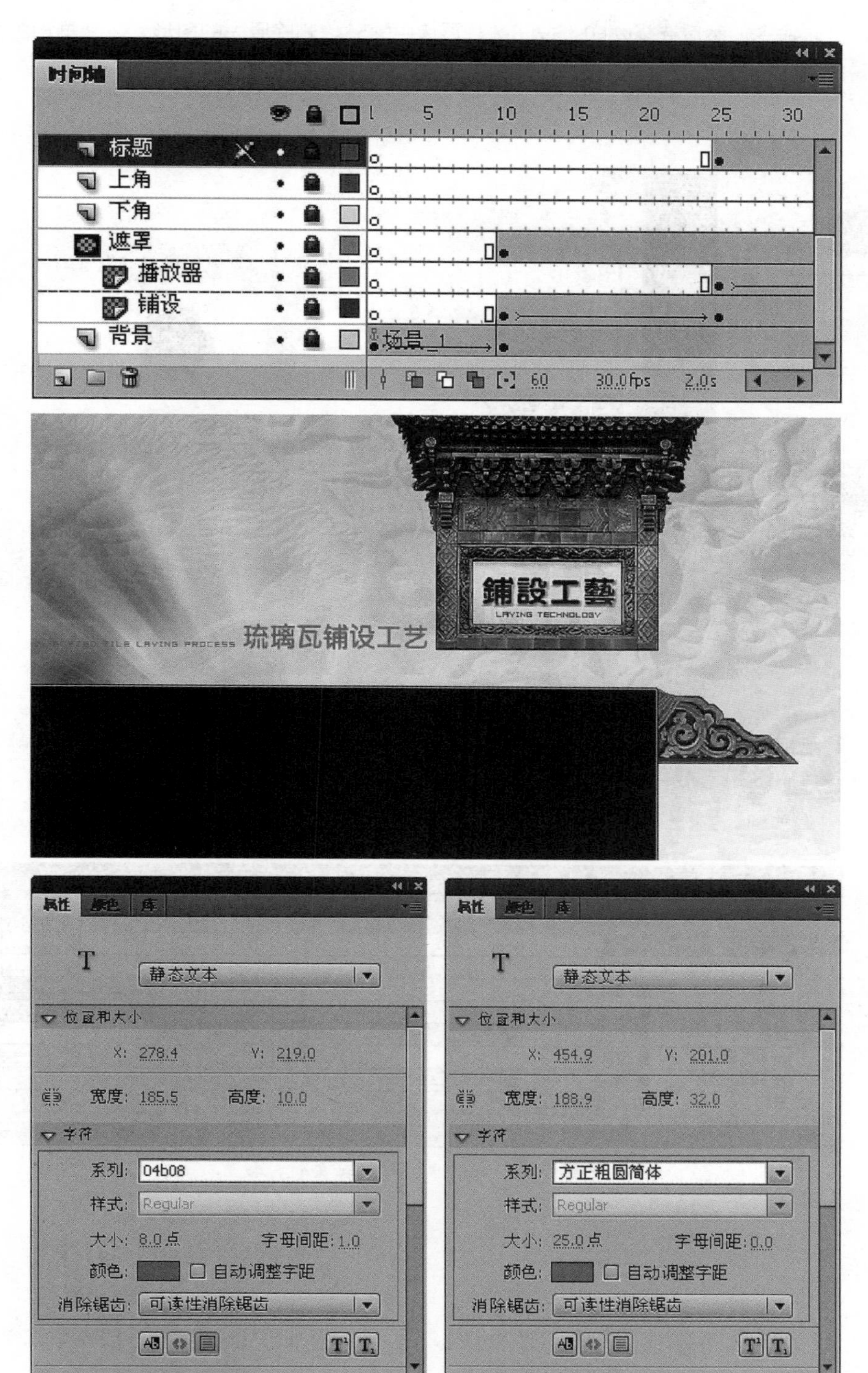

图4—6—9　输入标题文本选择字体填充颜色

● 4.6.2 宋式工艺按钮

1. 新建“下”图层，选中帧53，按F6键。在舞台上绘制一个方图形，右击选择创建补间形状命令。然后选择帧60，按F6键，再选中帧53，删除原先的图形，重新画一个圆图形。如图4-6-10所示。

帧60方图形　　帧53圆图形

图4-6-10　创建帧补间形状动画

2. 用相同的制作方法，完成“上”图层补间形状动画制作。也可以通过复制关键帧来完成“上”图层动画制作，如图4-6-11所示。

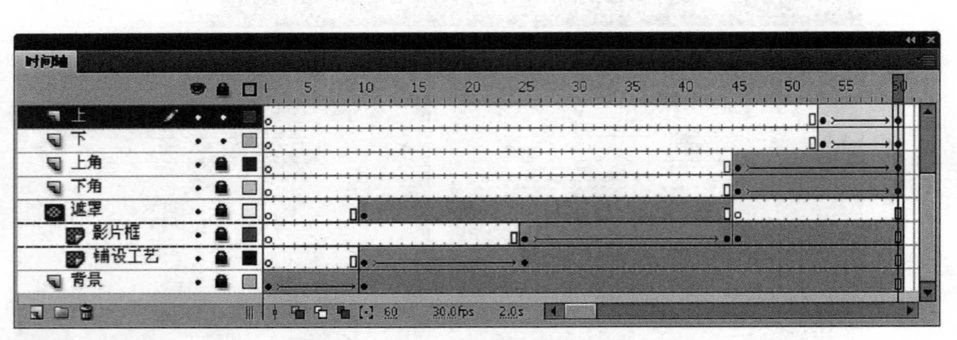

图4-6-11　完成“上”图层补间形状动画的时间轴关键帧设置

3. 新建“按钮”图层，选中帧50，按F6键。按Ctrl + R键，导入“按钮龙.png”图形素材，然后如图4-6-12所示，再复制粘贴一个。

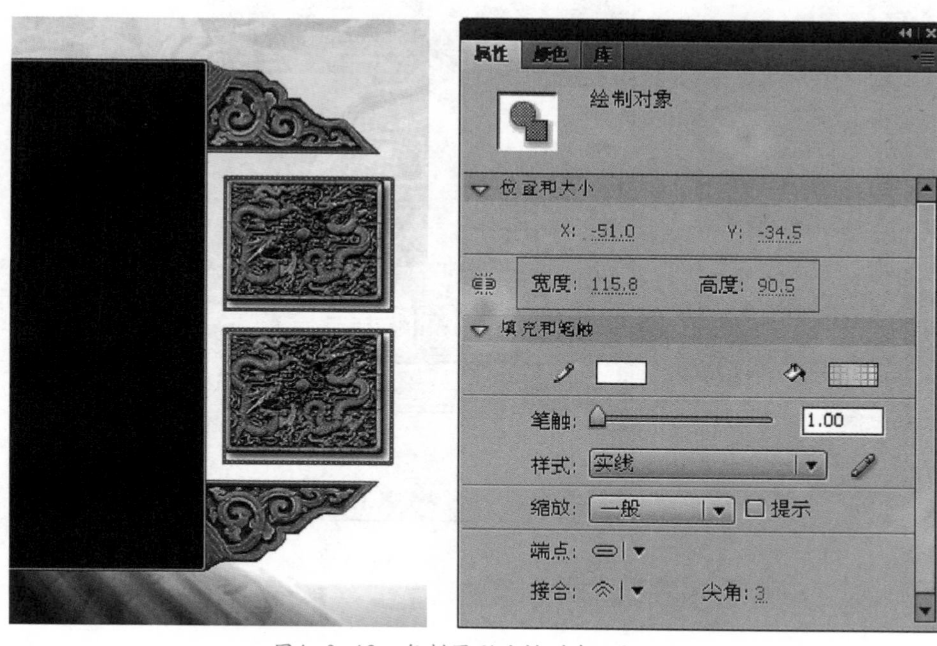

图4—6—12　复制图形后排列在一起

4. 选择工具栏中的图形工具，绘制一个长方图形。色彩填充，如图4-6-13所示。然后把绘制的图形再转换成按钮元件。

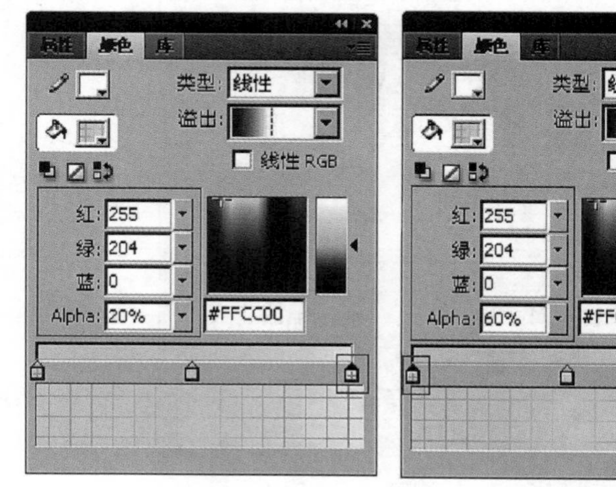

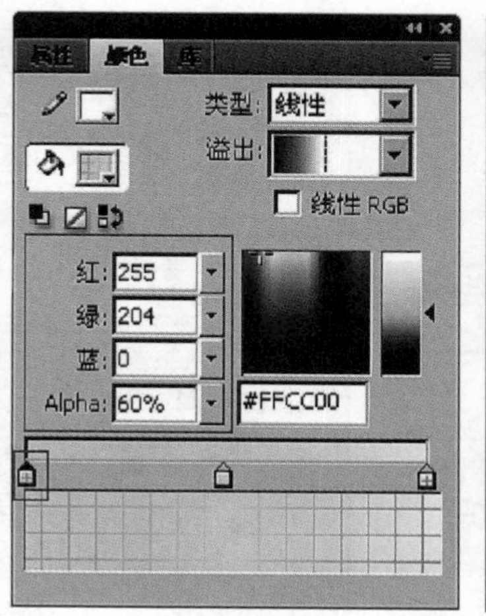

图4—6—13　绘制按钮图形填充颜色

5. 双击展开按钮元件，在时间轴上新建“亮光”图层。然后选择工具栏中的图形工具，绘制一个白色渐变填充颜色图形，如图4-6-14所示。

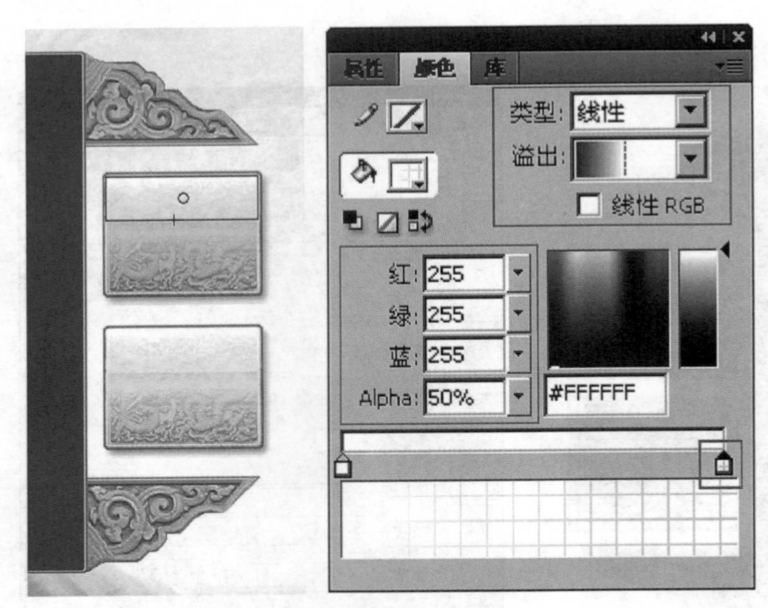

图4—6—14　绘制按钮亮白图形填充渐变色彩

6. 新建“文字”图层，选择工具栏中的文本工具，如图4-6-15所示，输入文本。

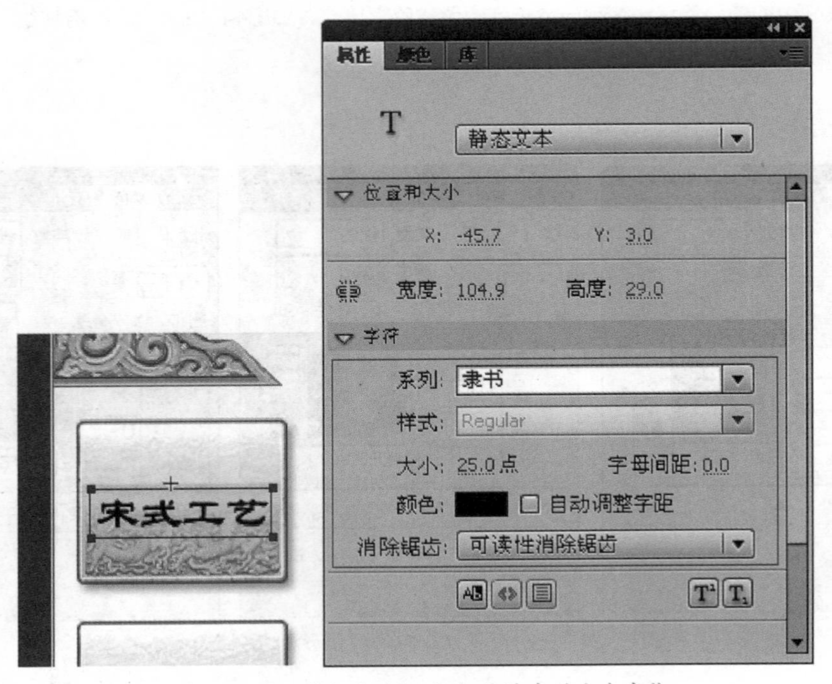

图4—6—15　按钮元件中的文本字体

7. 新建“字母”图层，如图4-6-16所示，输入文本。

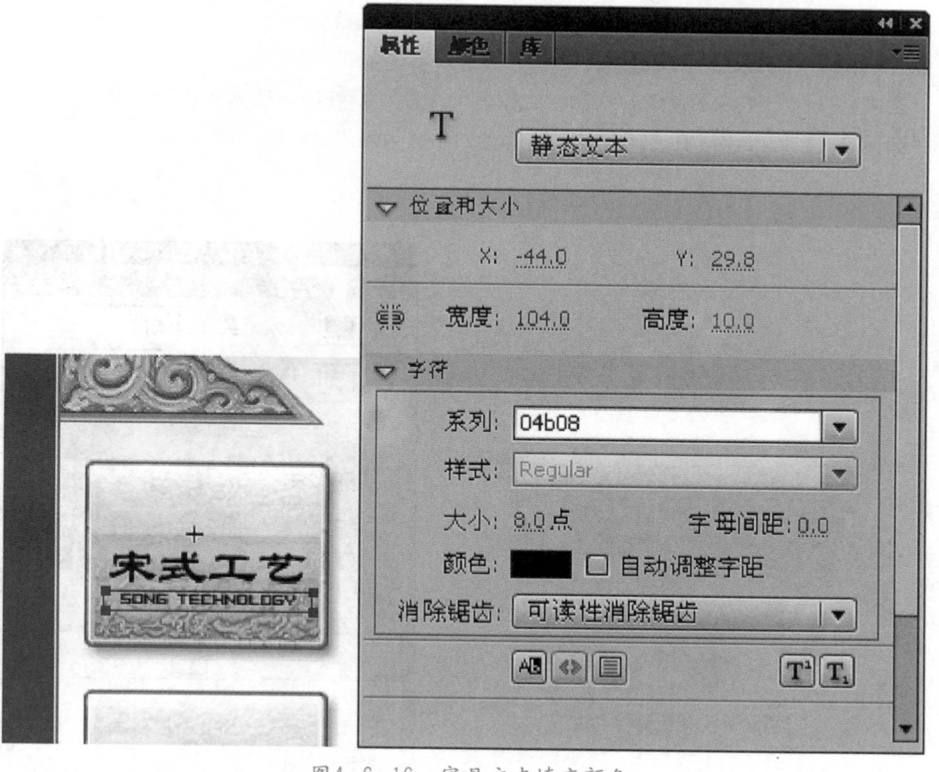

图4—6—16　字母文本填充颜色

8. 选中帧2，按F6键，然后移动字母位置，如图4-6-17所示。

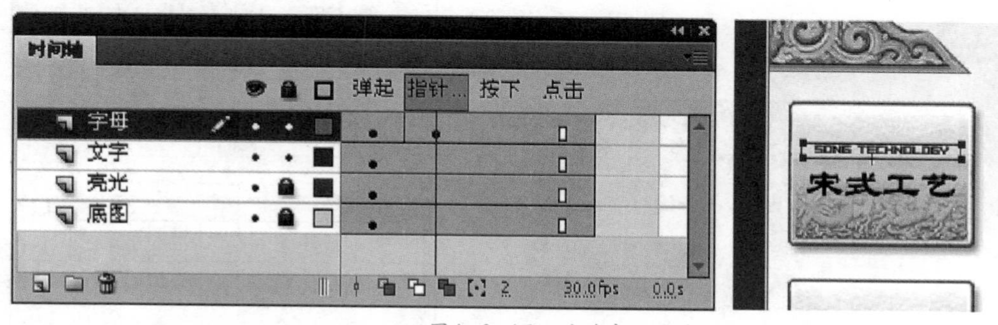

图4—6—17　移动字母文本

9. 返回场景1时间轴，选中按钮元件。打开动作面板输入脚本：on (release) { loadMovie(“宋式工艺.swf” , “psgy_mc”)； }。

10．最后，用上述相同的方法，完成清式按钮元件的制作。

4.6.3 铺设工艺按钮

1. 选中“按钮”图层的帧60，在舞台上绘制一个图形，并将其转换成按钮元件，命名为“铺设工艺”。双击展开元件，填充图形色彩，如图4-6-18所示。

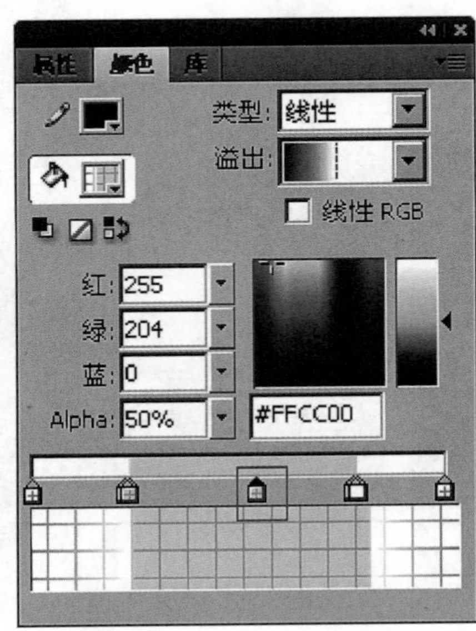

按钮元件帧2图形色彩填充

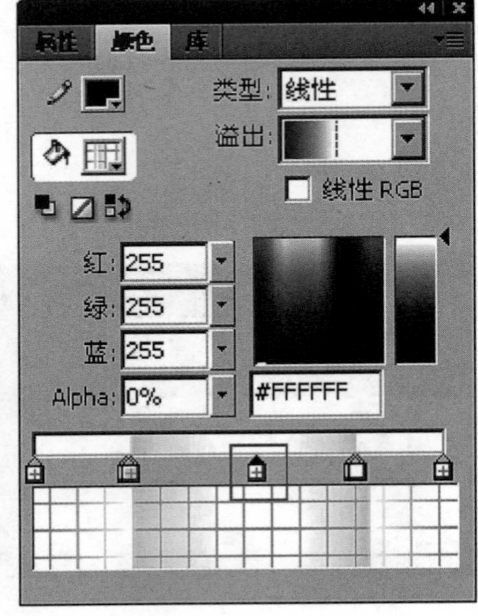

按钮元件帧3图形色彩填充

图4—6—18　按钮元件图形与色彩填充（一）

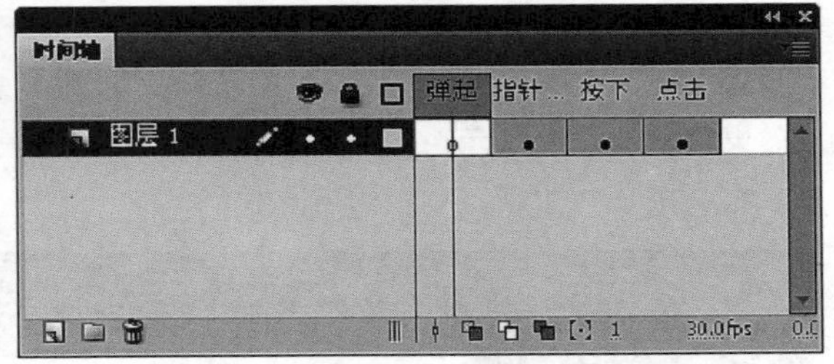

按钮元件帧4图形色彩填充与时间轴

图4—6—18　按钮元件图形与色彩填充（二）

2. 返回场景1舞台，选中“铺设工艺”按钮元件，如图4-6-19所示。打开动作面板输入脚本：on (release) {
loadMovie(“铺盖片头.swf”，“zryp_mc”)；}。

图4—6—19　选中按钮元件输入脚本

● 4.6.4　外部载入影片

1. 新建“载入影片”图层，选中帧60，按F6键。然后再创建一个空白的影片剪辑元件，元件实例命名为“psgy_mc”，如图4-6-20所示。

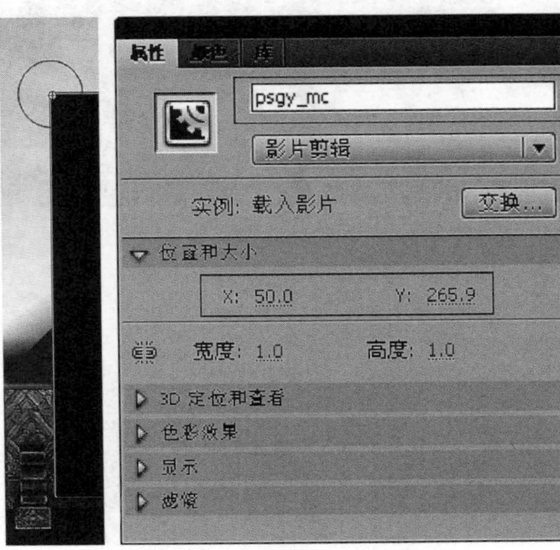

图4—6—20　新建空白影片剪辑元件

2. 新建“AS”图层，选中帧60，按F6键。在其动作面板中输入脚本：stop();。至此，场景1时间轴面板中的关键帧基本完成，如图4-6-21所示。最后按Ctrl + Enter 键，测试影片画面效果，如图4-6-22所示。

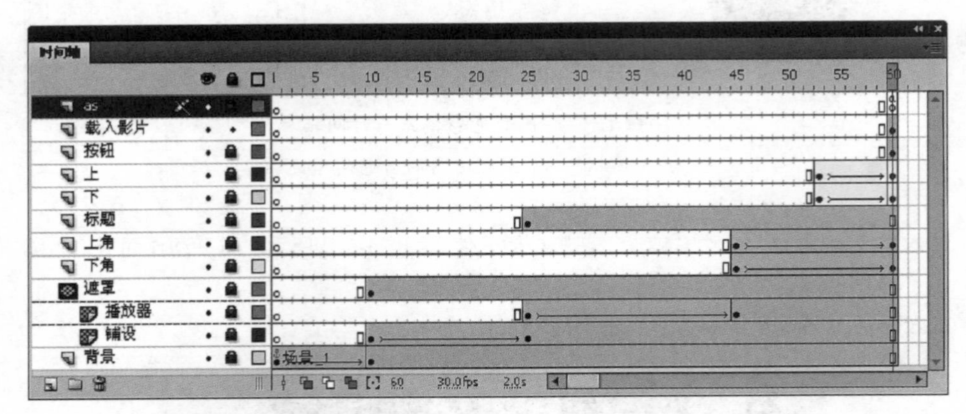

图4—6—21　场景1时间轴面板关键帧设置

图4—6—22　场景1影片测试画面效果

● 4.6.5 宋式工艺图示动画

1. 启动Flash CS4软件，新建AS2.0工程文件。项目属性发布设置与本章4.1.1所述相同。但是，其中舞台视图尺寸大小不一样，如图4-6-23所示。然后保存工程文件名为“宋式工艺”。

2. 按Ctrl + Alt + T组合键，展开时间轴面板。首先，作横竖两条辅助线，然后选择工具栏中的椭圆工具，在其舞台上画一个圆图形，如图4-6-24所示。

3. 删除图形黄色外框线，右击，选择创建补间形状命令。然后选择帧15，按F6键，再选中帧10，按F6键。选择工具栏中的任意变形工具，按住Alt键的同时把图形变形成椭圆，如图4-6-25所示。然后把帧1和帧15的图形，白色填充圆心点图形的Alpha值设置为0%。

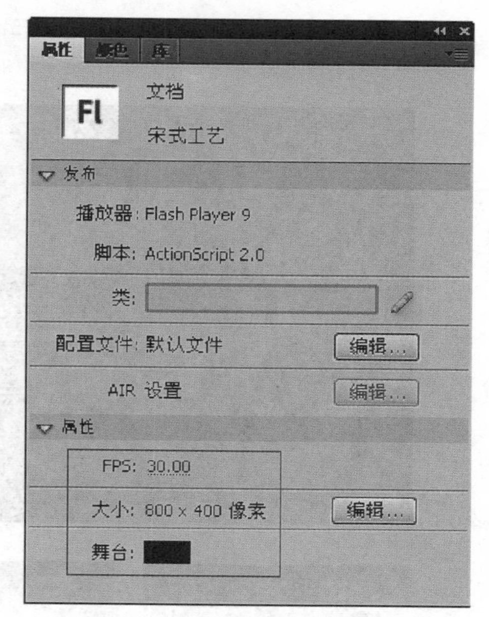

图4-6-23　新建FLASH文件窗口尺寸

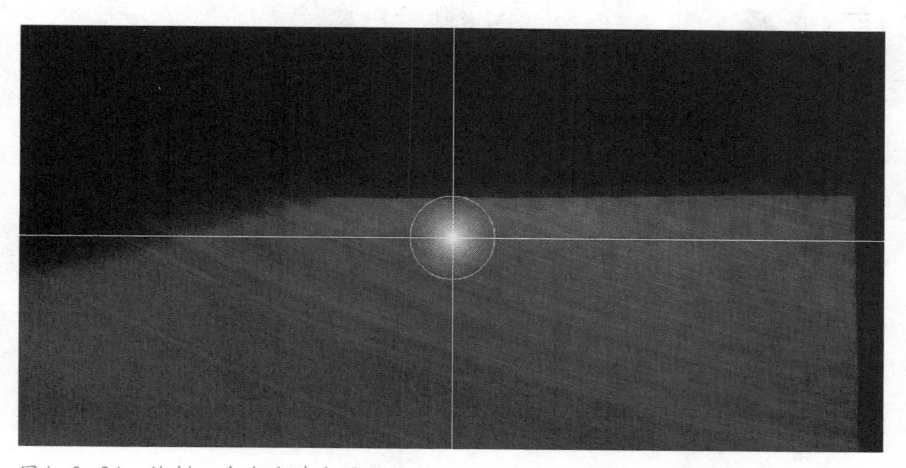
图4-6-24　绘制一个渐变填充圆形

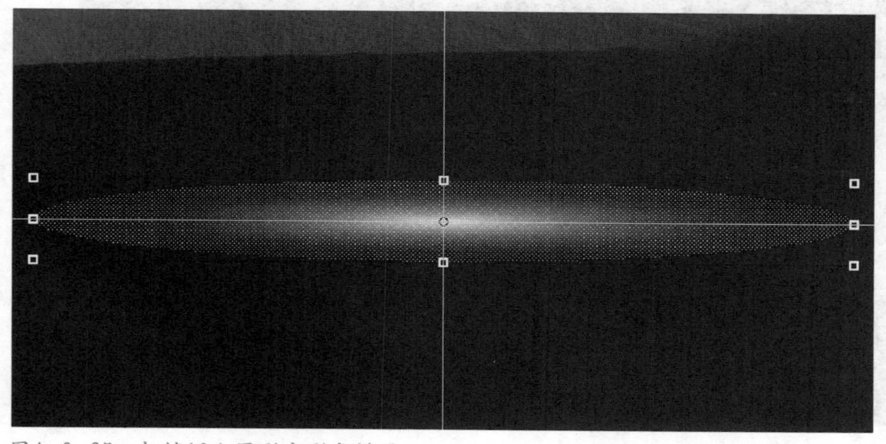
图4-6-25　把帧10上圆形变形成椭圆

4. 新建“瓦1”图层，选中帧145，按F5键，再选中帧15，按F6键。然后如图4-6-26所示，在其舞台上绘制一个图形。

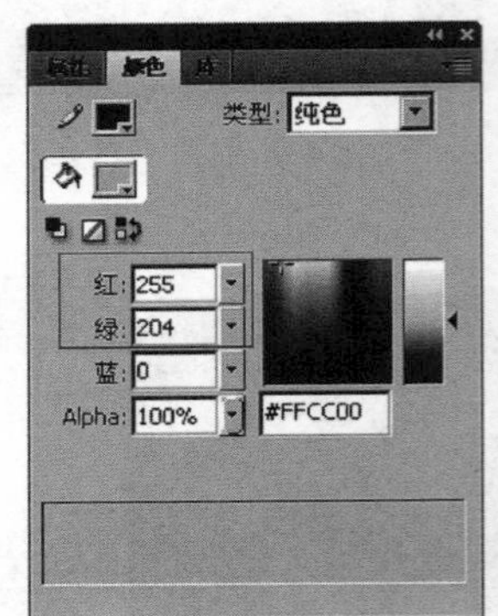

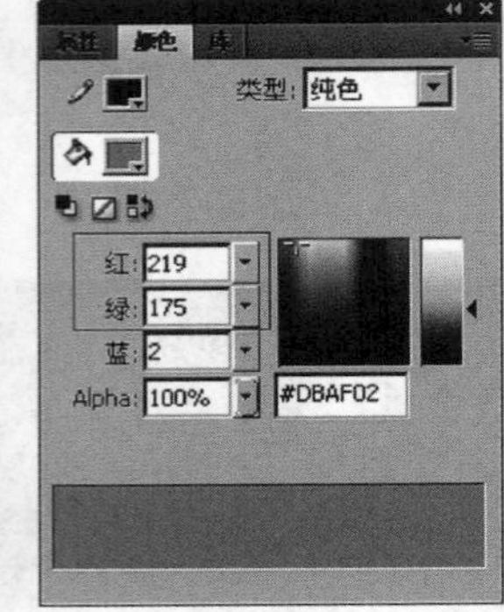

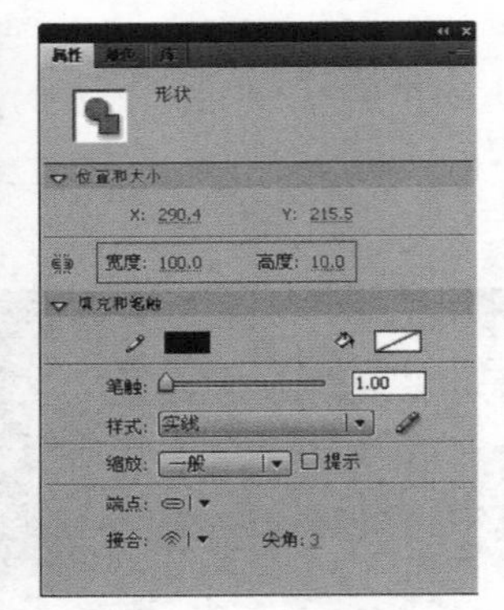

图4—6—26　绘制图形尺寸与填充色

5. 新建“瓦2”图层，选中帧30，按F6键。复制粘贴上述图形，如图4-6-27所示。排列好位置后把图形成组，然后选中帧60，按F6键。再选中帧30，右击，选择创建传统补间命令。把帧30图形移动到视图外，并在其属性面板里设置帧30的缓动为100，如图4-6-28所示。

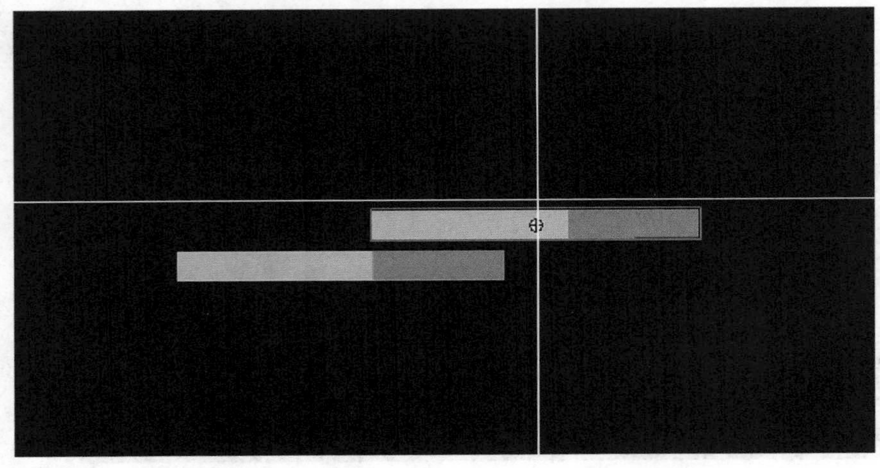

图4—6—27　复制粘贴图形

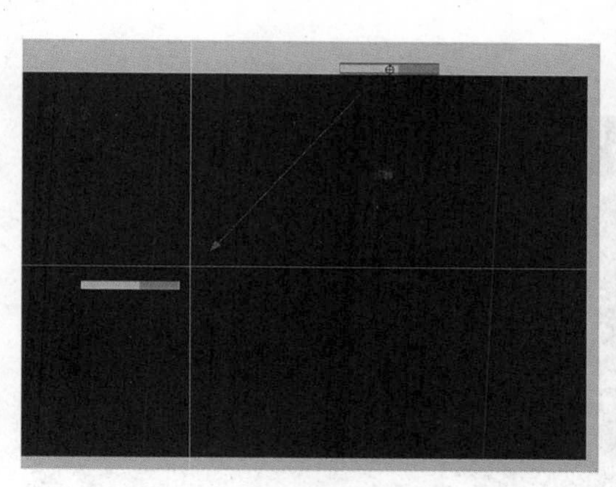

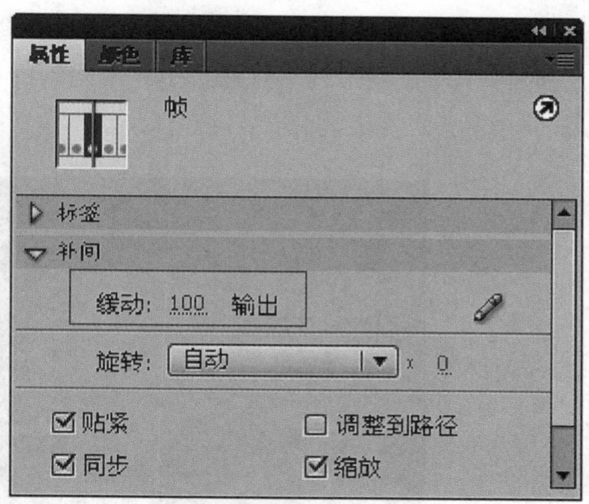

图4-6-28　移动帧30图形设置缓动为100

6. 新建“三竖线”图层，选中帧60，按F6键。绘制三条白线并输入文本，然后分别选中帧65、帧70、帧75、帧80，按F6键。再删除帧65、帧75。把“三竖线”图层，拖到“瓦1”图层下，如图4-6-29所示。

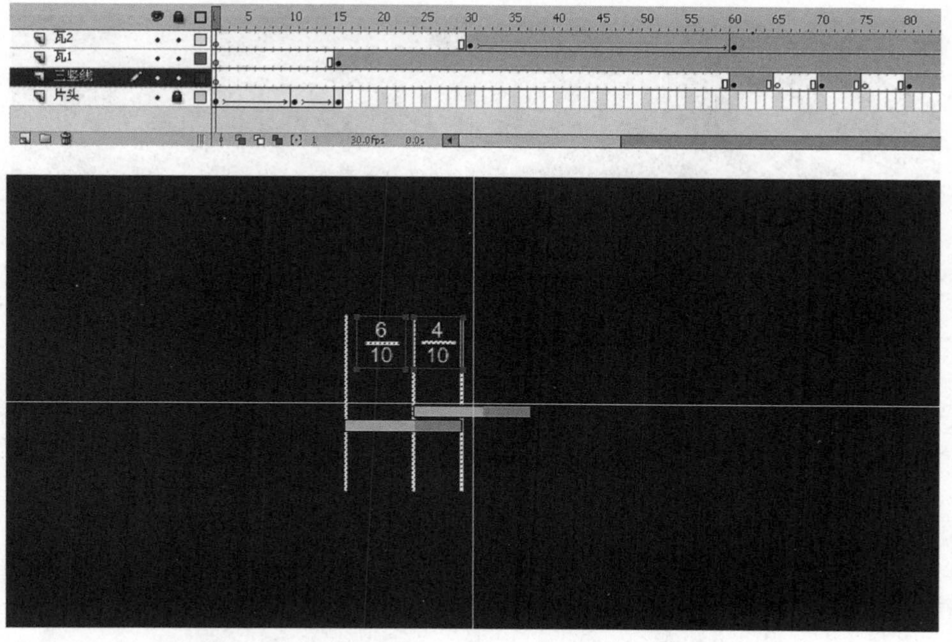

图4-6-29　绘制三条白线

7. 新建“瓦3”图层，选中帧80，按F6键，复制粘贴“瓦1”图层图形，如图4-6-30所示。然后选中帧110，按F6键，再选中帧80，右击选择创建传统补间命令，把图形移动到舞台外。

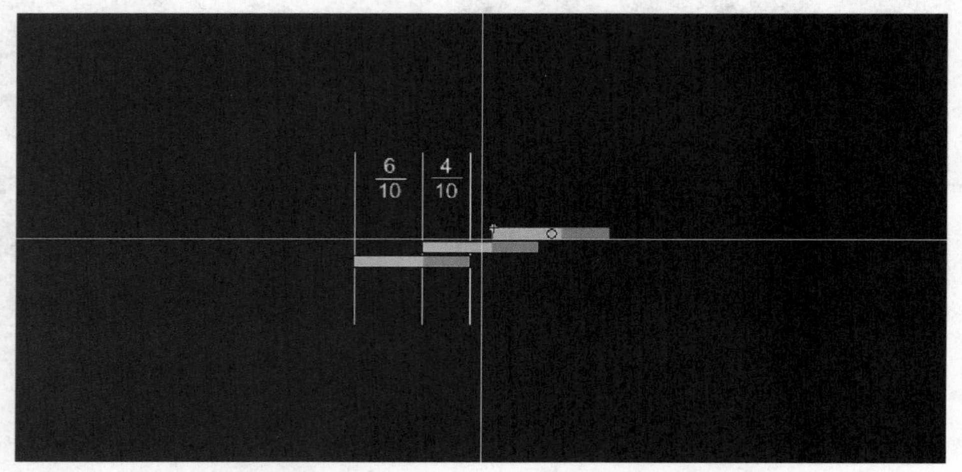

图4-6-30　粘贴图形到“瓦3”图层

8. 新建“二竖线”图层，选中帧110，按F6键。在舞台上绘制两条竖线并输入文本，如图4-6-31所示。再分别选中帧115、帧120、帧125、帧130，按F6键，然后分别删除帧115、帧125。把图层移动到“瓦1”图层下，如图4-6-32所示。

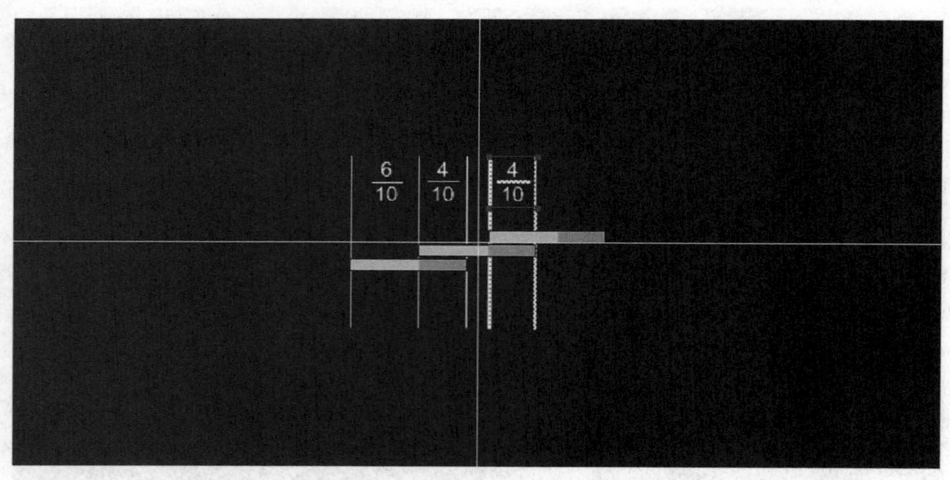

图4-6-31　在帧110舞台上绘制两条竖线

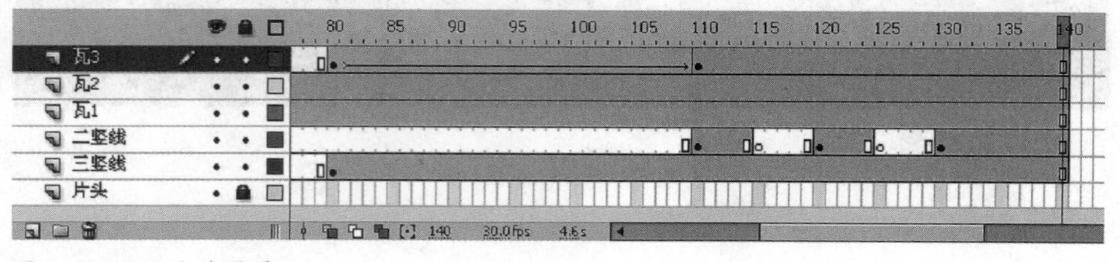

图4-6-32　移动图层

9. 新建“合并”图层，选中帧140，按F6键。然后全选舞台上的图形，复制粘贴到帧140上。选中帧220，按F5键。选中帧170，按F6键。再选中帧140，右击，选择创建传统补间命令。然后把图形移动到左上角，如图4-6-33所示。

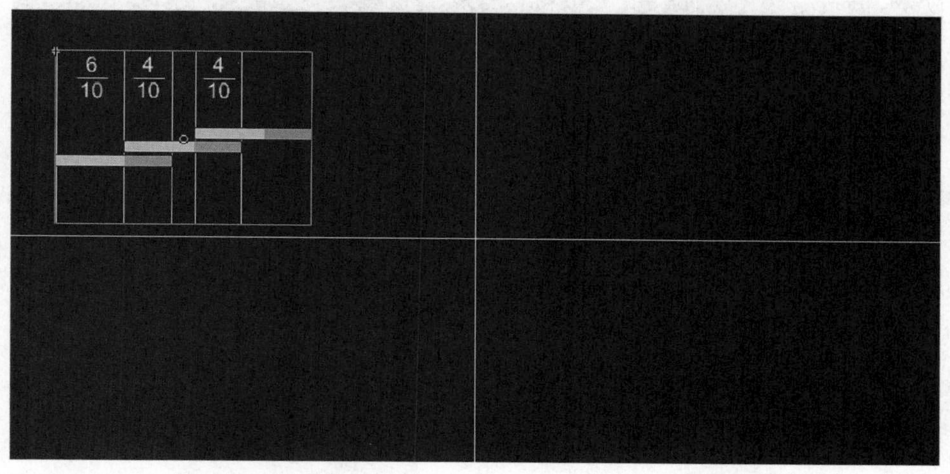

图4—6—33　移动帧140图形

10. 新建“样图”图层，选中帧170，按F6键。结合已有的图形元件，再绘制一个整体样图，如图4-6-34所示。然后选中帧200，按F6键。再选中帧170，右击，选择创建传统补间命令。然后把舞台上的图形缩小，打开其属性面板，设置图形的Alpha值为0%。如图4-6-35所示。

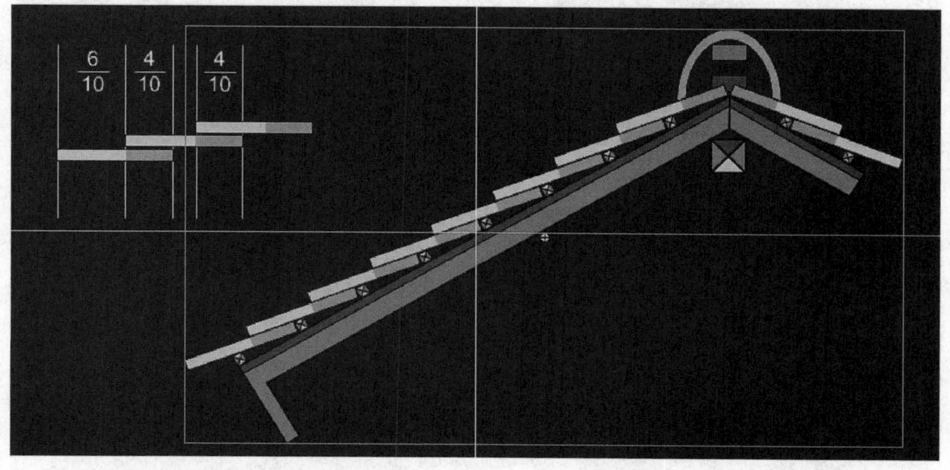

图4—6—34　绘制完整的样图

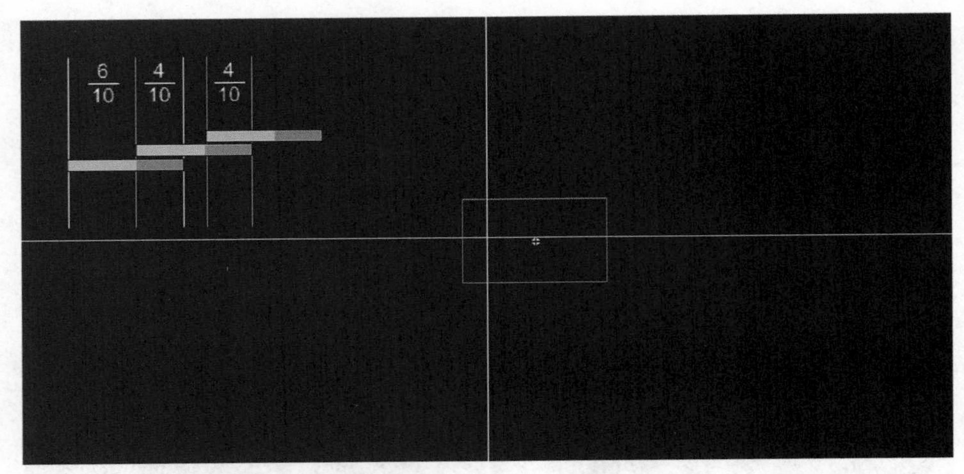

图4—6—35　缩小帧170样图图形

11. 新建"简介文本"图层，选中帧200，按F6键。选择工具栏中的文本工具，输入简介文本，如图4-6-36所示。再选中帧200，右击，选择创建传统补间命令。然后移动图形到左下角，设置其Alpha值为0%。如图4-6-37所示。

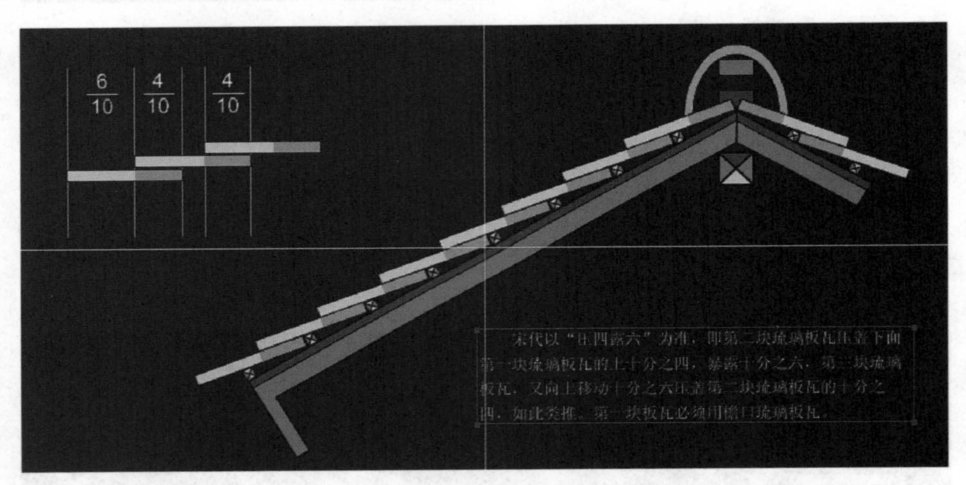

图4—6—36　输入简介文本

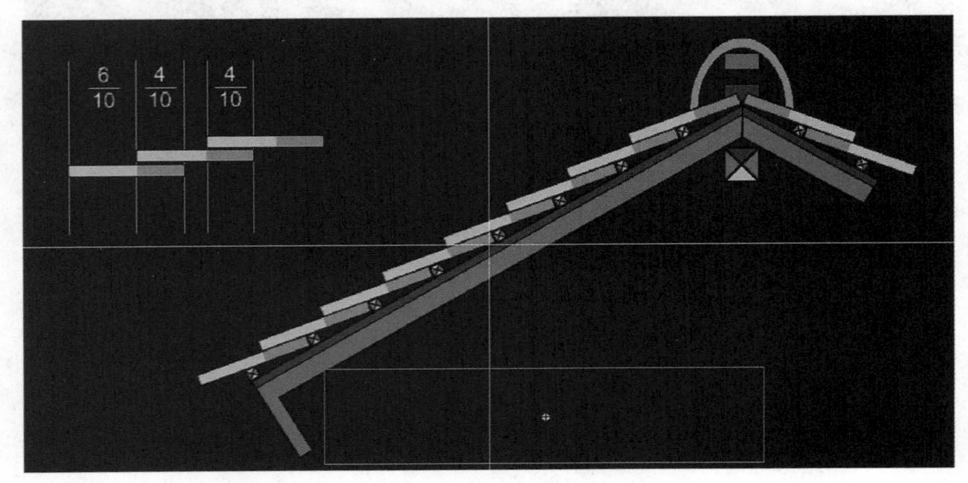

图4—6—37　移动帧200文本图形，设置其Alpha值为0%

12. 新建“标题”图层，锁定其他图层。选择工具栏中的文本工具，输入标题文本，属性设置选项大小为12.0点，选设备字体宋体，效果如图4-6-38所示。

13. 新建“AS”图层，选中帧220，按F6键，打开其动作面板，输入脚本：stop();。最后按Ctrl + Enter 键，测试影片动画效果，如图4-6-39所示。

14. 采用与上述相同的方法，完成“清式工艺”影片剪辑元件的动画制作，如图4-6-40所示。

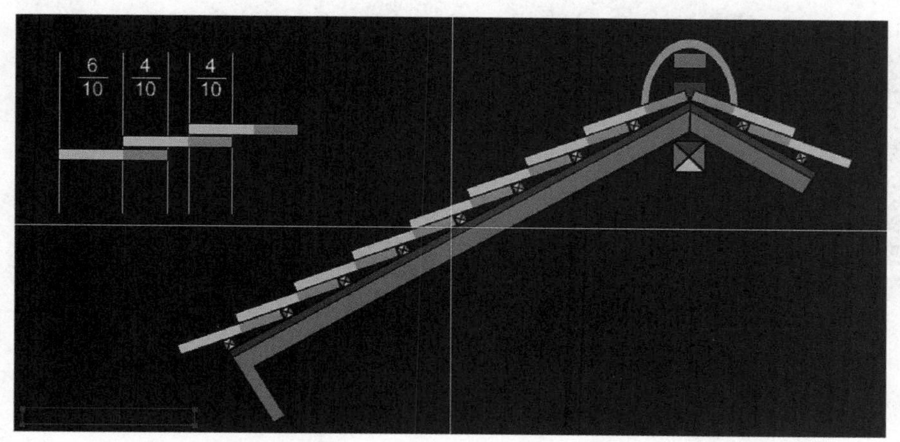

图4—6—38　输入标题文本

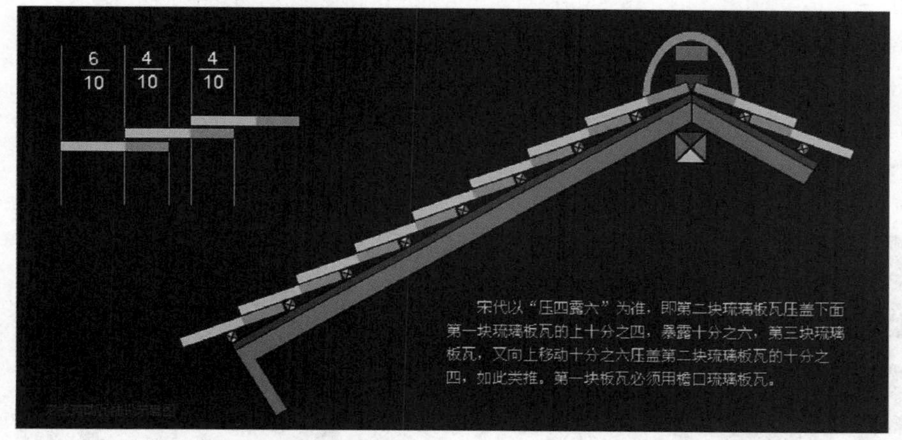

图4—6—39　影片动画测试效果

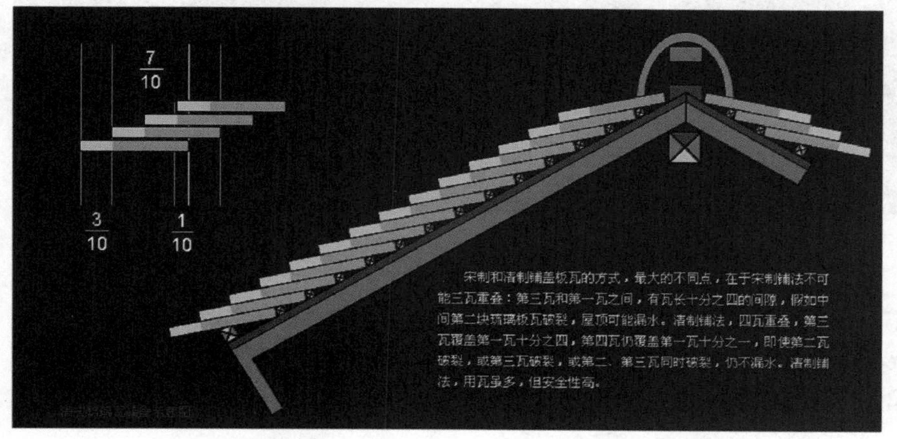

图4—6—40　清式工艺最终测试画面

4.6.6 铺设工序图示动画

1. 启动Flash CS4软件，新建AS2.0工程文件。项目属性发布设置与本章4.1.1所述相同。

2. 按Ctrl + R键，导入“门头.jpg”素材图片。如图4-6-41所示。

图4—6—41 “门头.jpg”素材图片

3. 然后分别选中帧15、帧35、帧65按F6键。再分别选中帧1、帧65，右击选择创建传统补间命令。打开属性面板，分别设置帧1、帧65上的图形Alpha值为0%。

4. 新建“屋面”图层，选中帧35，按F6键。选择工具栏中图形工具，绘制一个屋面框架图形，如图4-6-42所示。选中帧275，按F5键，选中帧65，按F6键。再选中帧35，右击选择创建传统补间命令，设置图形Alpha值为0%。

图4—6—42 绘制一个屋面框架图形

5. 新建“过场”图层，选中帧25，按F6键。锁定其他图形，在舞台上绘制一个图形，如图4-6-43所示。设置图形色彩填充，如图4-6-44所示。 然后分别选中帧30、帧35、帧65，按F6键。再删除帧30。选中帧30，右击选择创建补间形状命令。选中帧65，删除原先的图形，重新绘制一个图形，如图4-6-45所示。选中帧180，按F5键。

图4—6—43　在舞台上沿底图屋面绘制一个图形

填充图形色彩Alpha值为30%

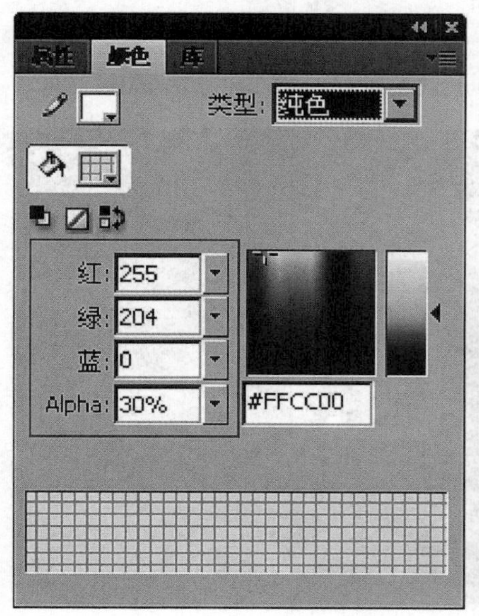

图4—6—44　填充图形色彩

图4—6—45　重新绘制帧65的图形

6. 新建“木条”图层，选中帧65，按F6键。在舞台上绘制一个条形图形，然后将其旋转复制粘贴，多个排列在一起，如图4-6-46所示。选中帧180，按F5键。

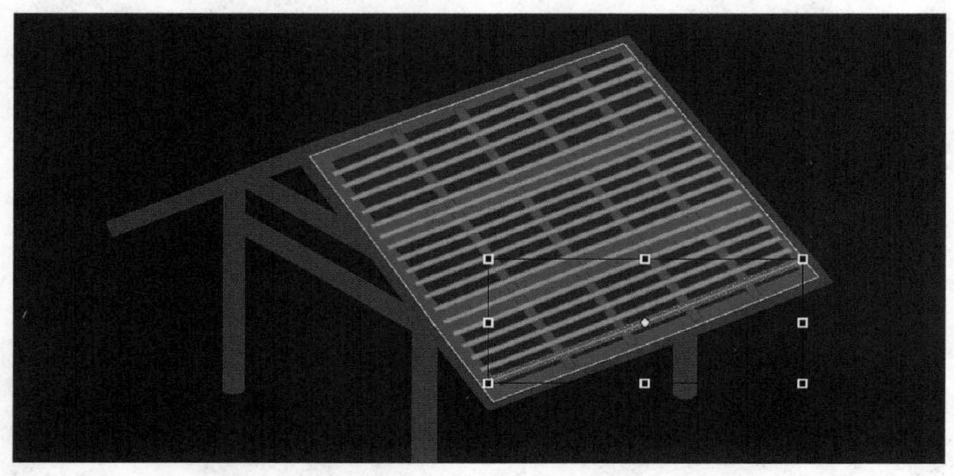

图4—6—46　绘制多个条状图形

7. 锁定其他图层，新建“标注”图层，选中帧65，按F6键。先在舞台绘制一个标注图形，再输入文本，如图4-6-47所示。选中帧180，按F5键。

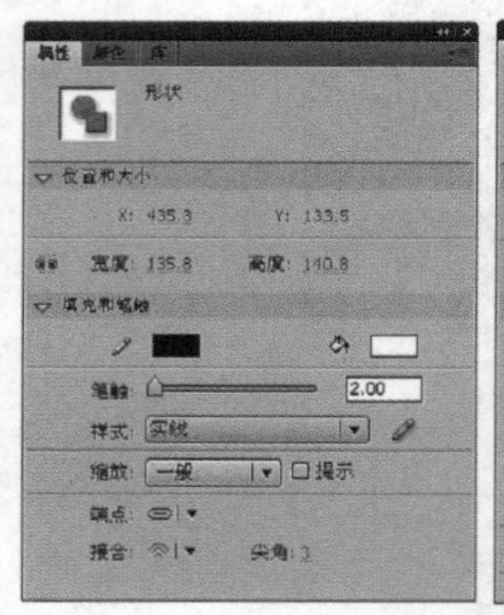

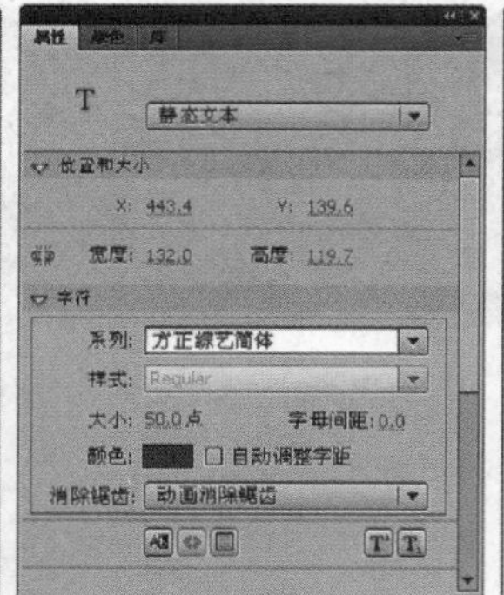

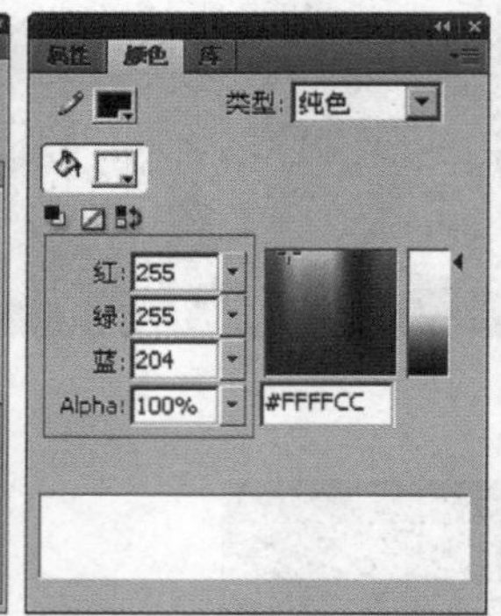

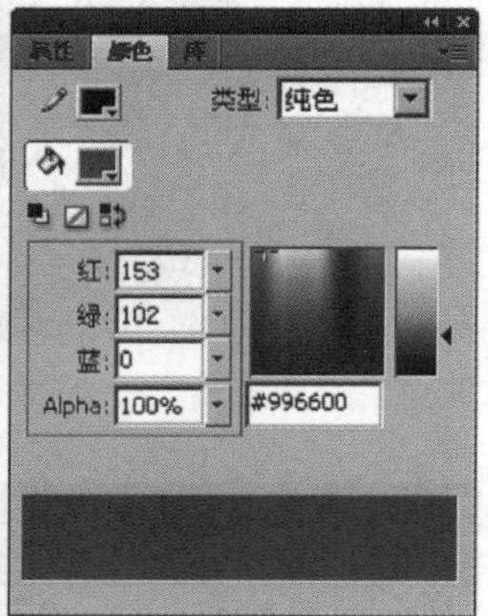

图4—6—47　绘制标注图形输入文本

8. 新建“遮罩1”图层，选中帧65，按F6键。在舞台上绘制一个遮罩用的图形，如图4-6-48所示。选中帧125，按F6键。再选中帧65，右击选择创建传统补间命令。然后移动图形的位置，如图4-6-49所示，选中“遮罩1”图层，右击选择遮罩层命令。

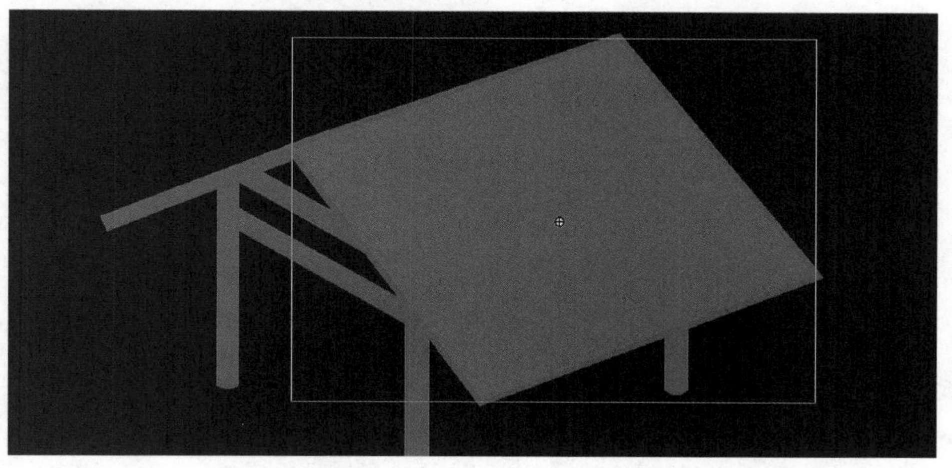

图4—6—48　绘制一个遮罩用图形

图4—6—49　移动遮罩图形

9. 新建“胶泥层”图层，选中帧125，按F6键。绘制一个图形输入文本，如图4-6-50所示。

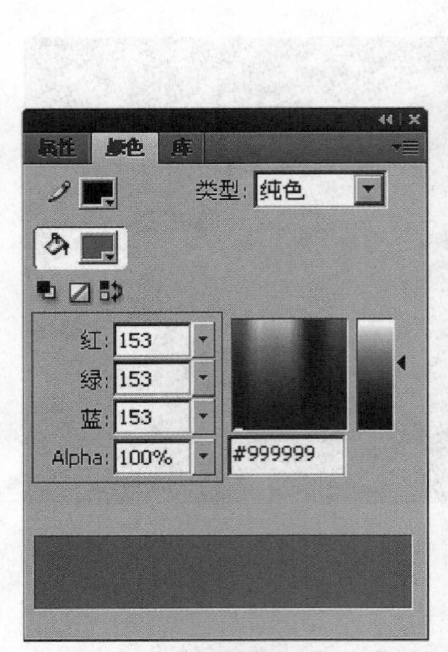

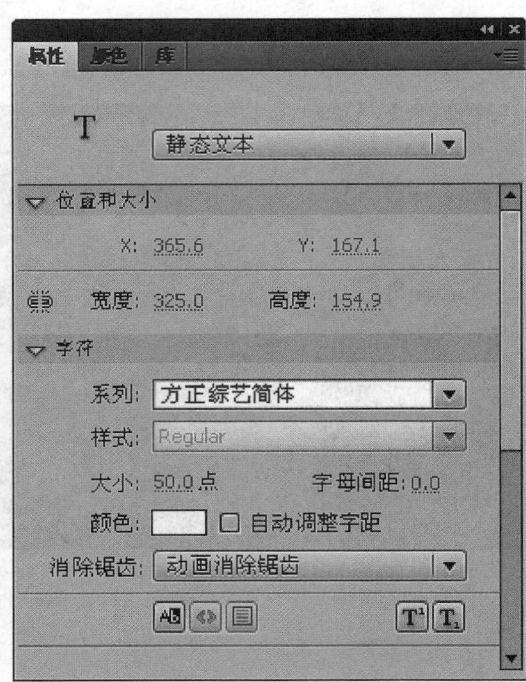

图4-6-50　填充图形颜色输入文本

10. 新建“遮罩2”图层，选中帧125，按F6键。复制“遮罩1”图层帧65，粘贴到“遮罩2”图层帧125；复制 “遮罩1”图层帧125，粘贴到“遮罩2”图层帧180。再选中 “遮罩2”图层，设置为遮罩。

11. 新建“防水层”图层，选中帧180，按F6键。如图4-6-51所示，在舞台视图中绘制图形，并输入文本，然后选中帧275，按F5键。

图4—6—51　绘制新的图形

12. 新建“遮罩3”图层，选中帧180，按F6键。复制“遮罩1”图层帧65，粘贴到“遮罩3”图层帧180；复制 “遮罩1”图层帧125，粘贴到“遮罩3”图层帧230。再选中 “遮罩3”图层，设置为遮罩。

13. 新建“琉璃瓦”图层，选中帧230，按F6键，选中帧300，按F5键。然后按Ctrl + R键，导入素材图片“瓦.jpg”，如图4-6-52所示。

图4—6—52　导入“瓦.jpg” 素材图片

14. 关闭“琉璃瓦”图层的可见性，新建“遮罩4”图层，选中帧230，按F6键。绘制图形如图4-6-53所示。然后右击帧230，选择创建补间形状命令。分别选中帧265、帧275，按F6键，再分别改变舞台图形，如图4-6-54所示。最后把“遮罩4”图层设置为遮罩。

图4—6—53 绘制帧230遮罩图形

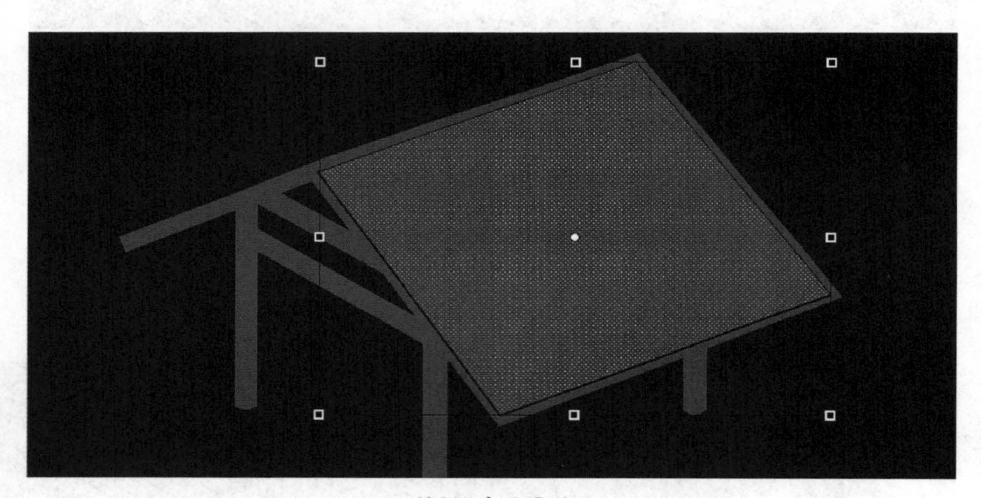

帧265遮罩图形

帧275全覆盖舞台视图的遮罩图形

图4—6—54 “遮罩4”图层图形绘制

15. 新建“门楼”图层，选中帧275，按F6键。再按Ctrl + R键，导入“门楼.jpg”素材图片，如图4-6-55所示。选中帧300，按F6键。右击选择创建传统补间命令。再选中帧275，设置图形Alpha值为0%。

图4—6—55　导入“门楼.jpg”图片

16. 新建“AS”图层，选中帧300，按F6键，打开动作面板，输入脚本：stop();。最后，按Ctrl + Enter键，测试影片，最终影片画面显示效果，如图4-6-56所示。

图4—6—56　影片动画最终画面显示效果

4.7 烧制工艺内容制作

烧制工艺是琉璃瓦成品的重要环节，也是多媒体课件最有效的表现内容，因为材料成品的环境是无法用语言来再现的，而多媒体却能够可视化需要表现的知识内容。下面具体讲解本节内容的制作要点。

● 4.7.1 界面开页动画

1. 启动Flash CS4软件，新建AS2.0工程文件。影片属性设置与本章4.1.1所述内容相同。
2. 按Ctrl + Alt + T组合键，展开时间轴面板。再按Ctrl + R键，导入“烧制工艺.jpg”素材图片。如图4-7-1所示。然后在舞台视图中把图片对齐到中心点位置。选中帧60，按F5键。选中帧10，按F6键。选中帧1，按Delete键。
3. 新建“光效”图层，按Ctrl + R键，导入“光效.jpg”素材图片，如图4-7-2所示。右击选择创建传统补间命令。选中帧10，按F6键。选中帧21，按F6键，再按Delete键删除。然后分别选中帧1、帧20，打开其属性面板，设置图形Alpha值为0％。
4. 新建“屋脊”图层，选中帧21，按F6键。按Ctrl + R键，导入“吞脊兽02.png”素材图片，并对齐到舞台底边，如图4-7-3所示。选中帧40，按F6键。再选中帧21，右击选择创建传统补间命令。再把图形移动到舞台外，如图4-7-4所示。打开属性面板，设置补间缓动100输出。

图4—7—1　导入　“烧制工艺.jpg”

图4—7—2　导入素材“光效.jpg”

5. 新建“遮罩”图层，选中帧21，在舞台上绘制一个遮罩用图形，尺寸为1024×768，并对齐到舞台中心点。选中帧40，按Delete键删除。然后选中“遮罩”图层，右击选择遮罩层命令。
6. 新建“中心圆”图层，选中帧41，按F6键。按Ctrl + R键，导入“龙.png”素材图片，如图4-7-5所示，并对齐到舞台中心位置。

图4—7—3　把图形对齐到舞台底边

图4—7—4　把帧21图形拖离到舞台外

图4—7—5　导入素材“龙.png”

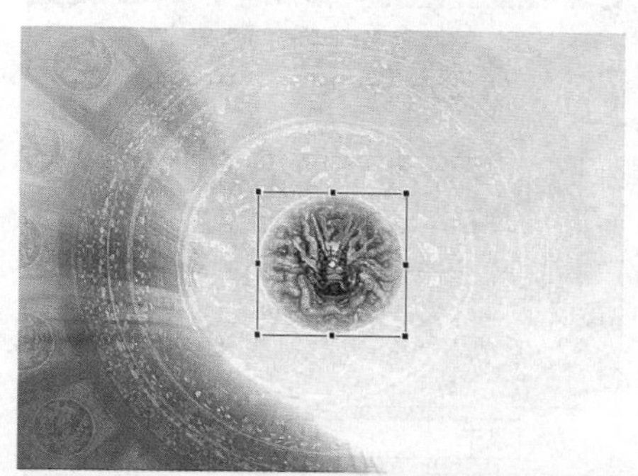

7. 选中“龙”图形，右击转换成影片剪辑元件。命名为“圆心龙”，双击展开元件，命名图层为“旋转圆”。选中帧20，按F5键。新建“光晕”图层，选择图形工具绘制一个圆，填充色彩，如图4-7-6所示。

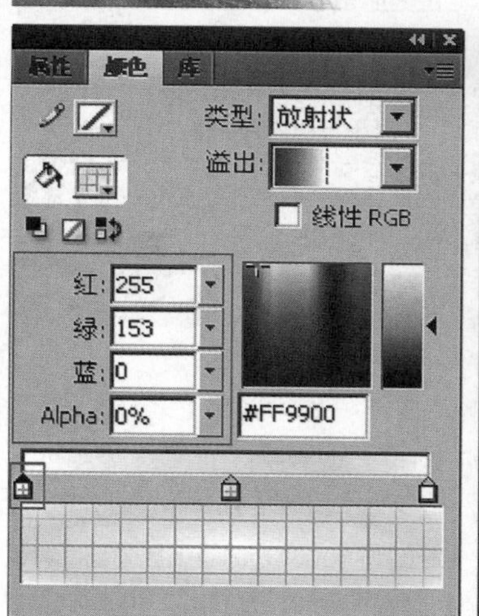

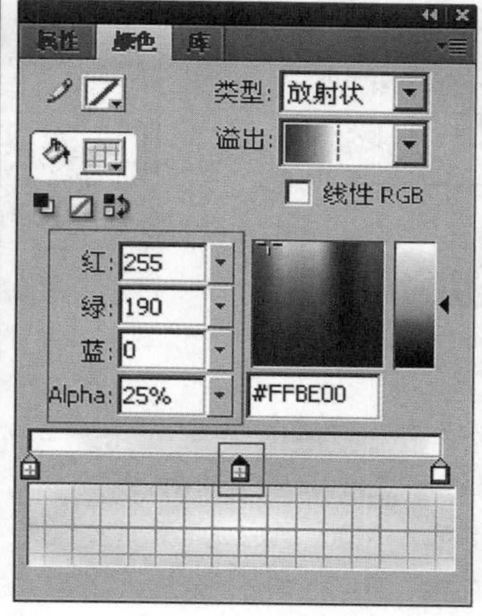

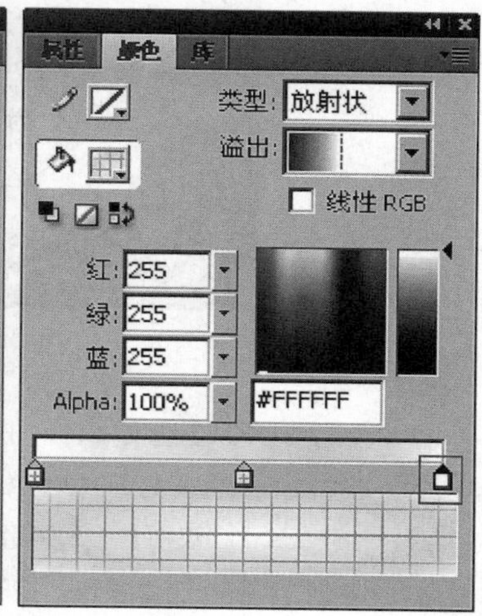

图4—7—6　绘制图形圆填充色彩

8. 新建“高光”图层，锁定其他图层。选择椭圆图形工具绘制一个高光点，填充色彩，如图4-7-7所示。

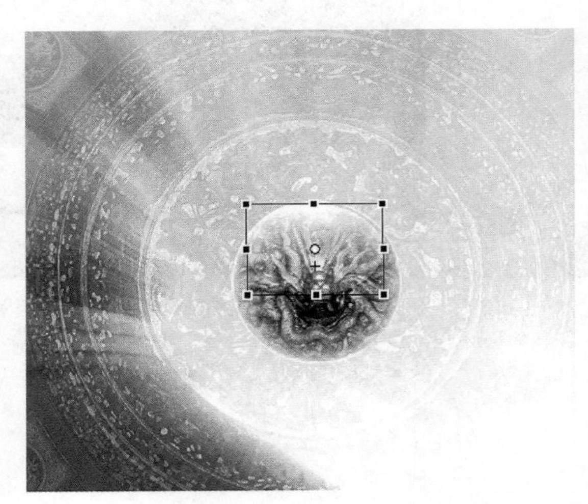

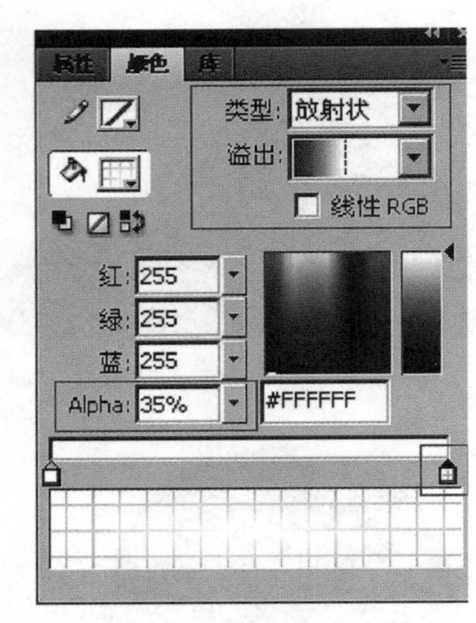

图4—7—7　绘制椭圆高光点填充色彩

9. 新建“五元素”图层，选择工具栏中的文本工具，输入的文本按背景图案排列，如图4-7-8所示。

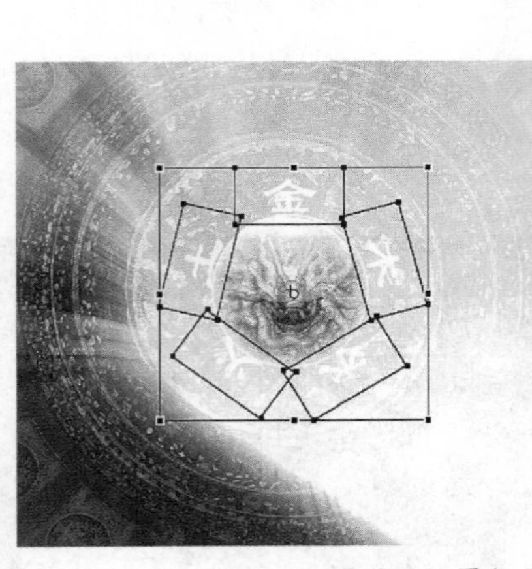

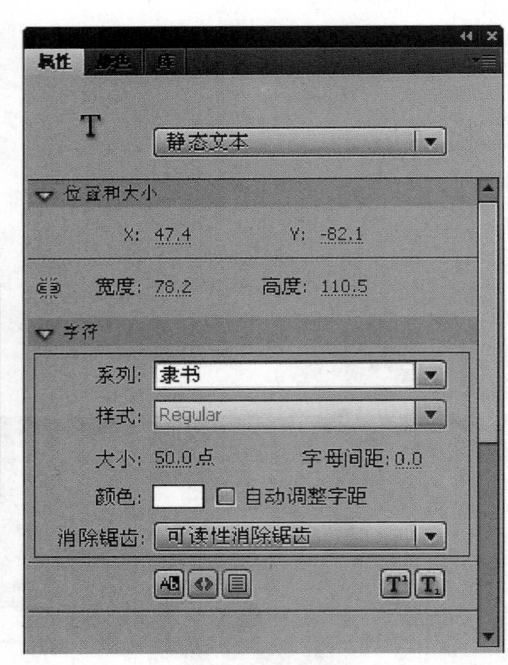

图4—7—8　选择文本字体

10. 全选文本，右击选择转换为影片剪辑元件。双击展开元件，右击选择转换为传统补间命令。打开属性面板，设置帧1旋转为顺时针方向，如图4-7-9所示。选中帧150，按F6键。
11. 双击舞台外视图区，返回“圆心龙”影片剪辑元件的时间轴面板。选中帧20，按F6键。选中帧15，按F6键。然后把舞台图形放大，选中帧1，缩小图形，如图4-7-10所示。

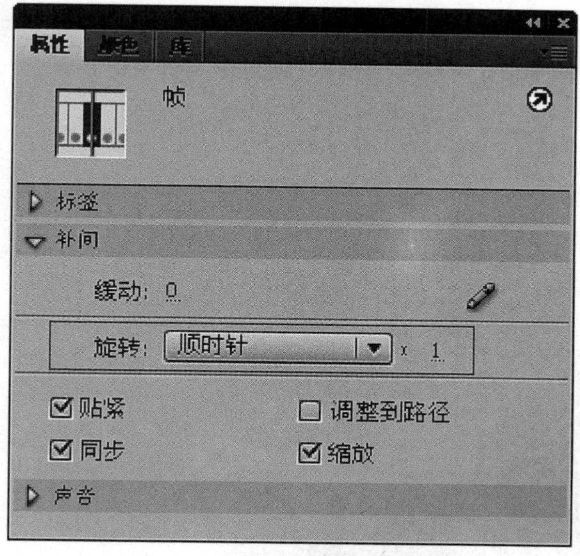

图4—7—9　设置图形旋转方向

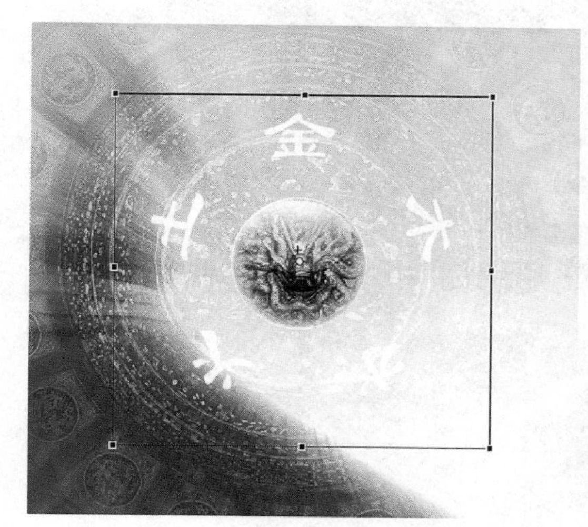

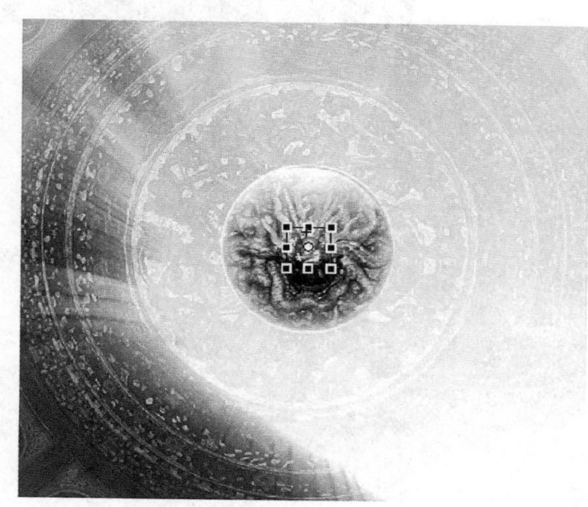

图4—7—10　放大缩小图形

12. 新建“AS”图层，选中帧20，按F6键。打开动作面板，输入脚本：stop();。

13. 再次选中“旋转圆”图层，然后把图片转换成影片剪辑元件。双击展开元件，右击选择创建传统补间命令，在属性面板中设置帧旋转为顺时针方向。选中帧300，按F6键。

14. 返回场景1时间轴面板，选中帧60，按F6键。再选中帧41，右击选择创建传统补间命令，缩小舞台上的圆图形。按Ctrl + Enter 键测试影片，最终画面效果，如图4-7-11所示。

图4—7—11　最终画面测试效果

15. 新建“闪白”图层，选中帧41，按F6键。绘制一个白色半圆渐变透明的图形，如图4-7-12所示。右击选择创建补间形状命令。选中帧50，按F6键。选中帧51，按F6键，再按Delete键删除。再选中帧41，然后把舞台上的图形缩小。

16. 新建“AS”图层，选中帧60，按F6键。打开其动作面板，输入脚本：stop();。

图4—7—12　绘制白色渐变透明图形

● 4.7.2 内容选择按钮

1. 承接上述内容。打开时间轴面板，新建“按钮影片”图层，选中帧60，按F6键。选择工具栏中的矩形工具，在舞台上绘制一个图形，并删除四个角，如图4-7-13所示。

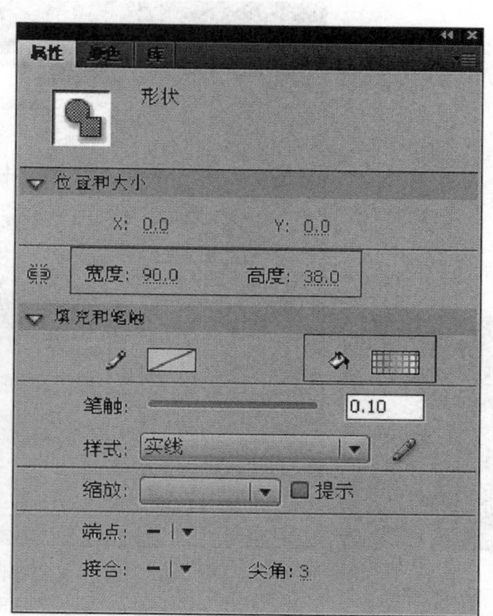

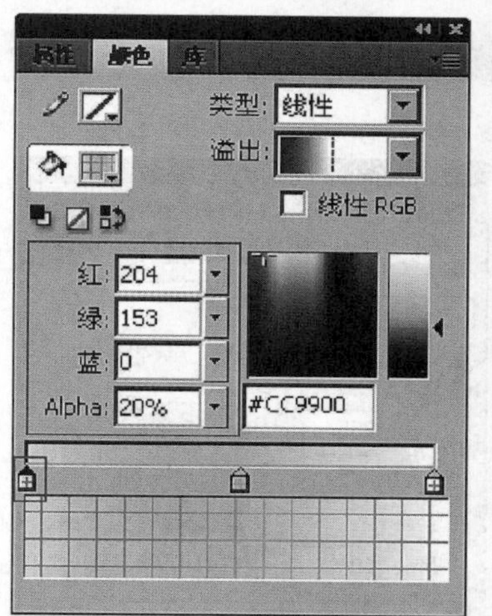

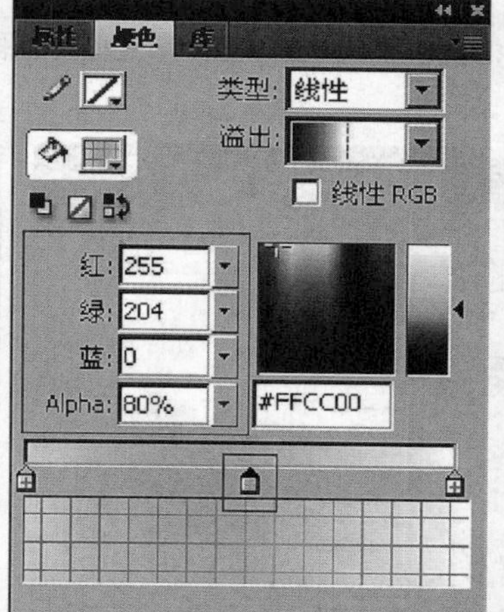

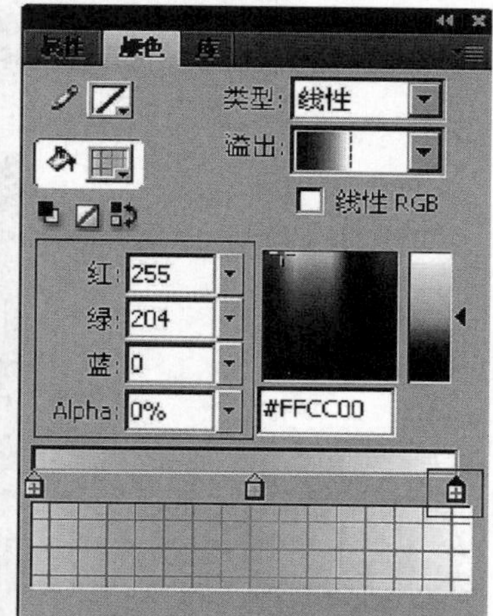

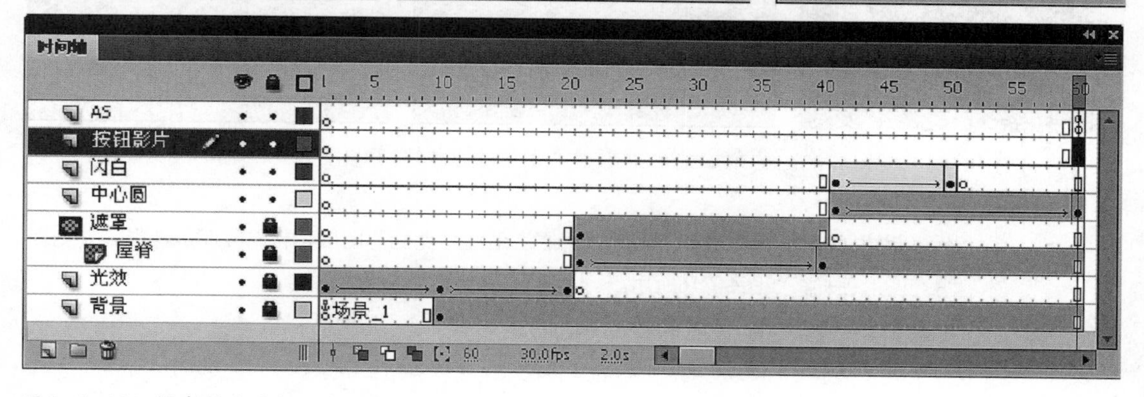

图4—7—13 创建影片剪辑元件绘制去角的图形

2. 右击选择把图形转换为按钮剪辑元件。双击展开按钮元件时间轴，选中帧4，按F5键。选中帧2，按F6键，重新填充色彩。如图4-7-14所示。命名图层为“底色”。

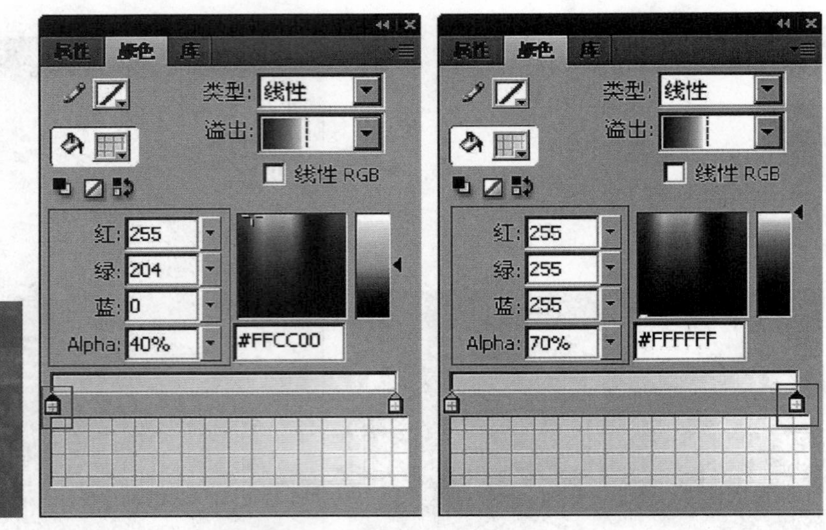

图4—7—14　填充按钮元件时间轴帧2的图形色彩

3. 选中按钮时间轴帧3图形，按F6键，重新填充图形色彩。如图4-7-15所示。

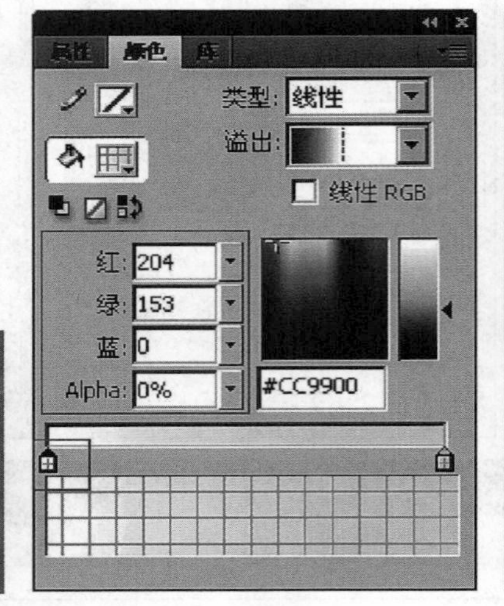

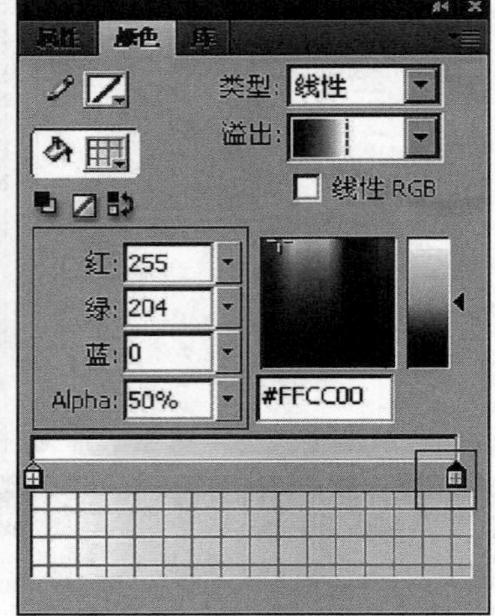

图4—7—15　重新填充按钮时间轴帧3的图形色彩

4. 复制帧1的图形，再锁定“底色”图层。新建“亮面”图层，粘贴复制的图形，并重新填充图形色彩，如图4-7-16所示。

5. 选中帧3，按F6键，然后重新填充图形色彩，如图4-7-17所示。

6. 新建“线框”图层，选择工具栏中的线条工具，在舞台上绘制图形外框，如图4-7-18所示。

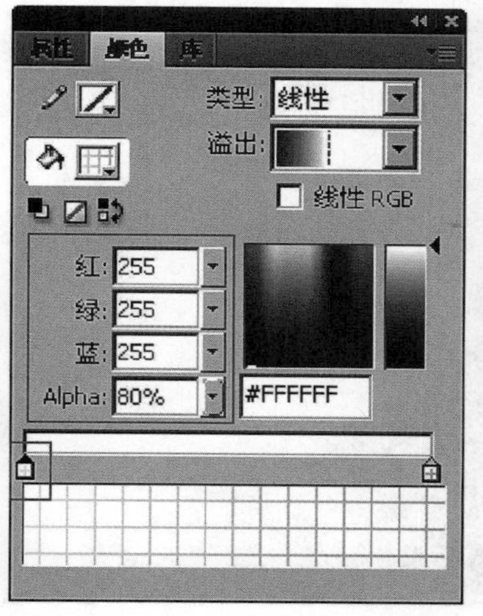

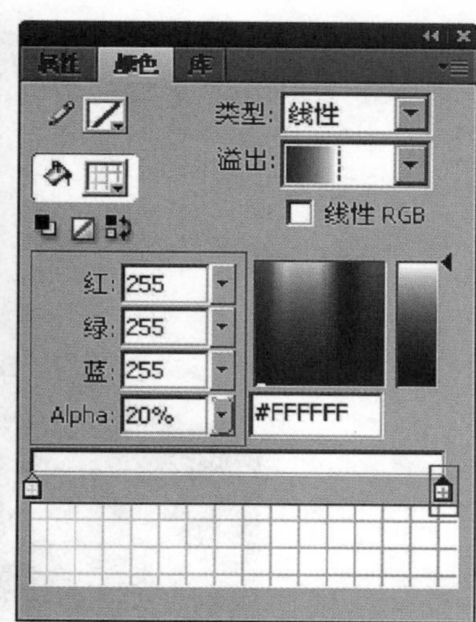

图4—7—16　重新填充“亮面”图层图形色彩

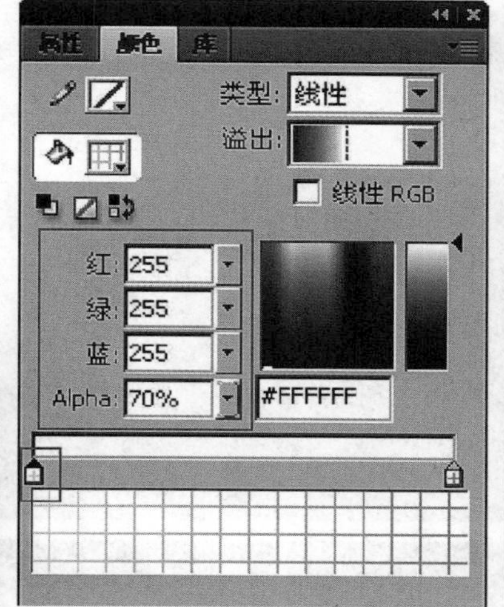

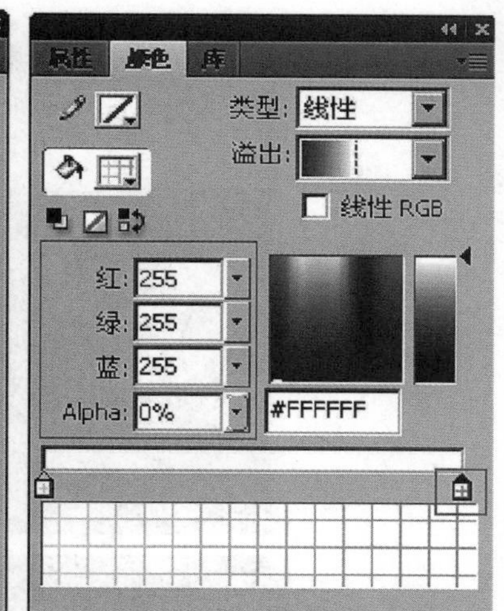

图4—7—17　重新填充帧3图形色彩

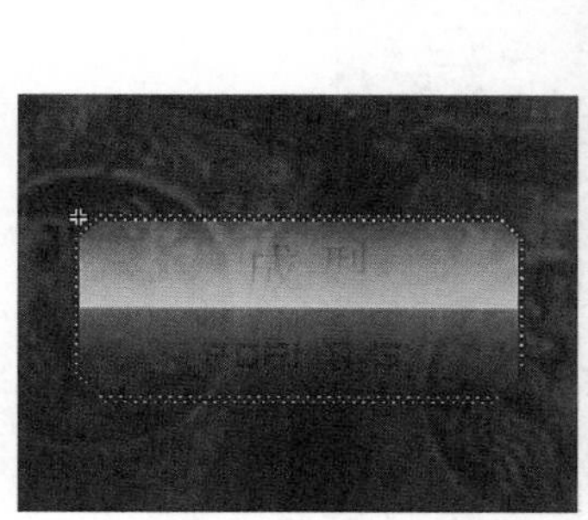

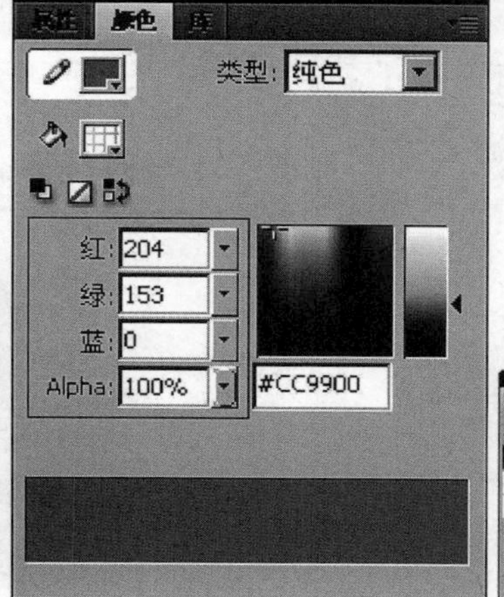

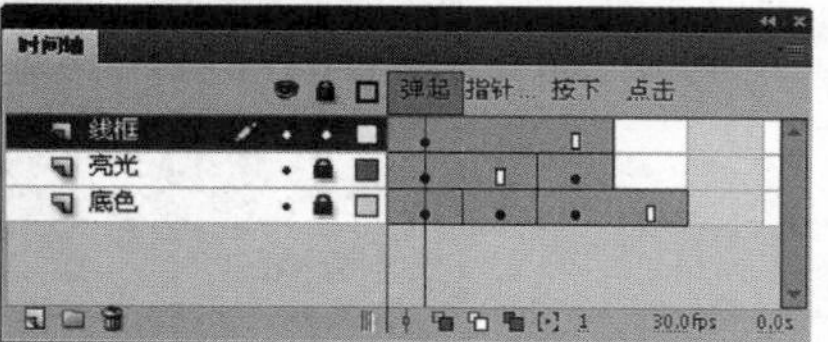

图4—7—18　绘制底图的外框

7. 返回“按钮影片”舞台，复制粘贴三个按钮元件。如图4-7-19所示，排列在视图中。

图4—7—19　按钮元件间隔排列

8. 新建“文本”图层，选择工具栏中的文本工具，输入字母和中文，选择对齐按钮，如图4-7-20所示，排列好输入文本。

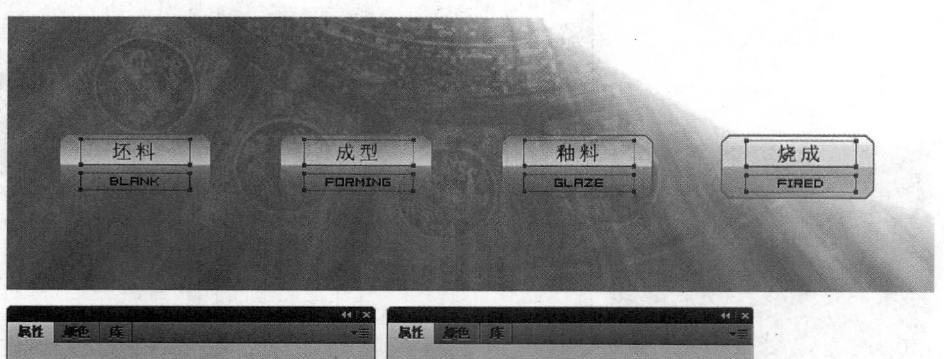

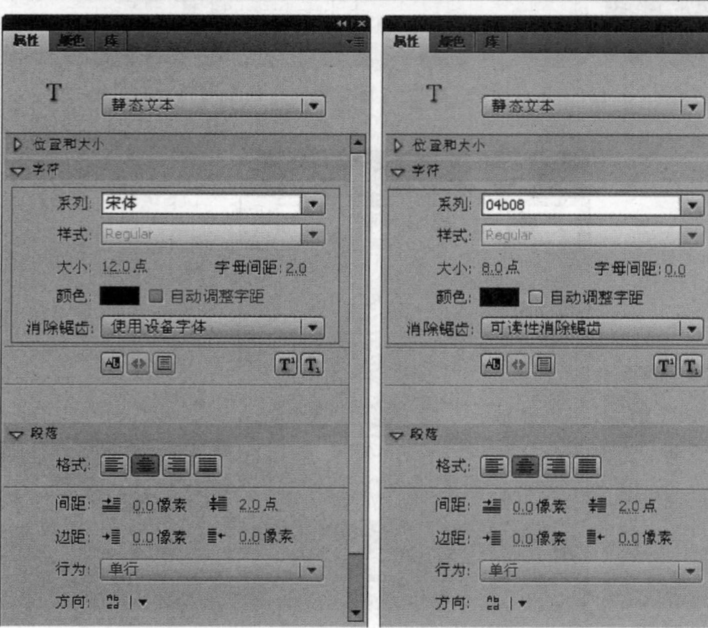

图4—7—20　文本放置在按钮元件上

9. 新建“箭头”图层，选择工具栏中的线条工具与颜料桶工具，绘制一个箭头图形，如图4-7-21所示。然后复制粘贴两个，分别置于四个按钮图形之间。

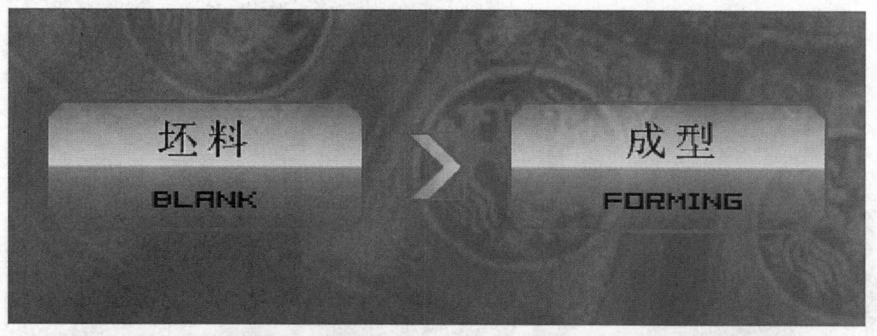

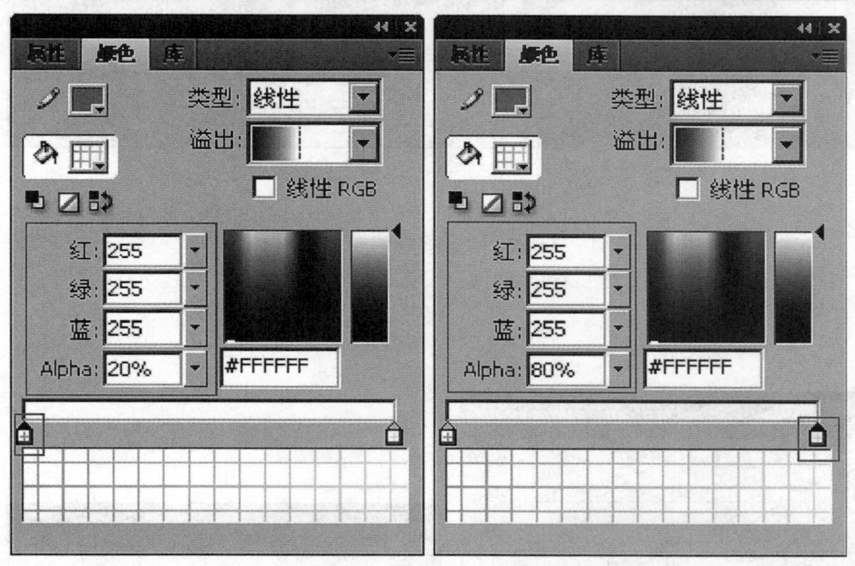

图4-7-21　绘制箭头图形填充色彩

● 4.7.3　播放背景框

1. 承接上述内容。打开“按钮影片”时间轴面板，新建“播放背景框”图层，选中帧2，按F6键。锁定其他图层，在舞台上绘制一个图形，然后转换成影片剪辑元件，命名为“播放背景框”，双击展开影片剪辑元件，如图4-7-22所示。把图层命名为“遮罩”。

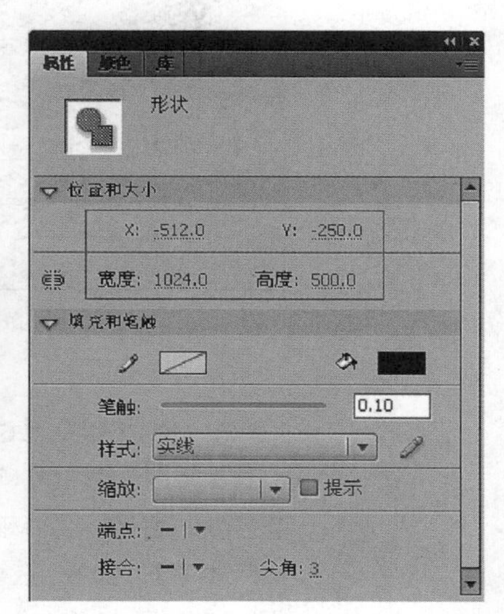

图 4-7-22　绘制的图形大小与放置的坐标

2. 新建“左”图层，按Ctrl + R 键，导入素材“左.png” 图形。如图4-7-23所示。

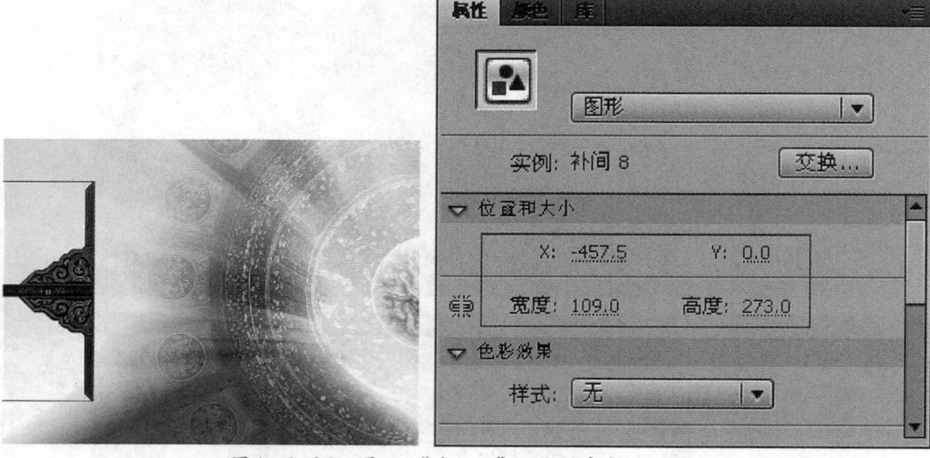

图4—7—23　导入“左.png” 图形素材

3. 选中帧15，按F6键。再选中帧1，右击选择创建传统补间命令。然后移动舞台上的图形位置，打开属性面板，设置图形Alpha值为0%，设置帧1的缓动为100。如图4-7-24所示。

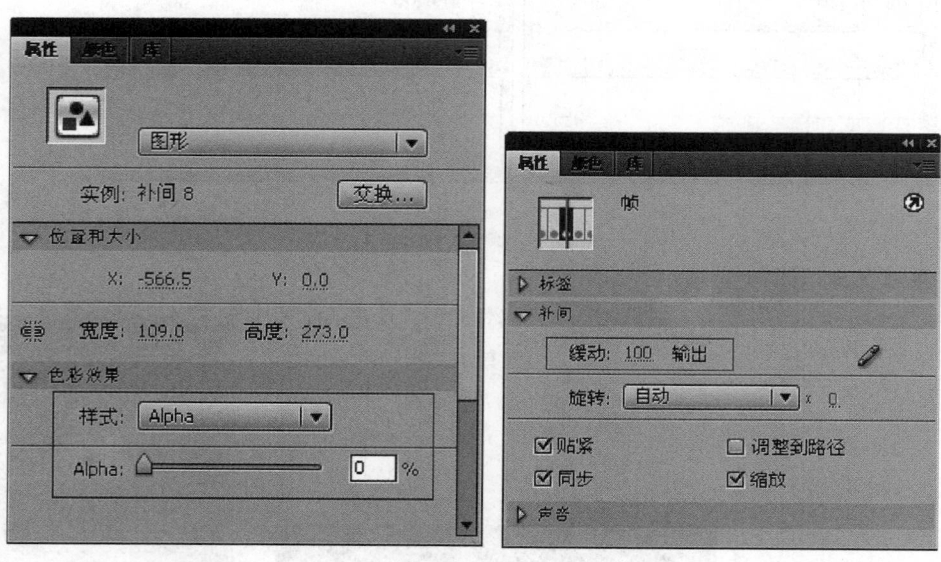

图4—7—24　设置图形属性和帧缓动

4. 新建“右”图层，按Ctrl + R 键，导入 “右.png” 素材图形，如图4-7-25所示。

5. 选中帧15，按F6键，再选中帧，右击选择创建传统补间命令。打开其属性面板，设置图形Alpha值为0％，并平移图形到舞台视图外。

6. 新建“框”图层，选中帧15，按F6键。再按Ctrl + R键，导入 “框.png”图形素材。如图4-7-26所示。

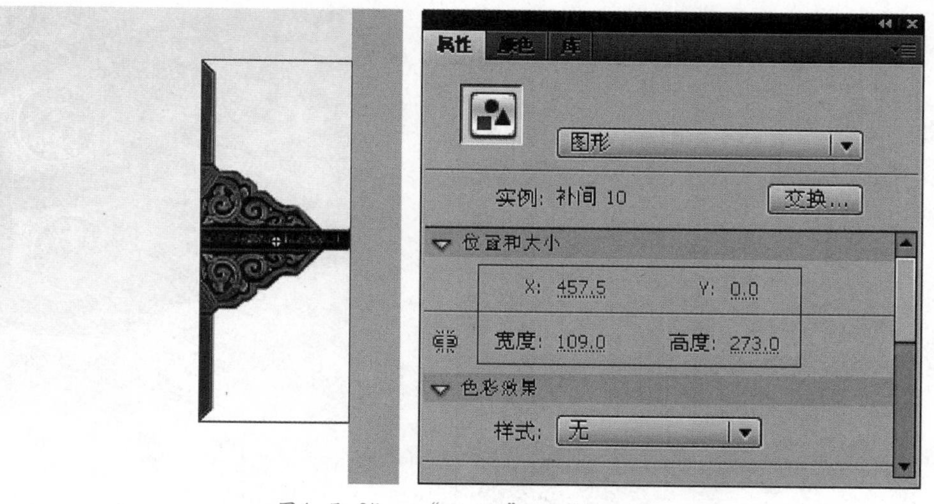

图4—7—25 “右.png” 图形

图4—7—26 导入“ 框.png”素材

7. 新建“背景”图层，选中帧15，按F6键。然后按照背景框图形大小，选择工具栏中的图形工具，绘制一个黑色的图形，如图4-7-27所示。选择对齐工具，把图形与背景框相吻合。

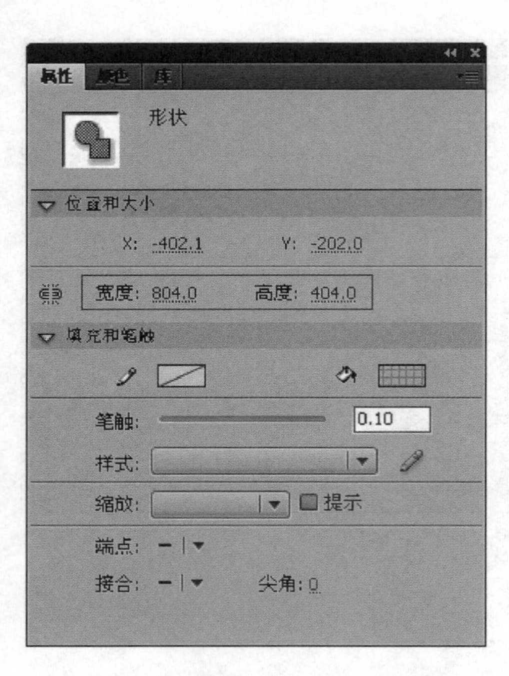

图4-7-27 绘制“背景”图层黑色图形

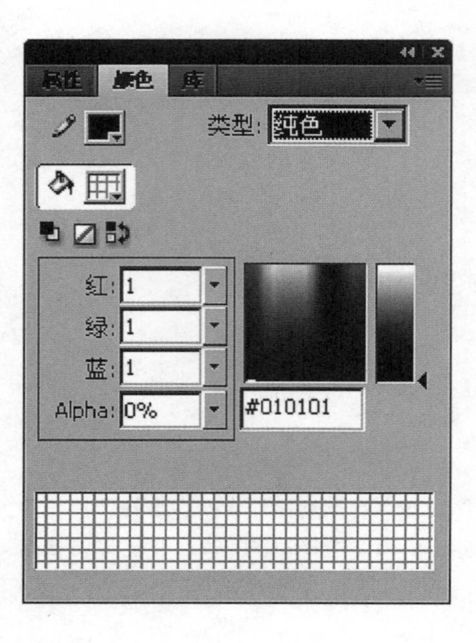

8. 选中帧25，按F6键。再选中帧15，右击选择创建补间形状命令。按Shift + F9组合键，打开其颜色面板。设置颜色Alpha值为0％，如图4-7-28所示。

9. 新建“AS”图层，选中帧25，按F6键。然后打开动作面板输入脚本：stop();。

图4-7-28 填充颜色Alpha值为0%

10. 选中“遮罩”图层，右击选择遮罩层命令。 然后调整图层次序，如图4-7-29所示。最后，按Ctrl + Enter键，测试影片最终的画面效果，如图4-7-30所示。

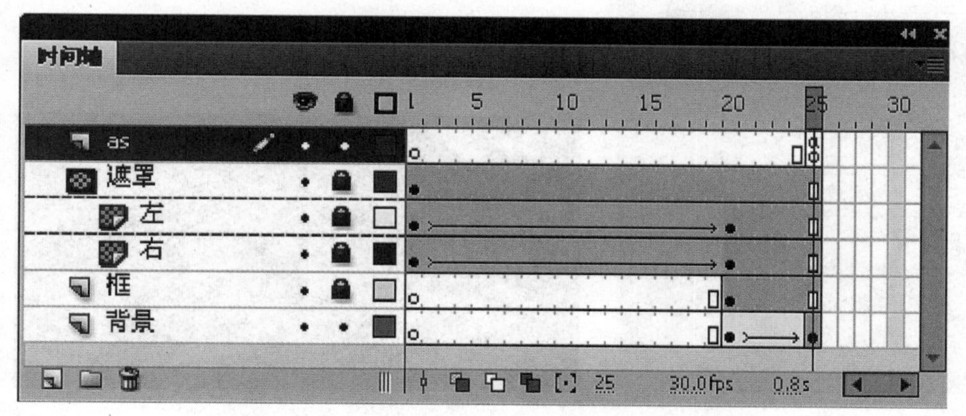

图4—7—29　调整后的图层次序

图4—7—30　最终的测试画面效果

● 4.7.4　坯料内容动画

1. 承接上述内容。打开“按钮影片”时间轴面板，锁定其他图层，新建“影片”图层。

2. 选中“影片”图层，按F6键，创建五个空白关键帧。

3. 选中“播放背景框”图层，双击展开影片剪辑元件。选中“框”图层帧20，按住鼠标左键，拖动到帧1。

4. 返回“按钮影片”时间轴，可以看到播放框。锁定“播放背景框”图层，选中“影片”图层帧3，在框形中，选择工具栏中的矩形工具绘制一个图形。图形绘制后，再恢复“播放背景框”图层的操作，因为，框只是用来定位要绘制的图形。

5. 右击选择把图形转换成影片剪辑元件，命名为“坯料”。打开其属性面板，设定元件的实例名为“pl_mc”。影片的大小位置，如图4-7-31所示。然后，双击展开影片剪辑元件，把图层命名为“背景”。

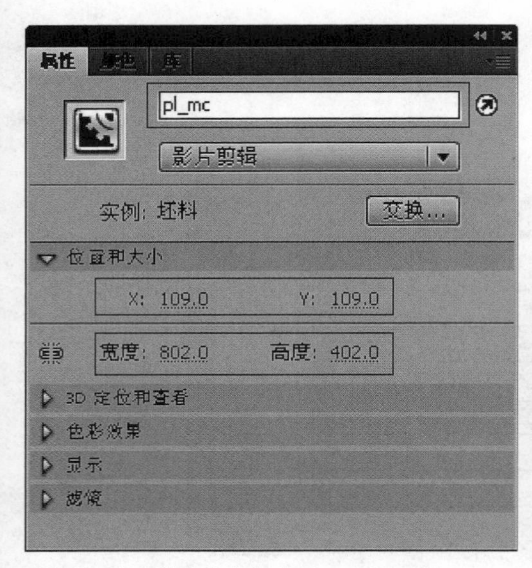

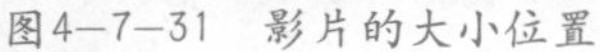
图4—7—31　影片的大小位置

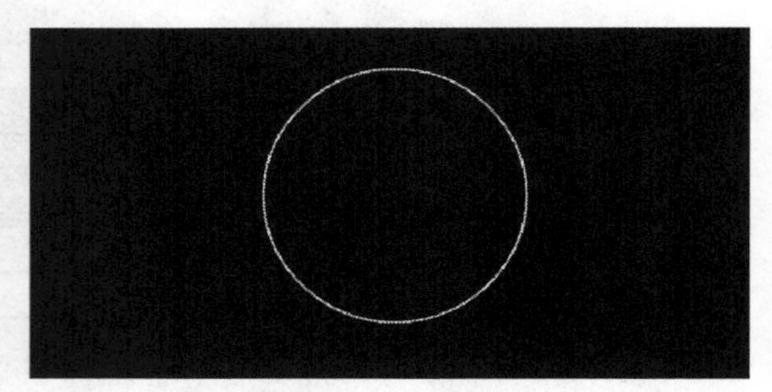
图4—7—32　绘制的白色圆线

6. 新建“开场动画”图层，锁定背景图层。选择工具栏中的椭圆工具，在舞台上绘制一个白色圆线，如图4-7-32所示。右击选择创建补间形状命令。选中帧10，按F6键。选中帧25，按F6键。打开颜色面板，设置颜色Alpha值为0％；选中帧15，按F6键，缩小图形，如图4-7-33所示。选中帧11，再次缩小图形，如图4-7-34所示。

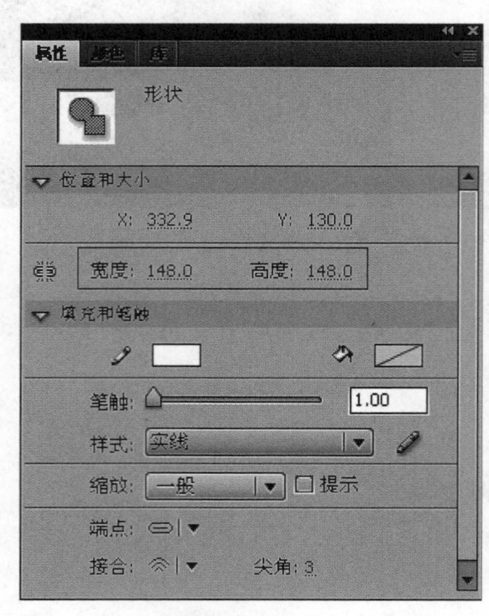

图4—7—33　帧15的图形大小

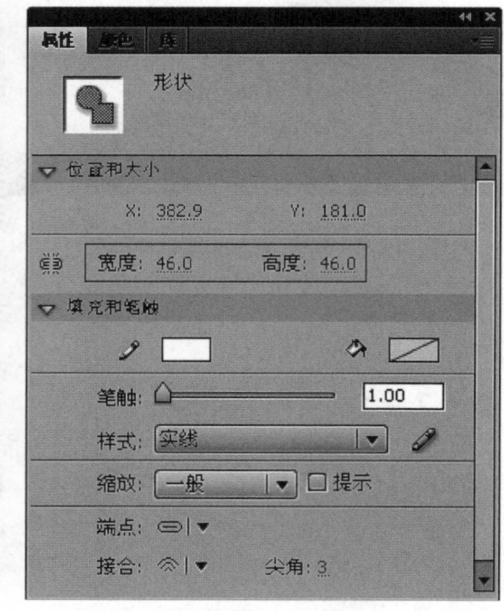

图4—7—34　帧11的图形大小

7. 新建“底图”图层，选中帧25，按F6键。然后，选择工具栏中的矩形工具和线条工具，绘制一组图形，如图4-7-35所示。然后，新建“动画影片”图层。选中帧25，按F6键。在舞台上给每个色块上输入文本名称，如图4-7-36所示。

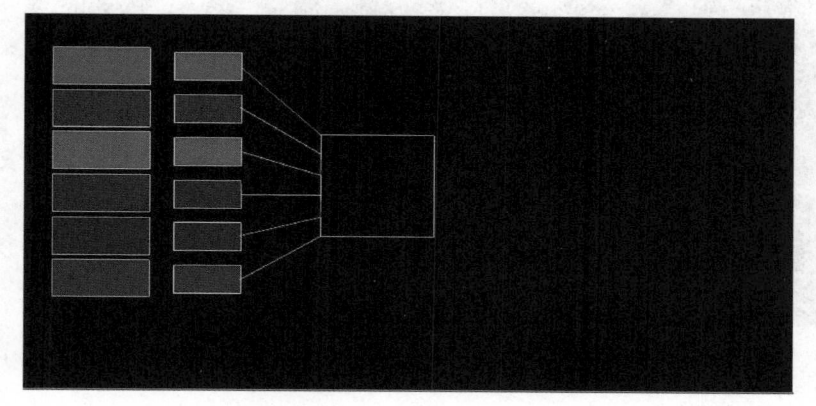

图4—7—35　绘制底图图形

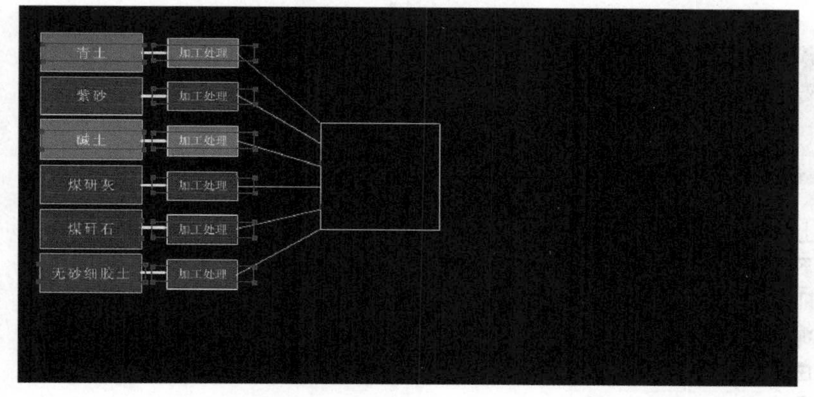

图4—7—36　新建图层给色块输入名称

8. 锁定其他图层，新建“动画影片”图层。选中帧25，按F6键。在舞台上绘制一组图形，并输入文本。再全选中，然后右击选择转换成影片剪辑元件，如图4-7-37所示。

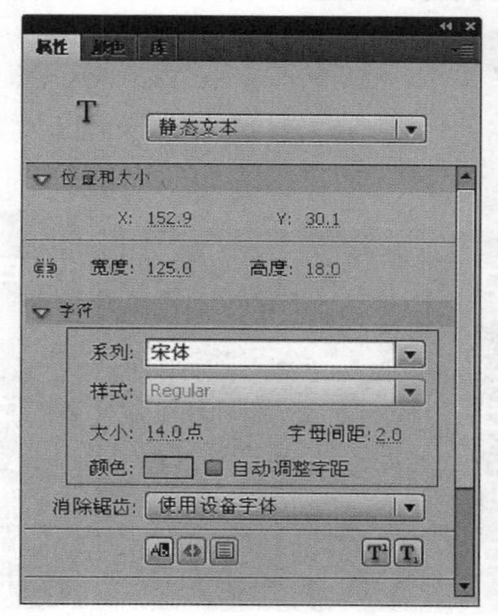

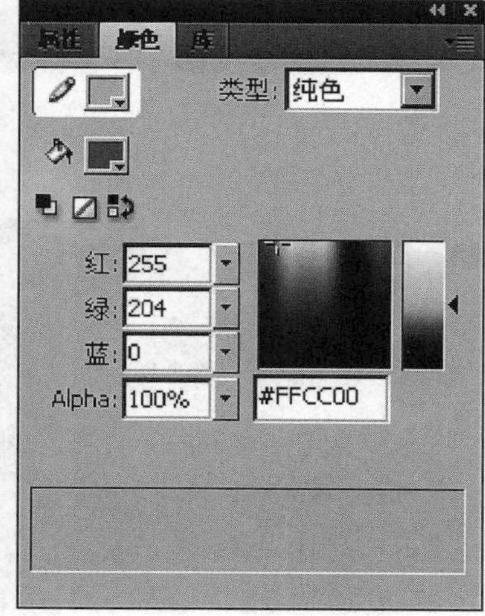

字体大小与填充色彩

图4—7—37　绘制新的组合图形再转换成影片剪辑元件（一）

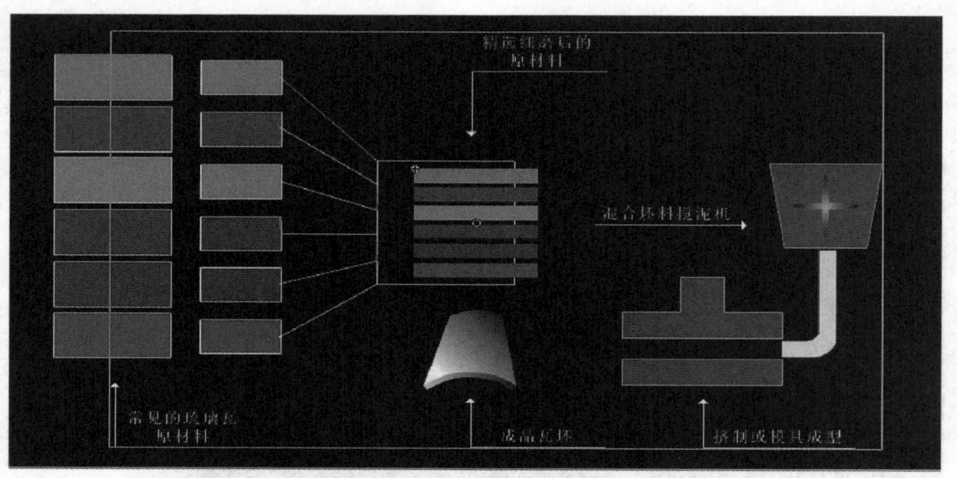

图4—7—37　绘制新的组合图形再转换成影片剪辑元件（二）

9. 双击展开影片剪辑元件，首先，把图形分解到不同命名的图层上，如图4-7-38所示。

图4—7—38　分解的图层名称

10. 选中“小六色块”图层，锁定其他图层。右击，选择创建传统补间命令。选中帧25，按F6键，再改变图形。选中帧45，按F6键，再改变图形。如图4-7-39所示。

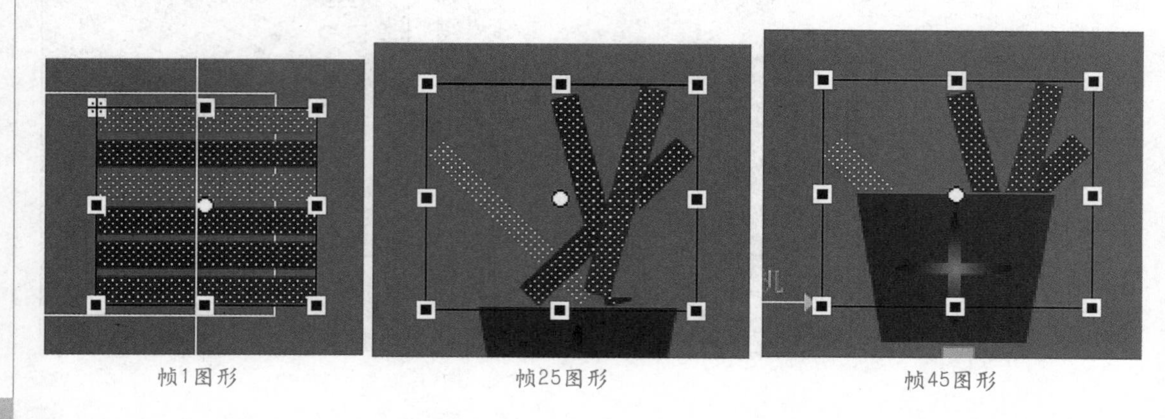

帧1图形　　帧25图形　　帧45图形

图4—7—39　图层上的三个关键帧图形

11. 解锁选中“大六色块”图层，锁定其他图层。右击，选择创建传统补间命令。移动帧1的图形，并设置图形的Alpha值为0%；选中帧25，按F6键。改变图形，如图4-7-40所示。

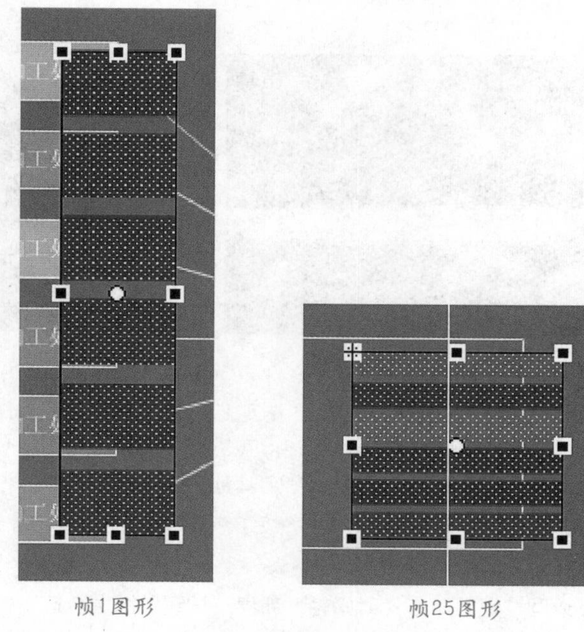

帧1图形　　帧25图形

图4—7—40　图层上的两个关键帧图形

12. 解锁选中“混合泥料”图层，锁定其他图层。选中帧35，按F6键，再改变图形。选中帧40，按F6键，再改变图形。选中帧70，按F6键，再改变图形。如图4-7-41所示。

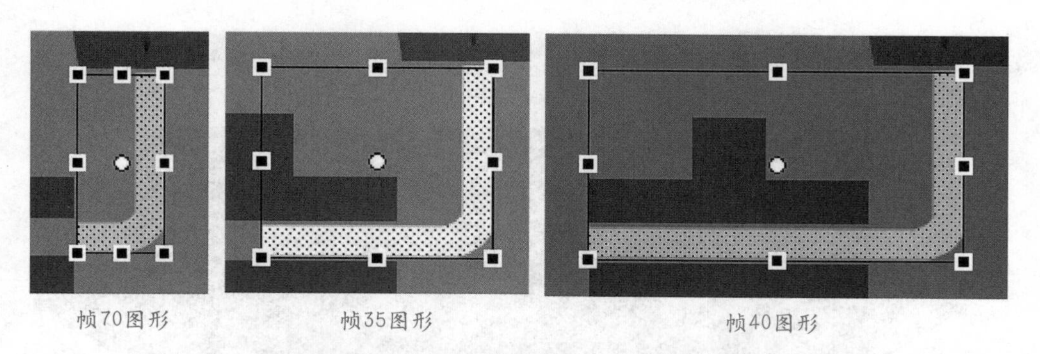

帧70图形　　帧35图形　　帧40图形

图4—7—41　图层上的3个关键帧图形

13. 解锁选中“搅拌机”图层，锁定其他图层。选中组合图形，转换成影片剪辑元件。双击展开影片剪辑元件时间轴，再把图形分解成两个图层。选中“图层2”时间轴上帧60，按F6键。如图4-7-42所示。再选中帧1，右击选择转换成传统补间。打开其属性面板，设置帧补间旋转为“顺时针”。

图4—7—42　“搅拌机”图层帧60上的图形

14. 返回“动画影片”图层时间轴，解锁并选中“模具上”图层，锁定其他图层。选中帧45，按F6键，右击选择转换成补间动画命令。选中帧95，按F6键。再选中帧70，按F6键。移动图形，如图4-7-43所示。

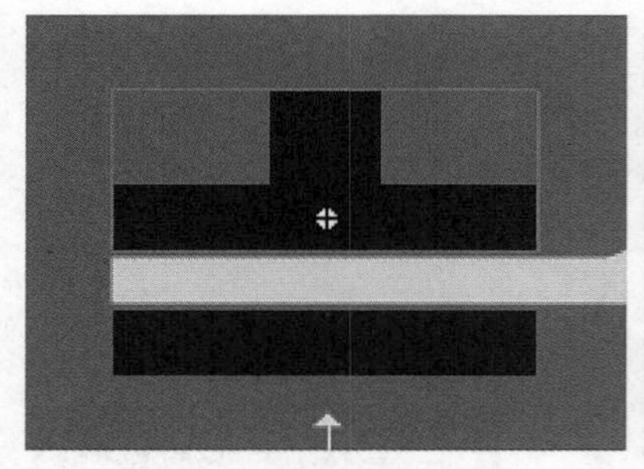

帧45与帧95上的图形

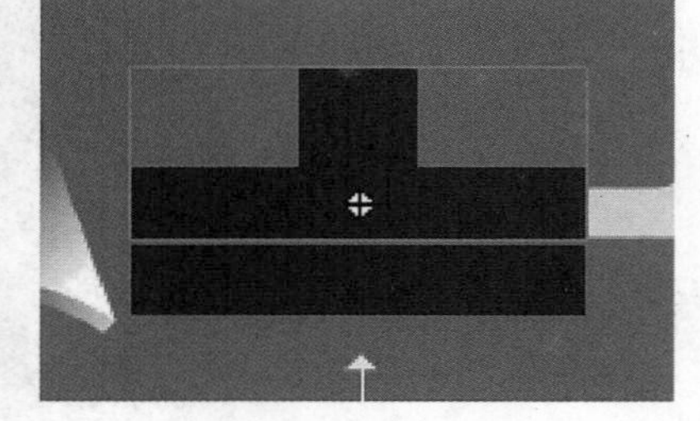

帧70上的图形

图4—7—43　“模具上”图层三个关键帧上的图形

15. 解锁选中“瓦坯”图层，锁定其他图层。选中帧95，按F6键。再选中帧70，按F6键。右击选择创建传统补间命令。然后选择菜单栏中的 **修改 | 变形 | 水平翻转** 命令。

16. 返回“坯料”影片时间轴，新建“按钮”图层。选中帧25，按F6键，从库中拖入一个按钮元件，然后打开动作面板，输入脚本：on (release) {this._parent.gotoAndStop(1);}

17. 新建“AS”图层，选中帧25，按F6键，在其动作面板中输入脚本：stop();。最后，按Ctrl + Enter 键测试影片。最终画面效果，如图4-7-44所示。

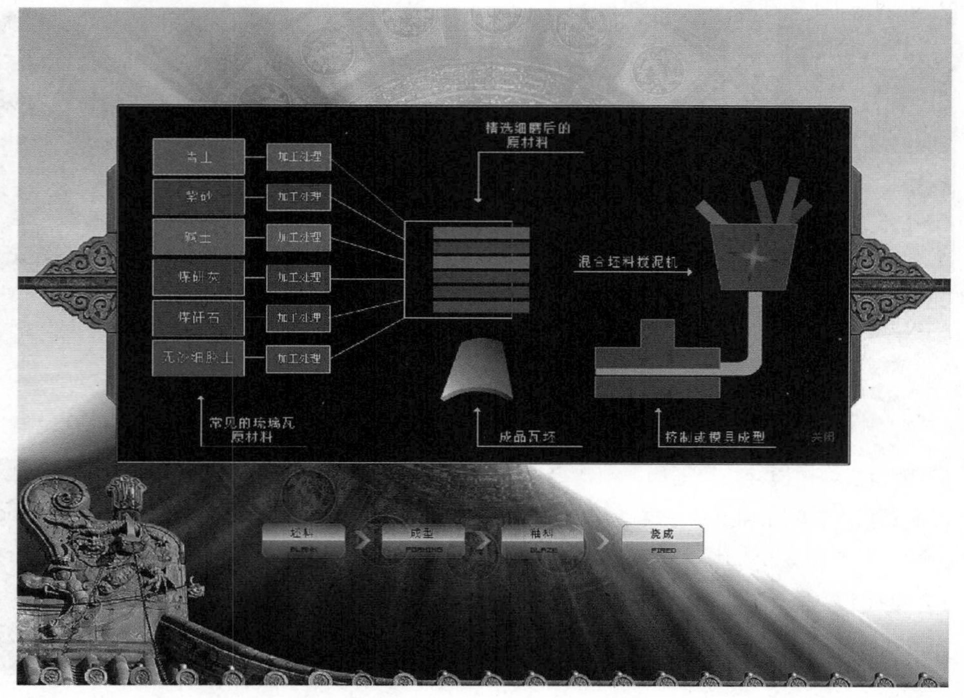

图4—7—44　影片坯料测试画面效果

● 4.7.5　成型内容动画

1. 返回“按钮影片”舞台，展开其时间轴面板。选中“影片”图层帧3，采用与“坯料”影片剪辑元件制作相同的方法，创建“成型”影片剪辑元件。双击展开影片剪辑元件，其中，“背景”、“开场动画”、“按钮”、“AS”图层，完全与“坯料”元件内容相同。

2. 新建“简介文本”图层，选中帧25，按F6键。输入文本内容，如图4-7-45所示。

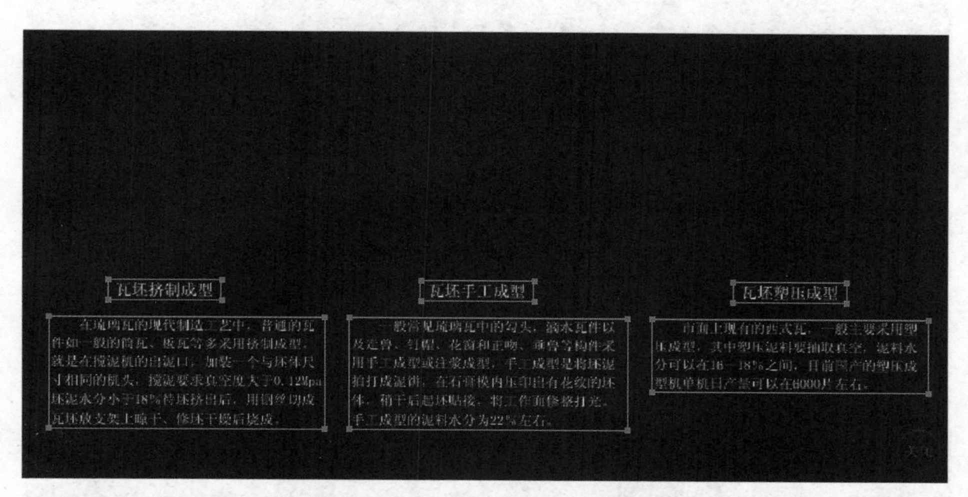

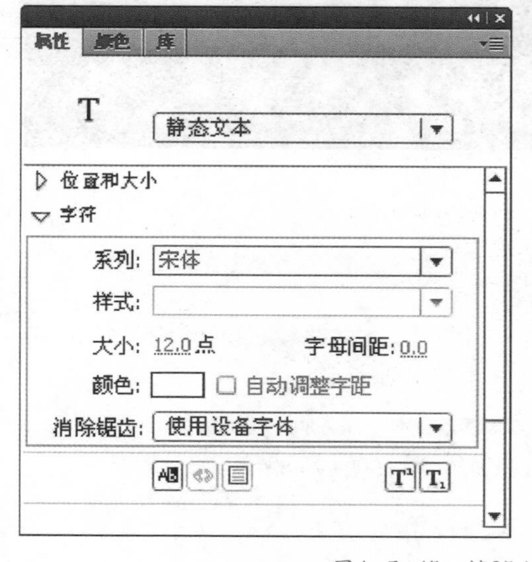

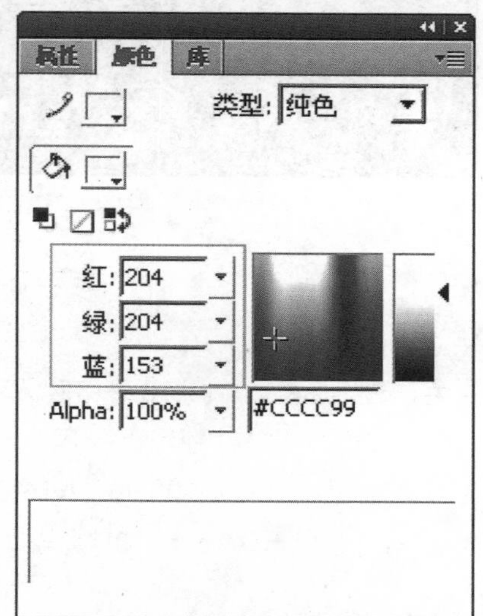

图4—7—45　帧25上的文本字体颜色

3. 新建“影片”图层，选中帧25，按F6键。按Ctrl + R键，导入三张图片素材，如图4-7-46所示，排列在播放框内。

4. 选中全部图片，右击选择转换成影片剪辑元件，命名为“成型”。双击展开元件，选中帧10，按F6键。然后选中帧15，按F5键。再选中帧1，按Delete键删除。

5. 新建“图形动画”图层，绘制一个白色的长方形图形，如图4-7-47所示。

图4—7—46　排列导入的图片素材

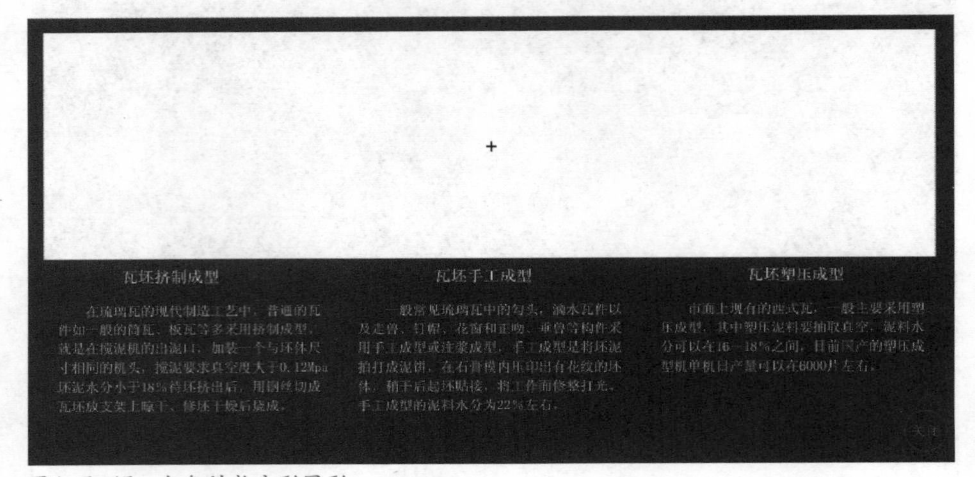

图4—7—47　白色的长方形图形

6. 右击选择将关键帧转换成补间形状命令。选中帧15，按F6键，设置其图形色彩Alpha值为0％。然后，再选中帧1，缩小图形，并设置图形色彩Alpha值为0％。

7. 新建“AS”图层。选中帧15，按F6键。在其动作面板中输入脚本：stop();。

8. 最后，按Ctrl + Enter键，测试影片。最终画面效果，如图4-7-48所示。

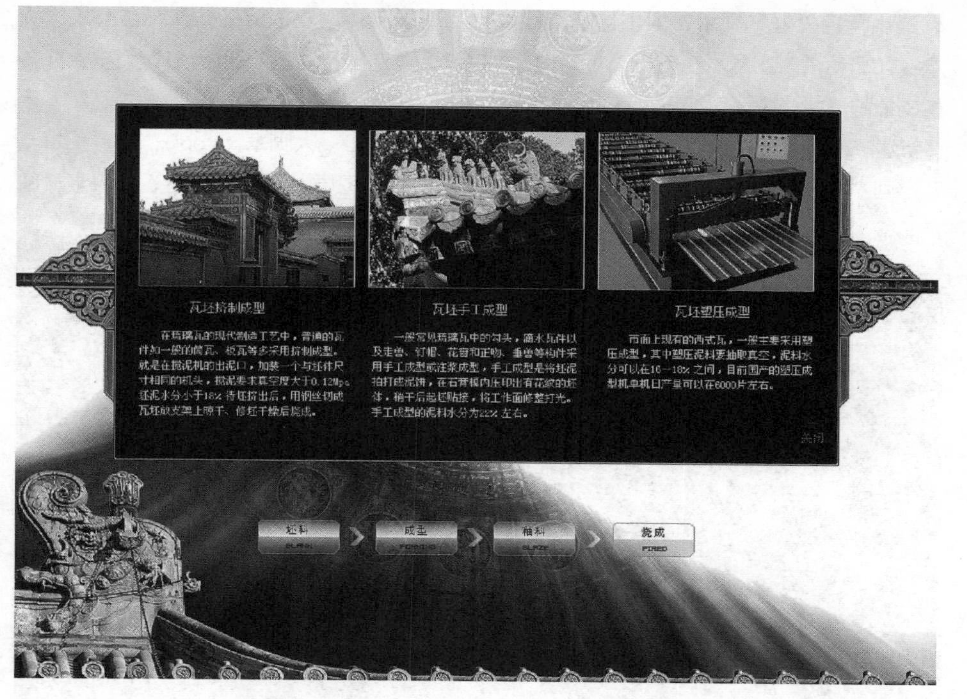

图4—7—48　影片成型测试画面效果

● 4.7.6　釉料内容动画

1. 返回“按钮影片”，展开时间轴面板。选中“影片”图层帧4，创建“釉料”影片剪辑元件。其中的“背景”、“开场动画”、“按钮”、“AS”图层，完全与“坯料”元件内容相同。

2. 双击展开影片剪辑元件，新建“简介文本”图层。选中帧25，按F6键。输入文本内容，并绘制一个黄色外框，如图4-7-49所示。

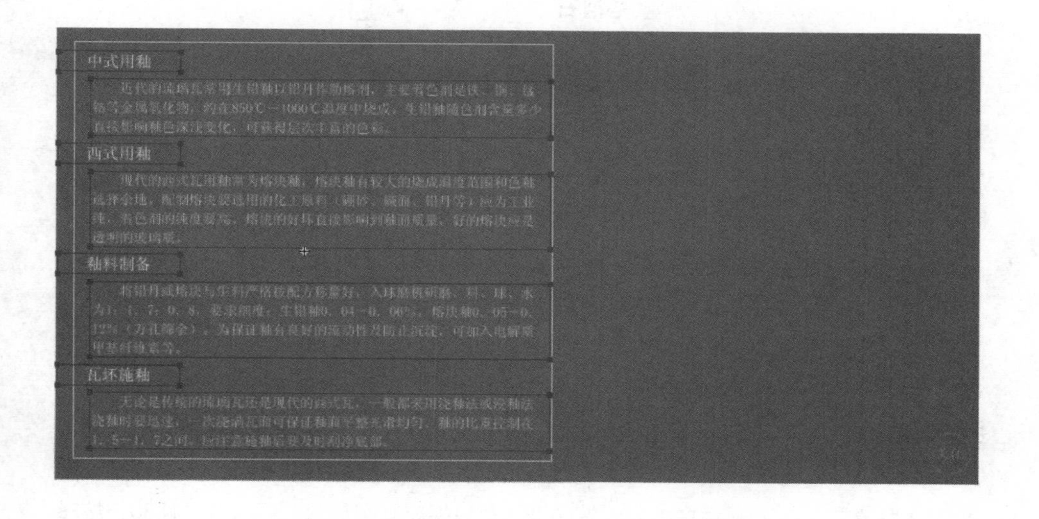

图4—7—49　输入简介文本

3. 选中黄色外框和文本，右击选择转换成影片剪辑元件。双击展开元件，分解成“文本”、“动画”图层。然后，选中帧10，按F6键。再选中“动画”图层帧1，右击选择转换成补间形状命令。然后缩小线框。

4. 新建“AS”图层。选择帧10，按F6键，在其动作面板中输入脚本：stop();。

5. 返回“釉料”影片元件时间轴面板。新建“烧釉料”图层，按Ctrl +R键，导入素材图片。输入文本，如图4-7-50所示，再把文本分离成形状。

图4—7—50　导入素材图片分离文本

6. 把图形转换成一个影片剪辑元件，命名为“烧釉料”。双击展开元件。首先，把图形分解到不同命名的图层上。如图4-7-51所示。

图4—7—51　把图形分解到不同命名的图层上

7. 选中“图片”图层帧80，按F5键。选中帧15，按F6键。选中帧1，右击选择转换成传统补间命令。然后缩小图形，并设置图形Alpha值为0％。选中帧10，按F6键。放大图形，设置图形Alpha值为100％。

8. 同时选中帧30“铜末”、“洛河石”、“黄丹”图层图形，按F6键。再同时选中帧15三个图层的图形，按F6键，把三个图形重合。然后，分别转换成传统补间，再分别设置图形Alpha值为0%。同时选中帧45，按F6键后都转换成补间形状。同时选中帧80，按F6键。把三个图形缩小，再分别设置图形Alpha值为0％。

9. 返回“釉料”影片舞台。最后，按Ctrl + Enter键，测试影片，如图4-7-52所示。

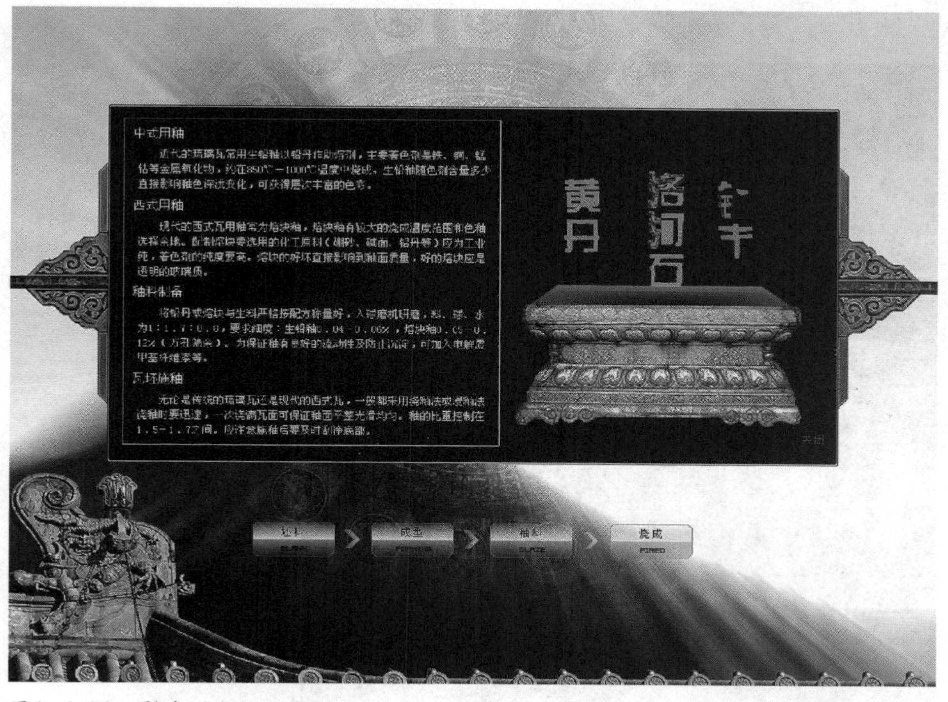

图4—7—52　影片测试画面效果

● 4.7.7　创建粒子火焰

1. 启动Combustion 2008软件，按Ctrl + N键，新建工程文件，如图4-7-53所示。

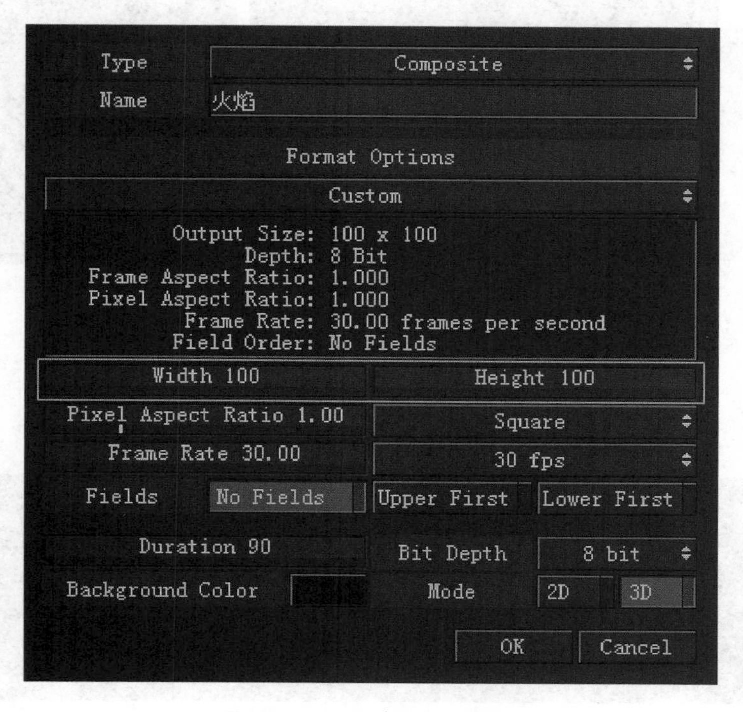

图4—7—53　新建火焰工程文件

2. 展开Workspace图层栏面板，右击，选择New Layer命令。在弹出的菜单栏中选择新建一个粒子层，其他设置与工程文件完全一样，如图4-7-54所示。

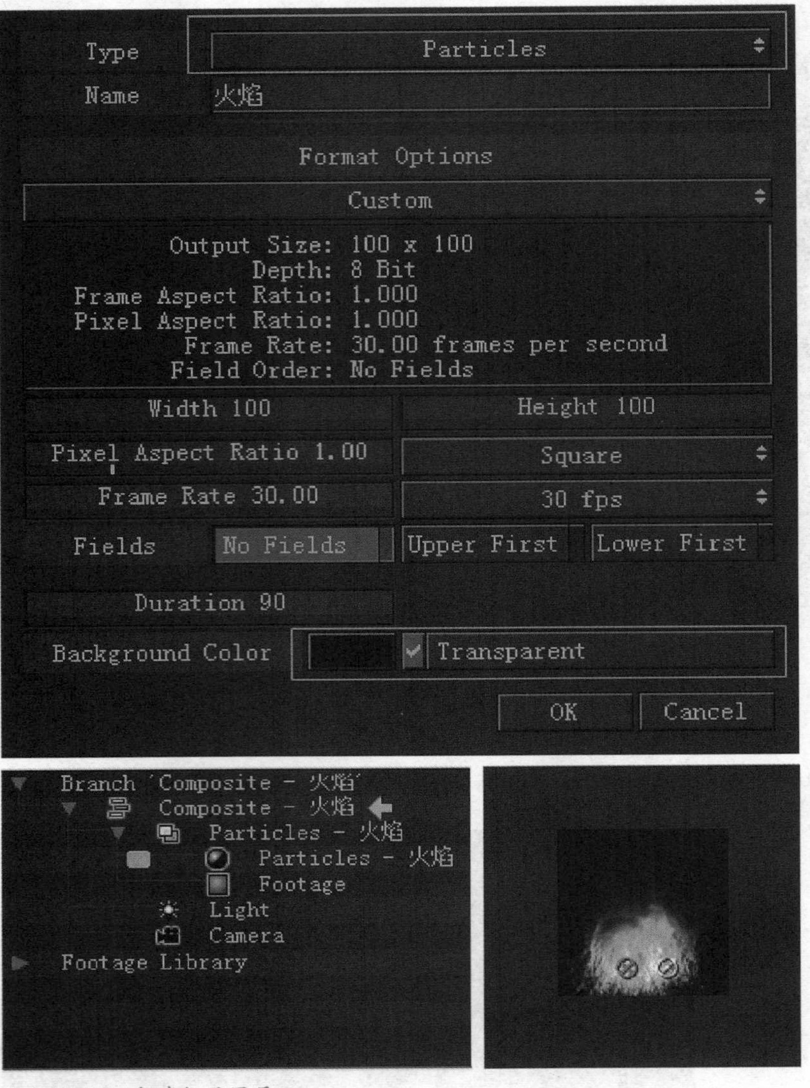

图4—7—54　新建粒子图层

3. 选中Workspace面板中Particles，展开Particles Controls面板。选中Flames火焰，在视图中单击两个火焰，如图4-7-55所示。

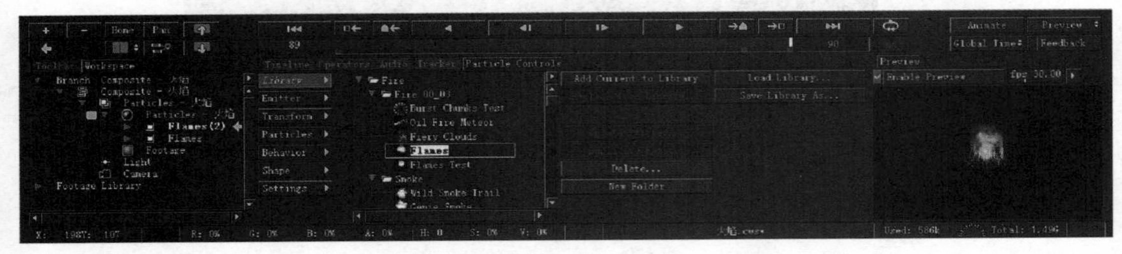

图4—7—55　在视图中创建两火焰

4. 分别选中粒子层Flames， 单击Emitter按钮，展开Particles Controls面板。设置Preload Frames的值为50。如图4-7-56所示。

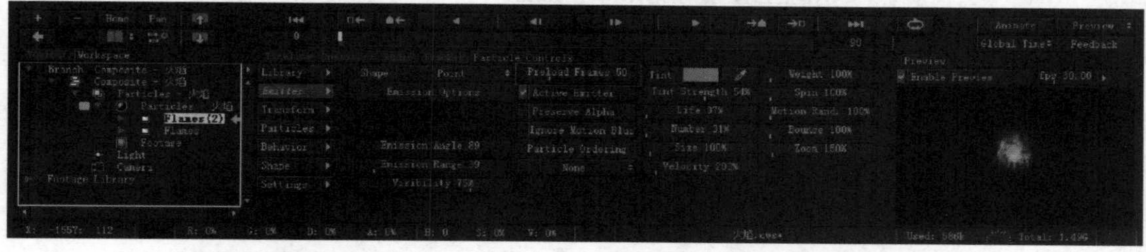

图4—7—56　设置Preload Frames的值

5. 按Ctrl + R键，弹出视频渲染面板。选择PNG图形输出格式，指定输出文件存储路径。最后，按Process按钮，开始工程渲染。如图4-7-57所示。

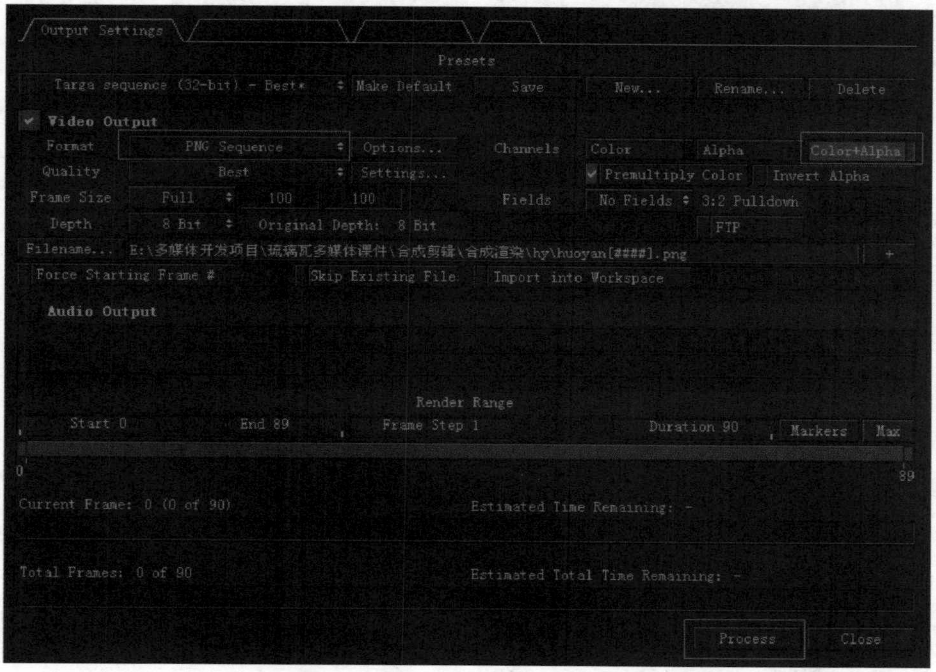

图4—7—57　设置渲染输出面板

● 4.7.8 剪辑循环视频

1. 启动Vegas Pro 8.0软件，按Ctrl + N键，新建工程文件。如图4-7-58所示。

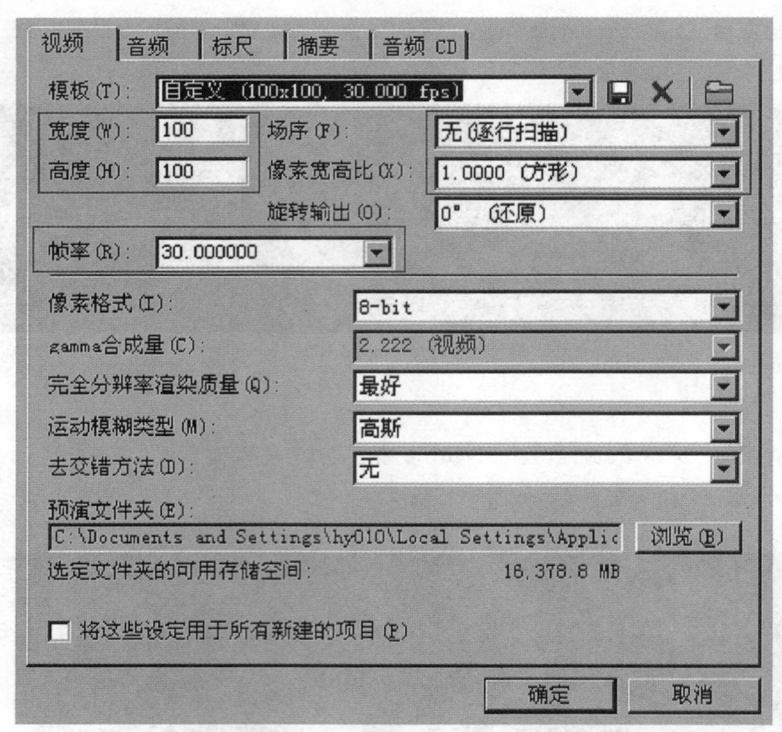

图4—7—58　新建渲染火焰视频剪辑工程文件

2. 选择菜单栏中的 **文件 | 导入 | 媒体** 命令，打开静止图像序列。如图4-7-59所示。

图4—7—59　打开图像序列帧

3. 把序列帧视频拖入到时间轴面板中，右击，选择“插入视频轨道”命令。然后把时间轴滑动条拖到视频帧中间部分，按S键分离视频。选中前一部分视频，拖到时间轴层1上，把上下两个视频重合排列。把鼠标指针放到层1视频右上角，拖出透明度曲线，如图4-7-60所示。

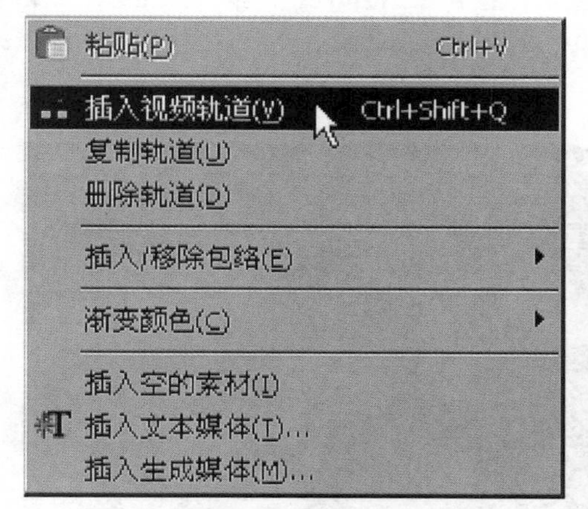

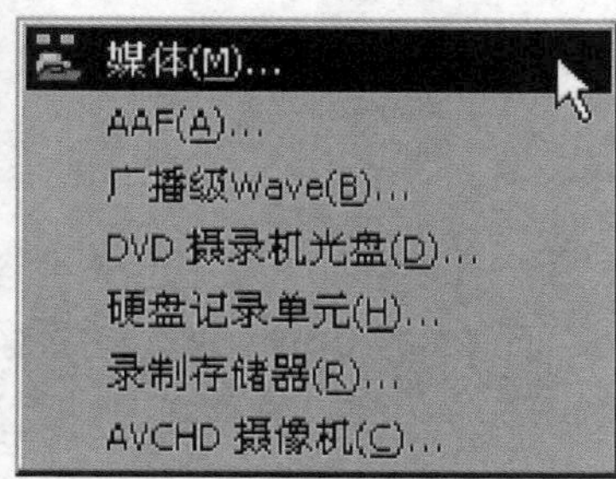

图4—7—60 剪辑视频

4. 选择菜单栏中的 **工具 | 脚本 | Render image sequence** 命令，在弹出的对话框中选择PNG图形输出格式，如图4-7-61所示。

Output Directory: 开发项目\琉璃瓦多媒体课件\合成剪辑\剪辑渲染\火焰\ Browse...
File Names: 000, 001, 002, ... PNG (.png)
Start Time: 00:00:00.00
Stop Time: 00:00:01.15
Step Time: 00:00:00.01
OK Cancel

图4—7—61 渲染输出PNG图形格式视频序列帧

● 4.7.9 烧制内容动画

1. 承接上述“4．7．4 釉料内容动画”内容。

2. 打开“按钮影片”时间轴面板。选中“影片”图层帧5，创建“烧成”影片剪辑元件。其中的“背景”、“开场动画”、“按钮”、“AS”图层，完全与“坯料”元件内容相同。

3. 双击展开影片剪辑元件，新建“影片”图层，选中帧25，按F6键。绘制一条直线和弧形，填充颜色，然后把图形转换成影片剪辑元件，如图4-7-62所示。

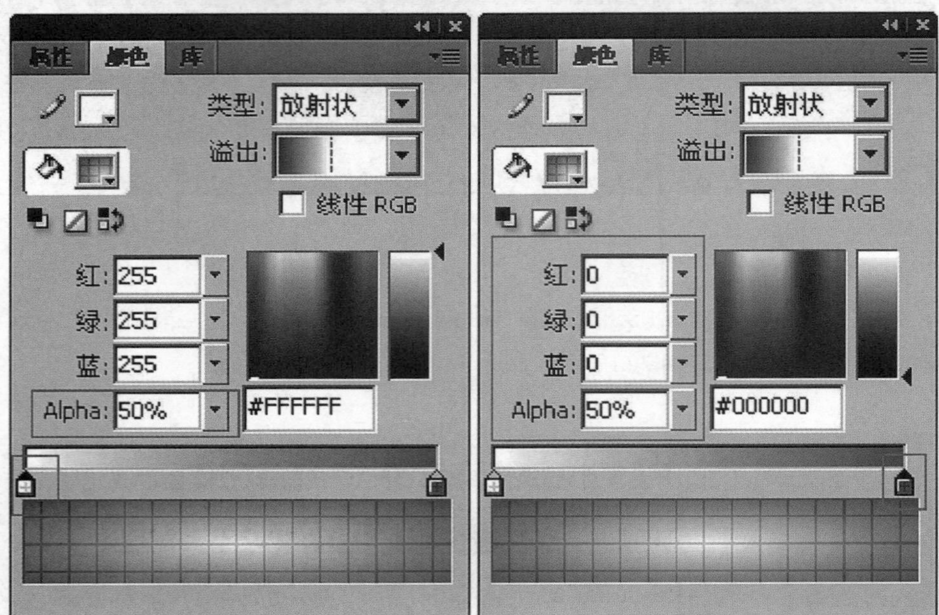

图4-7-62　填充图形颜色

4．双击展开元件，新建“窑炉”图层。在舞台上绘制窑炉示意图，如图4-7-63所示。

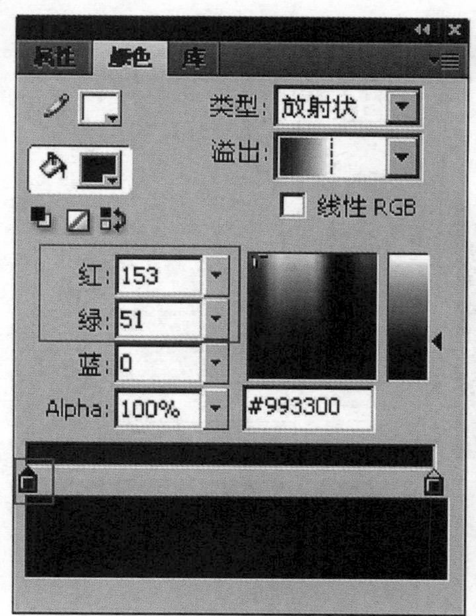

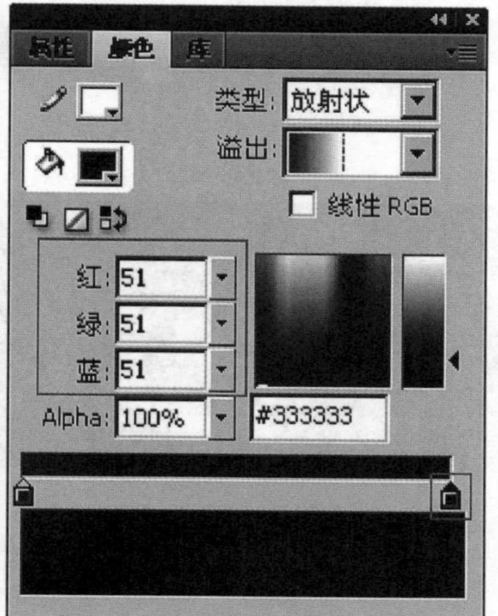

图4—7—63　图形色彩填充

5．新建“瓦图形”图层，锁定其他图层。在舞台上绘制堆积的瓦坯图形，组合后再转换成图形元件。然后再复制三个，分别排列，展开属性面板，设置不同的色彩效果式样方案。如图4-7-64所示。

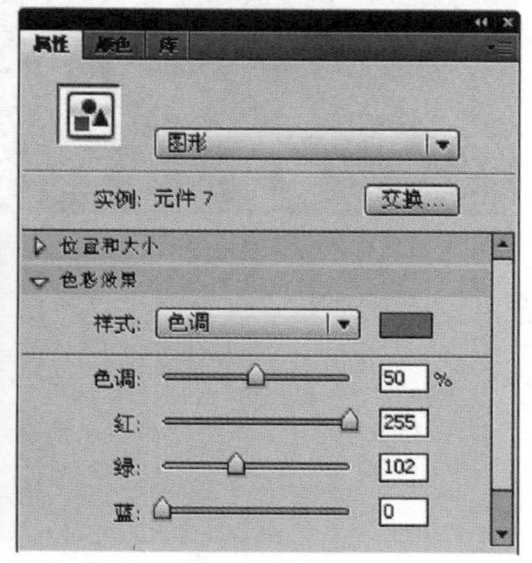

图4—7—64　填充图形色彩（一）

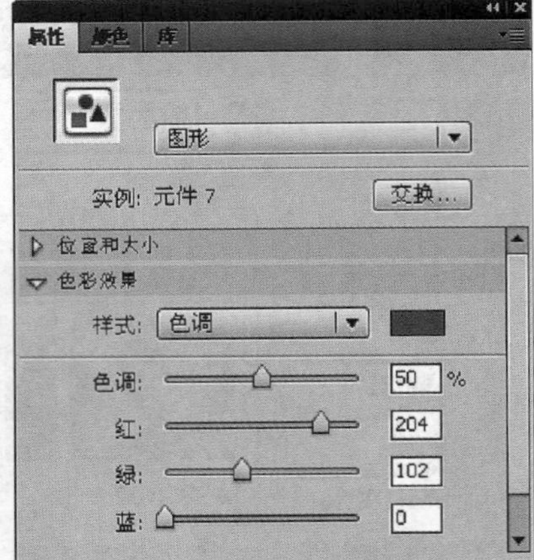

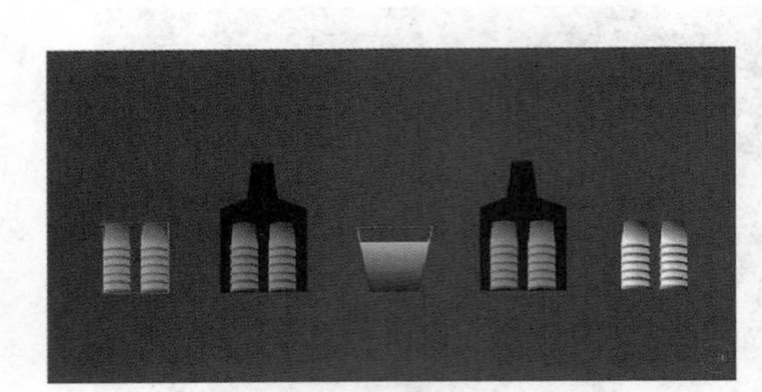

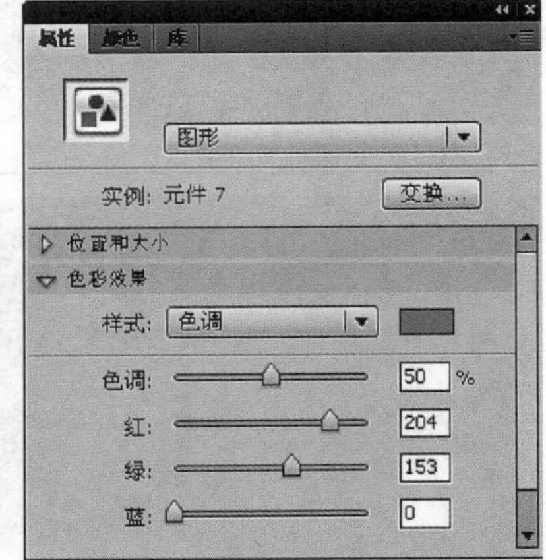

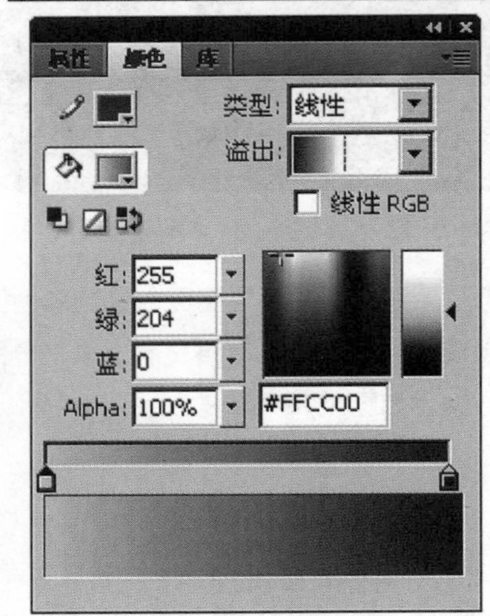

图4-7-64　填充图形色彩（二）

6．新建“温度”图层。绘制温度指向图形，如图4-7-65所示。

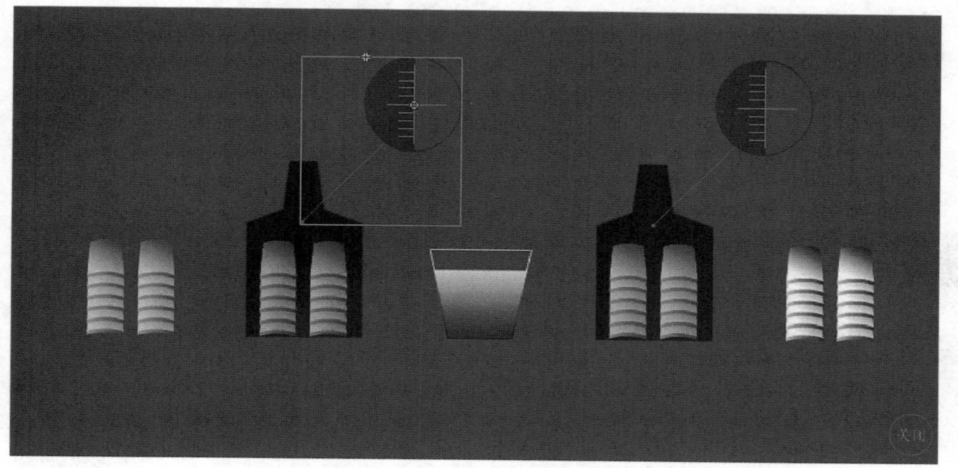

图4—7—65　温度指向图形

7．新建“箭头”图层。绘制一个镜头状图形，再转换成影片剪辑元件，如图4-7-66所示。

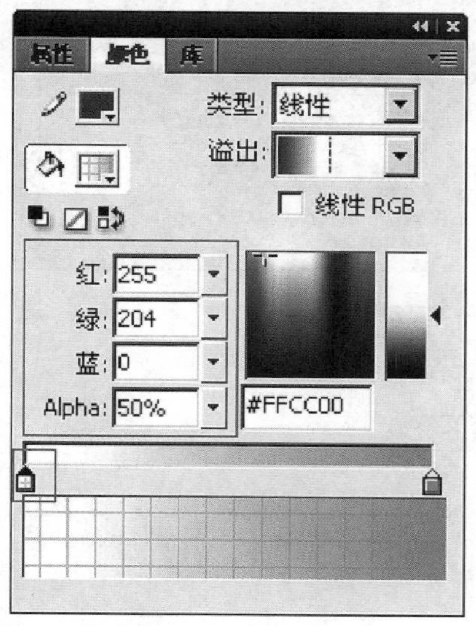

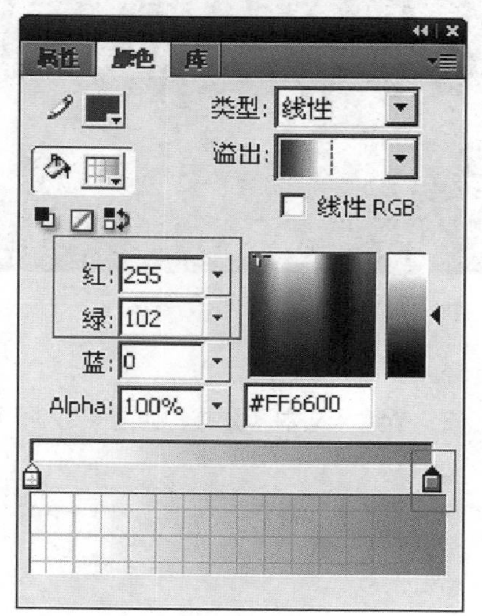

图4—7—66　填充箭头图形色彩

8．双击展开元件，选中帧50，按F5键。然后，分别选中帧10、帧20、帧30、帧40，按F6键。删除帧40，再分别把帧10、帧20、帧30上的箭头移动到示意图形之间。

9．返回“烧成2”影片剪辑元件时间轴面板，新建“火焰”图层。

10．锁定其他图层，创建空白的100×100影片剪辑元件。双击展开元件，按Ctrl + R键，导入序列帧到时间轴上，如图4-7-67所示。

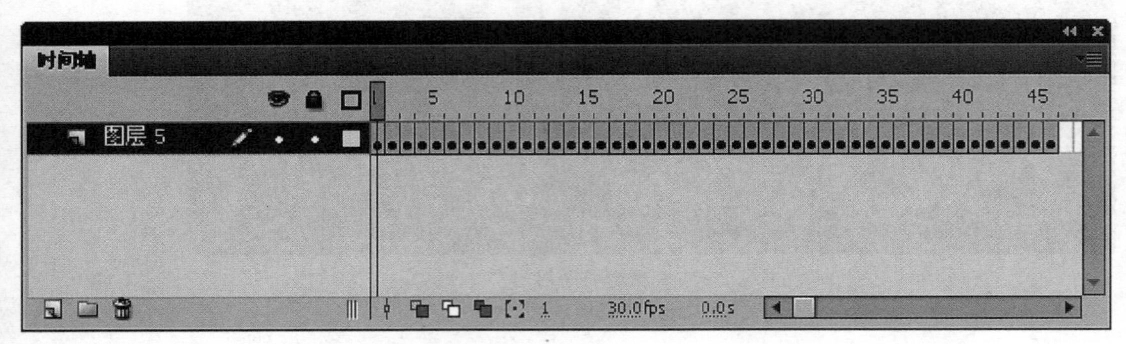

图4—7—67　导入序列帧到时间轴中

11．返回“烧成2”元件舞台，复制三个元件，按图4-7-68所示排列。打开其属性面板，设置影片元件的Alpha值为50%，如图4-7-69所示。

图4—7—68　复制影片剪辑元件

图4—7—69　设置Alpha值

12．新建“文本”图层，如图4-7-70所示，输入标注文本。

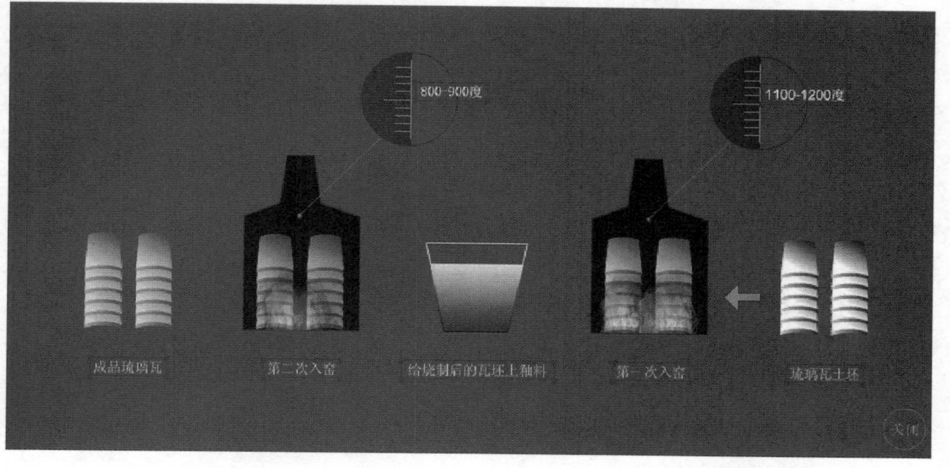

图4—7—70　输入标注文本

13. 返回“烧成”影片舞台。最后，按Ctrl + Enter键，测试影片。最终画面效果，如图4-7-71所示。

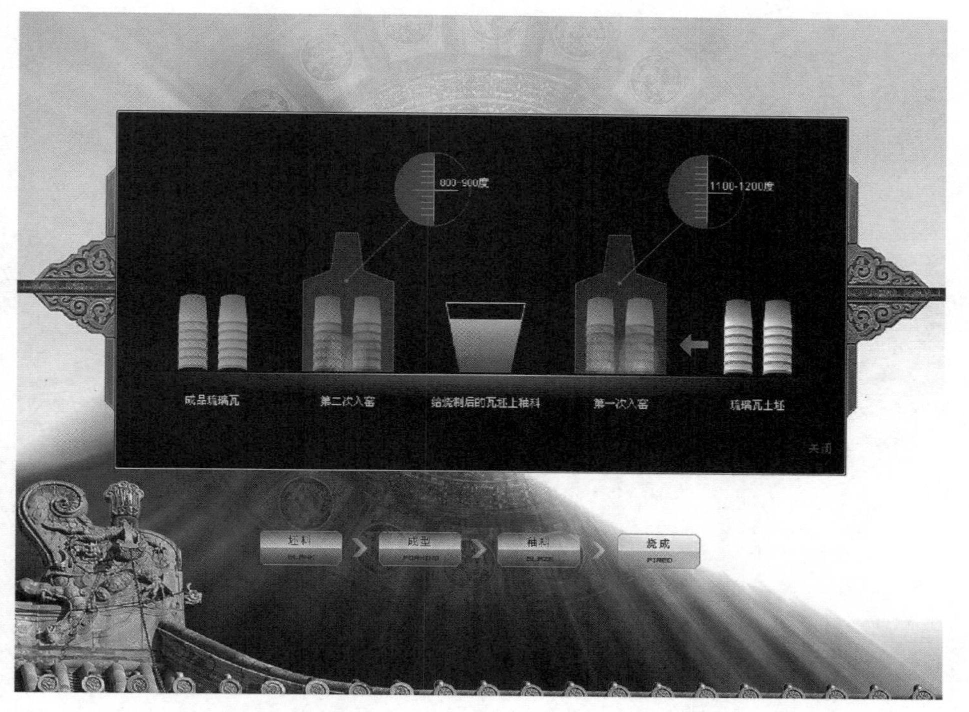

图4—7—71　影片烧成测试画面效果

4.8 本章小结

本章内容首先从多媒体课件最具特色的部分开始，讲解了如何创建其交互架构。然后，再分别解述了每个内容模块的具体制作。其中，4.1节内容是决定多媒体课件的人机交互主体功能；4.2节内容是多种开发软件配合使用的关键；4.3节内容是Photoshop CS4软件的应用；4.4～4.7节内容是教程案例中可视化信息的综合表现。因为在技术应用上本着循序渐进的原则，所以在讲解程度安排上，前面的操作步骤要细致些，而后面的内容则力求简练。

音频制作与控制

- 5.1 安装非专业声卡驱动程序
- 5.2 合成背景音乐
- 5.3 设置场景与按钮音效
- 5.4 背景音乐音量控制
- 5.5 本章小结

5

5 音频制作与控制

5.1 安装非专业声卡驱动程序

ASIO（Audio Stream Input Output），即音频流输入输出接口，是由德国的Steinberg公司研制开发的，是应用很广泛的个人电脑专业声卡驱动。采用ASIO技术可以减少系统对音频流信号的延迟，能增强声卡硬件的处理能力。同样一块声卡，假设使用MME驱动时，延迟时间为750ms，那么当换成ASIO驱动后，其延迟量就有可能会降低到20ms以下。通常这也是专业声卡或高档音频工作站才会具备的性能。

当然非专业的声卡也是可以使用ASIO驱动的，但是需要借助于特别的驱动程序。如图5-1-1所示的两款驱动就是为非专业的声卡定制的。

图5—1—1 为非专业的声卡定制的ASIO驱动

5.1.1 ASIO4ALL驱动程序

1. ASIO4ALL是Wuschel开发出来的一款小巧的 ASIO 驱动，几乎所有的声卡以及 AC97 板载声卡都能支持ASIO，从而实现专业音频卡才能达到的低延迟效果。用普通笔记本电脑编辑音频，ASIO4ALL是声卡驱动最好的选择。

2. ASIO4ALL的安装过程，如图5-1-2所示。

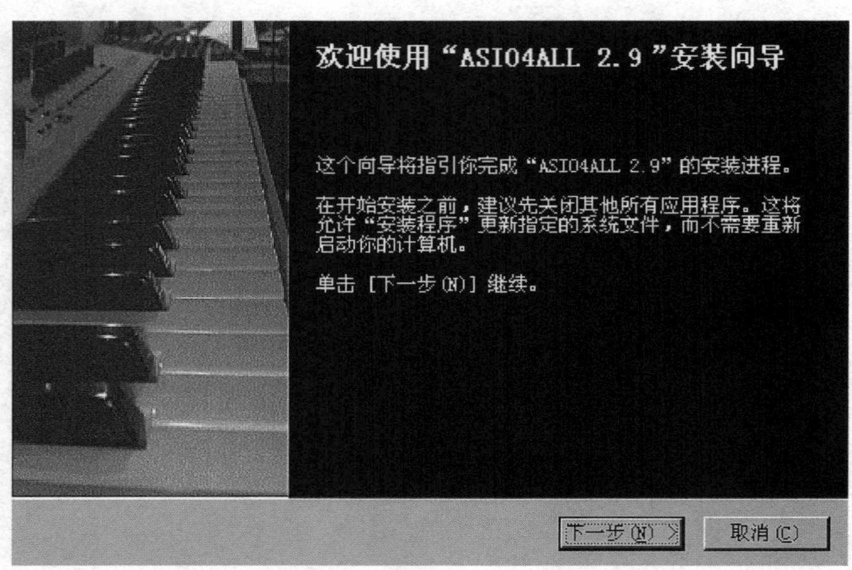

单击“下一步”按钮

图5—1—2 ASIO4ALL驱动程序的安装过程（一）

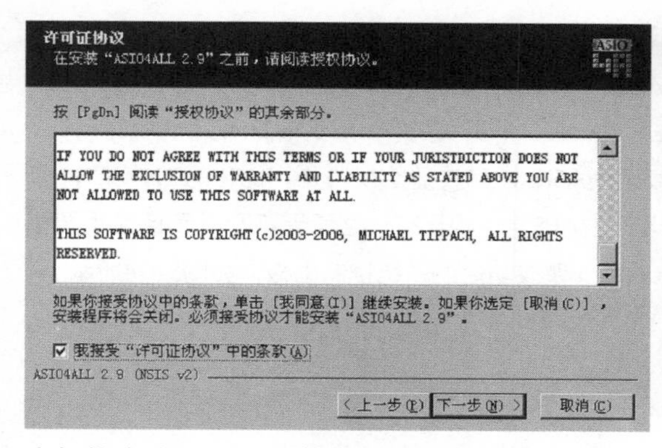

选择接受许可证协议中的条款，然后单击"下一步"按钮

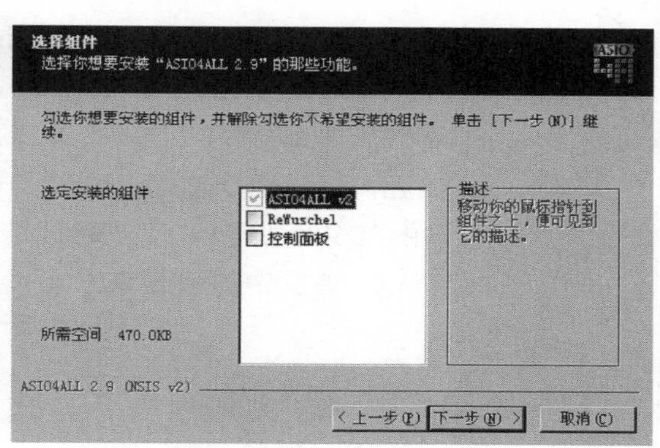

选定需要安装的组件，然后单击"下一步"按钮

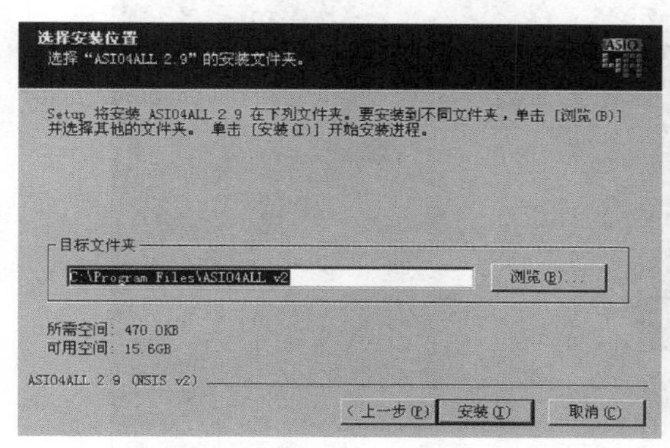

指定驱动存储目标文件夹，然后单击"安装"按钮

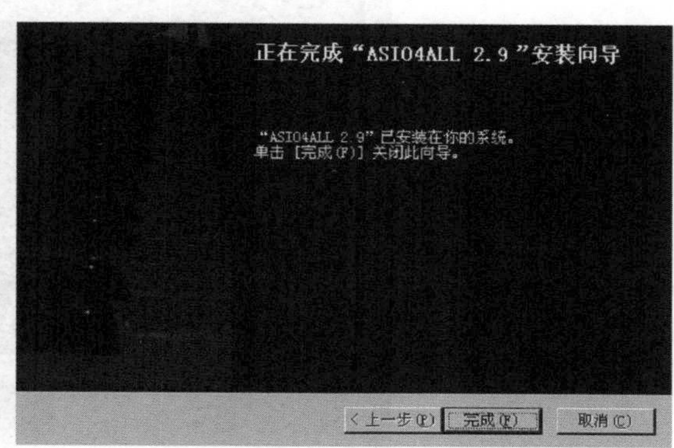

最后单击"完成"按钮

图5—1—2 ASIO4ALL驱动程序的安装过程（二）

3. 驱动安装成功后，可以在Nuendo系统设置选项VST Audiobay中指定，如图5-1-3所示。

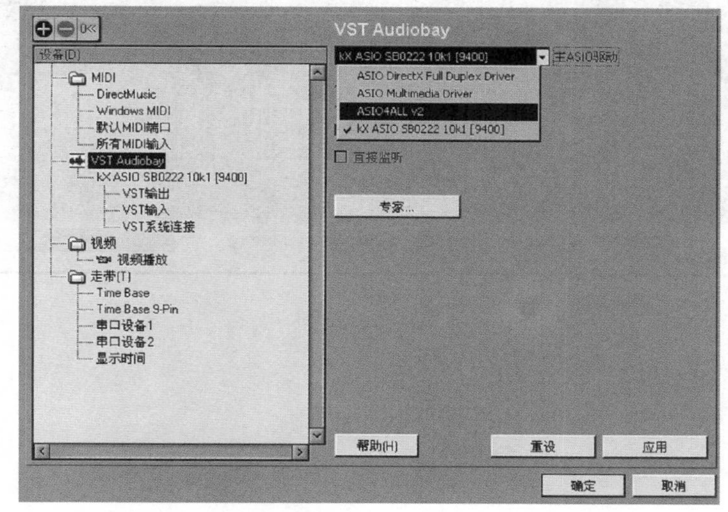

图5—1—3 在Nuendo软件中指定ASIO4ALL驱动

5.1.2 Creative_KX驱动程序

KX系列驱动是俄罗斯Eugene Gavrilov、Max Mikhailov和Hanz Petrov，再联合世界其他地方的一些编程高手组成的“KX工程开发小组”所开发的Creative SB Live改版驱动。KX驱动的优势在于其支持低延迟的32通道ASIO，音效插件模块化，优化的DX接口，图形化的DSP模块操作。其音质和功能与专业APS声卡相比有过之而无不及，而且软件界面支持多语言以及皮肤更换等功能。KX驱动安装成功后的系统控制面板，如图5-1-4所示。

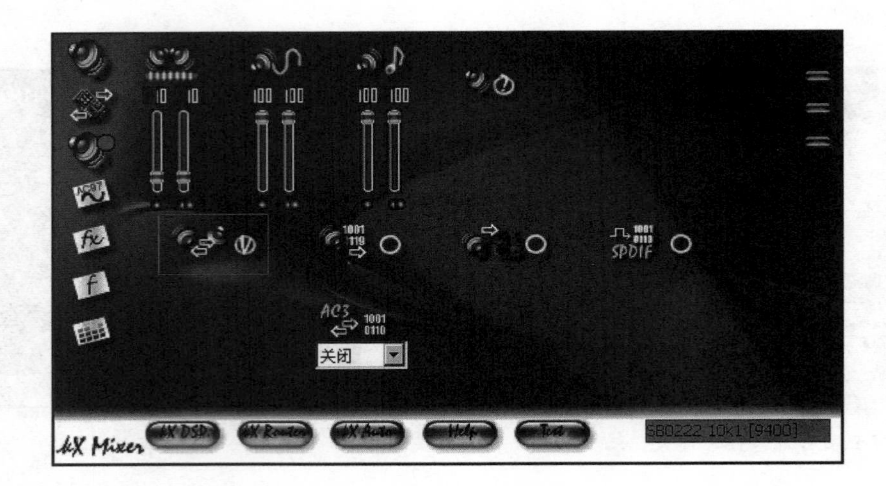

图5—1—4 KX驱动控制面板（一）

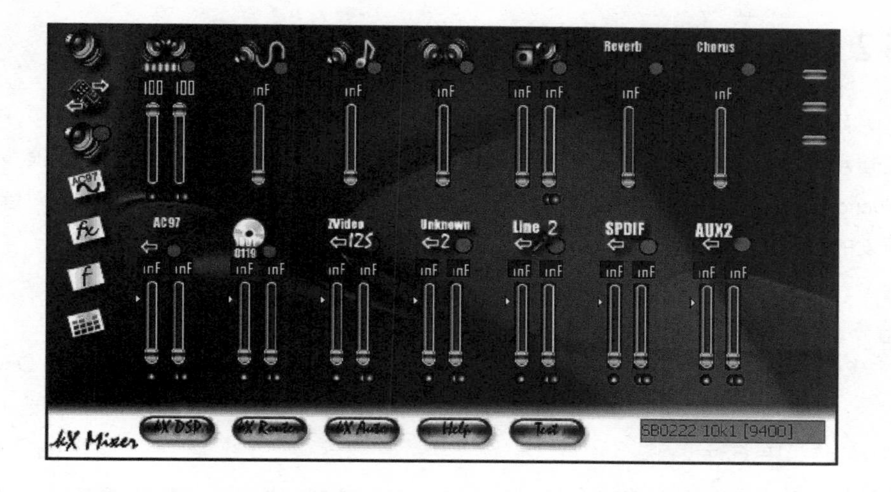

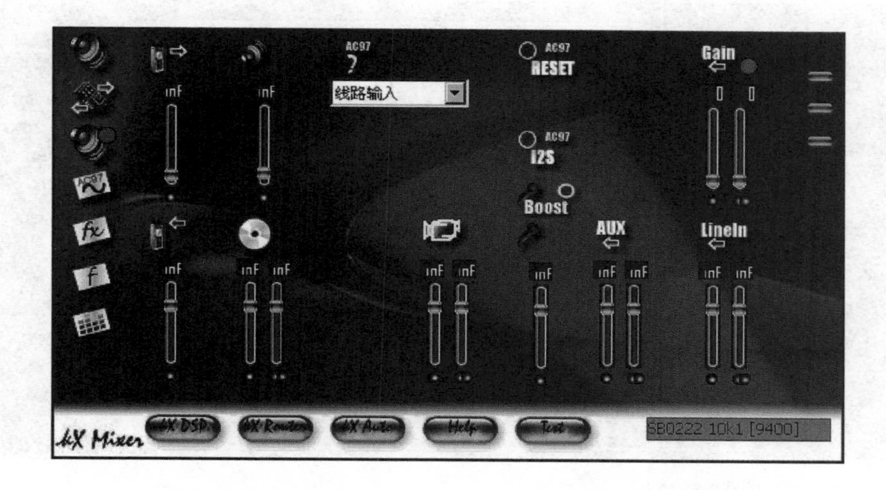

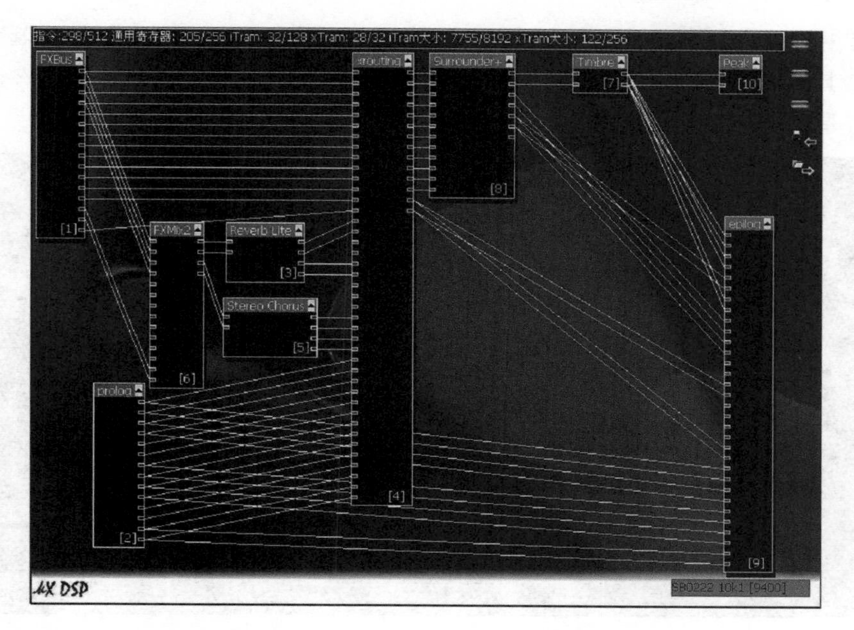

图5—1—4　KX驱动控制面板（二）

5.2 合成背景音乐

背景音乐也是多媒体课件中比较重要的音频组成部分，它可以是原创的音乐，也可以用一些音频素材重新混合编辑而成。多媒体数字音频编辑制作的工具软件很多，Nuendo是其中比较优秀的音频专业工作站系统，能够满足任何类型的多媒体课件对音频开发的需求。

● 5.2.1 配置Nuendo 3.0

1. 启动Nuendo 3.0软件，在Device Setup面板中，展开VST Audiobay中的Master ASIO Driver选项，选择所需要的声卡驱动，如图5-2-1所示。在驱动设置好后按F4键，根据需要对输入/输出端口再进行设置。

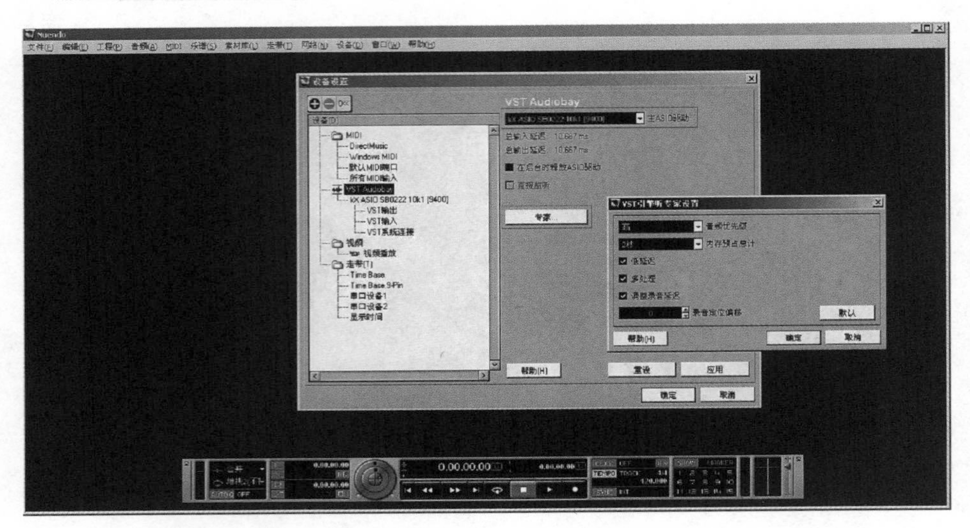

图5—2—1 选择ASIO驱动

2. 选择好ASIO驱动后，单击控制面板，在弹出的对话框中设置kX ASIO的缓存和延迟时间。其中的延迟时间太大或太小，对于普通的声卡而言都不可取。10ms左右在大多数情况下是比较理想的选择，如图5-2-2所示。

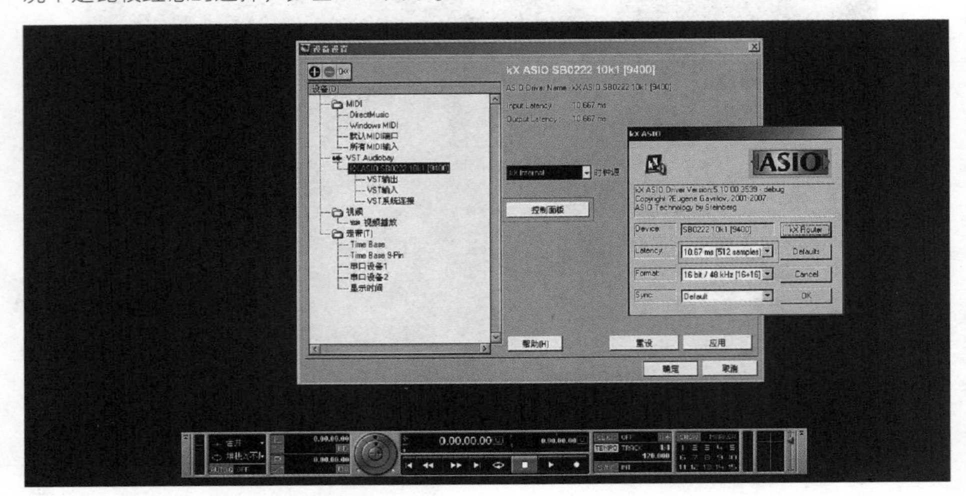

图5—2—2 设置KX ASIO的缓存和延迟时间

3. 如果需要用Nuendo给视频配乐，则还需要设置视频播放。DirectShow Video方式兼容性最好，缺点是画面效果一般。DirectX Video方式画面质量好，播放窗口可以任意放大缩小，但需要显卡支持，如图5-2-3所示。Quicktime方式最适合MOV视频播放。

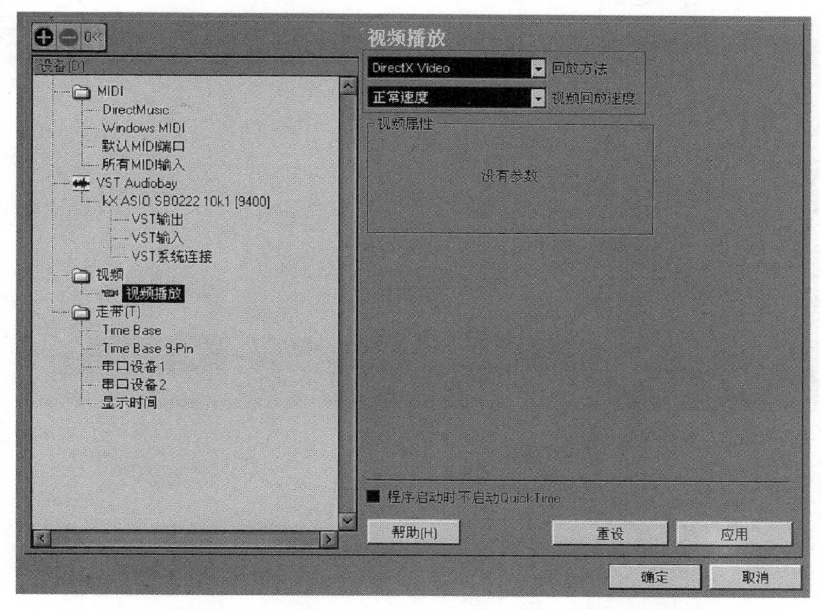

图5—2—3　选择视频播放方式

4. 如果有连接的MIDI键盘乐器，还需要设置MIDI端口，如图5-2-4所示。

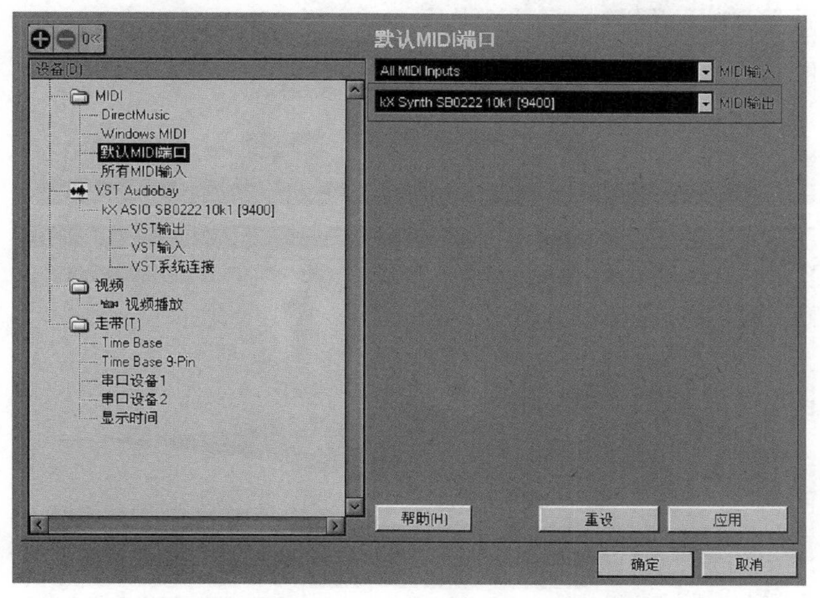

图5—2—4　设置MIDI端口

● 5.2.2　素材混编输出

1. 按Ctrl + N键，新建一个空白的文件。选择 **文件 | 导入 | 音频文件** 命令，导入所需要的音频素材,如图5-2-5所示。

图5—2—5　导入音频素材

2. 对“sound_040.wav”素材进行淡出处理，如图5-2-6所示。

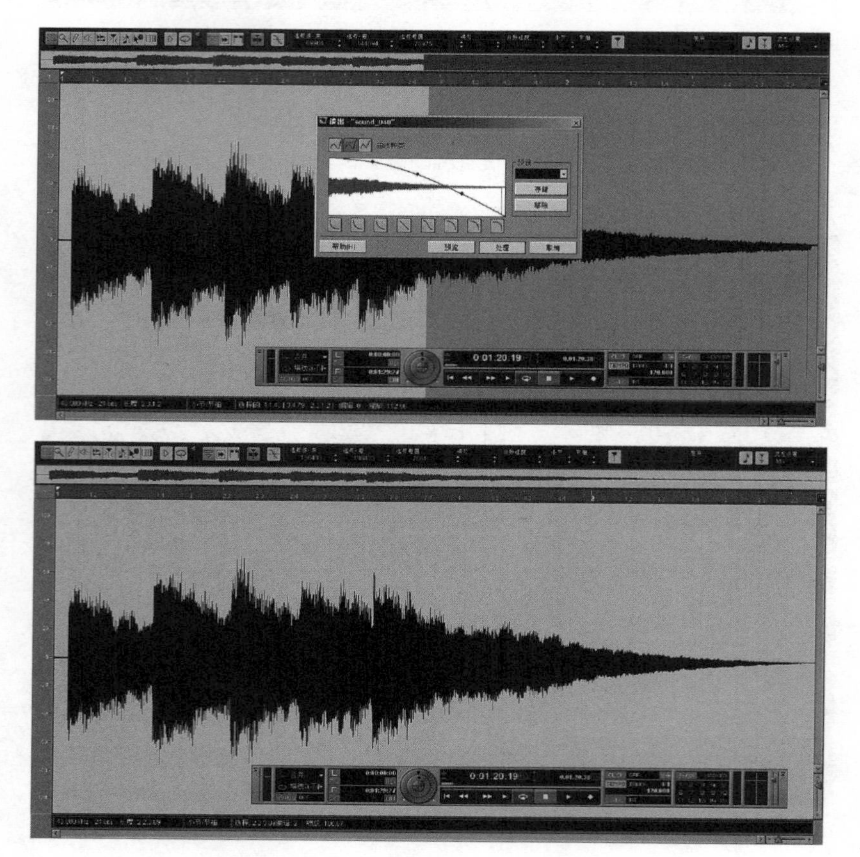

图5—2—6　素材淡出处理前后波形

3. 截取一段“sound_030.wav”素材作淡出处理，如图5-2-7所示，删除不需要的波形。

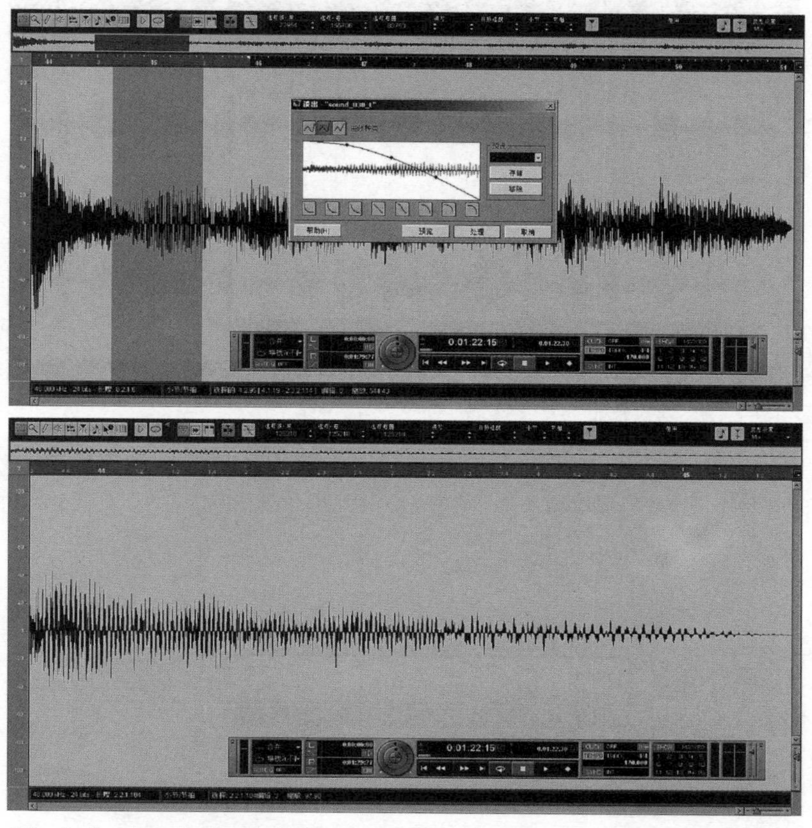

图5—2—7　截取处理后的波形

4. 把处理好的素材，对齐排列，用最基本的功能完成简单的背景音乐混编，如图5-2-8所示。

图5—2—8　完成简单的背景音乐混编

5. 把编排的音乐回录到Nuendo中，检查一下整体的波形，如图5-2-9所示。

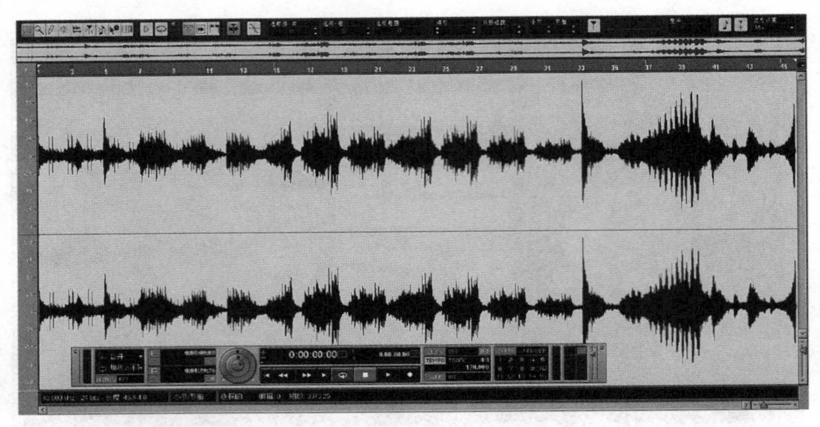

图5—2—9　确认输出的整体波形

6. 选择 文件 | 导出 | 音频混音命令，在弹出的对话框中选择MP3格式，如图5-2-10所示。

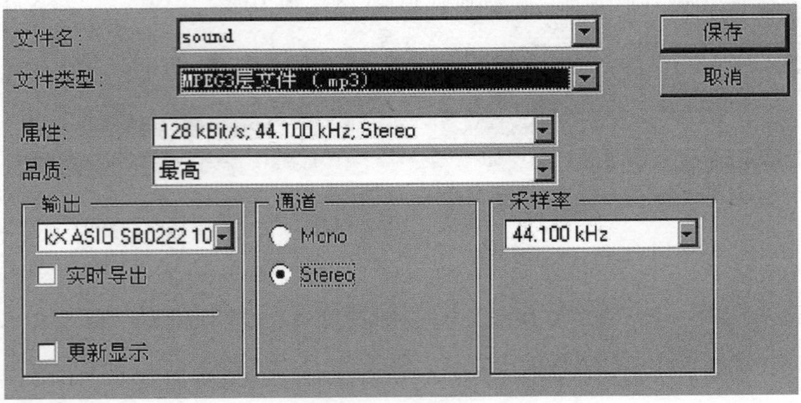

文件名: sound
文件类型: MPEG3层文件 (.mp3)
保存
取消
属性: 128 kBit/s; 44.100 kHz; Stereo
品质: 最高
输出
kX ASIO SB0222 10
实时导出
更新显示
通道
Mono
Stereo
采样率
44.100 kHz

图5—2—10　输出mp3格式

5.3 设置场景与按钮音效

交互场景如果没有一点动画音效，就会缺少一些临场感，但是又不能过多。如果太多，一是容易影响课件内容的正常视听，二是Flash播放器的运行效率会降低。（其主要表现在系统资源占用过大，画面反应迟钝，这一点还有待于Flash软件的进一步完善）。同样道理，场景中交互按钮的音效设置，也不宜过多，应以少而精为原则。

● 5.3.1 主程序音效

1. 启动Flash CS4软件，打开“琉璃瓦多媒体课件.fla”工程文件。如图5-3-1所示，把三个音效素材导入库中。然后，新建“声音”图层，再转换成空白关键帧，如图5-3-2所示，在帧3到帧6里拖入“05.mp3”音频素材。

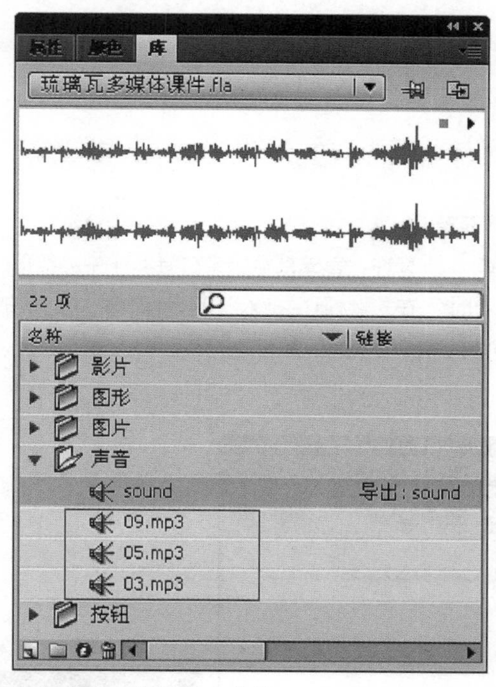

图5-3-1 导入音效素材

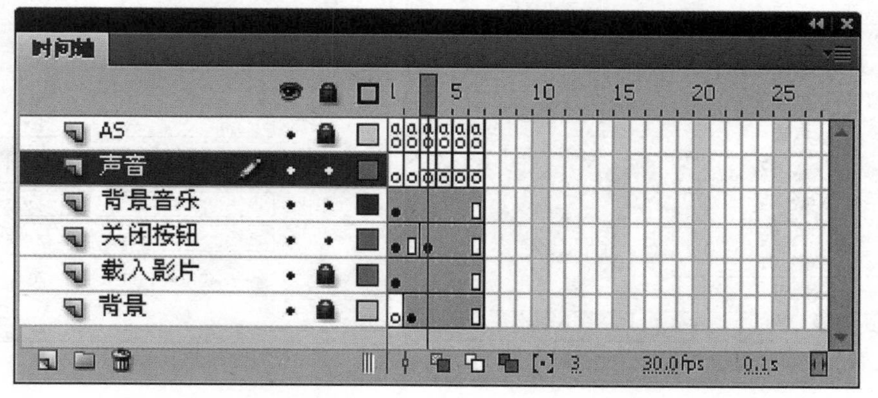

图5-3-2 新建声音图层从库中拖入音频素材

2. 删除“背景”图层的帧1，因为启动界面已经包含有背景图片。选中“关闭按钮”图层的帧3，按F6键，创建一个关键帧。删除舞台上已有的关闭按钮元件，把原先在启动界面场景教程中制作的播放按钮，复制粘贴到这个场景的舞台，并放置在已删除的按钮位置上，然后分别给按钮元件重新指定跳转帧脚本，建立一个新的页面跳转按钮，如图5-3-3所示。

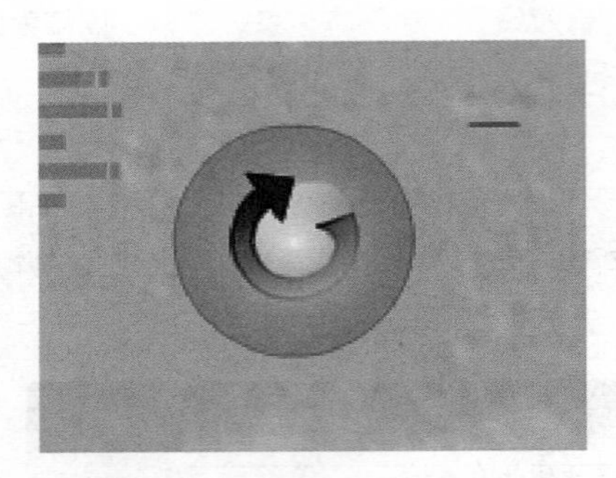

图5—3—3 建立页面跳转按钮

● 5.3.2 启动界面音效

1. 打开“启动界面.fla”工程文件，首先把音频素材导入库中。然后打开场景1的时间轴面板，并新建“声音”图层。在关键帧1中拖入“07.mp3”素材，并在属性栏中编辑声音素材。最后在关键帧15中拖入“05.mp3”素材。如图5-3-4所示。

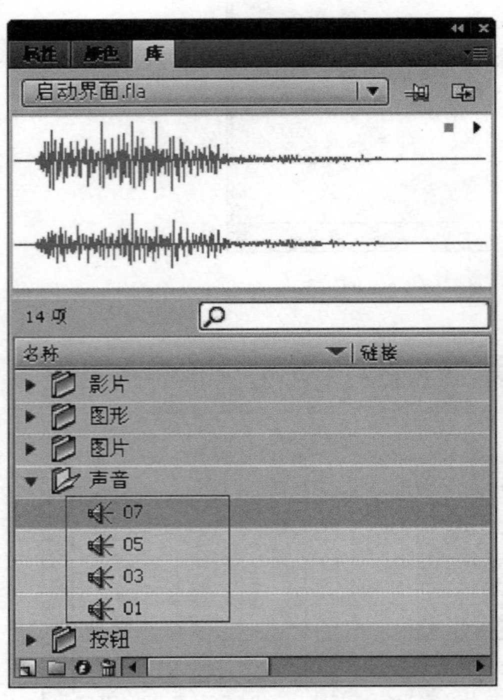

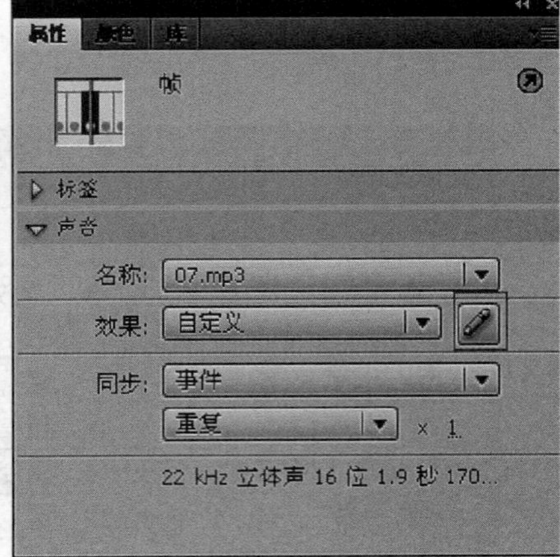

导入mp3格式声音素材

图5—3—4 创建声音图层自定义声音效果（一）

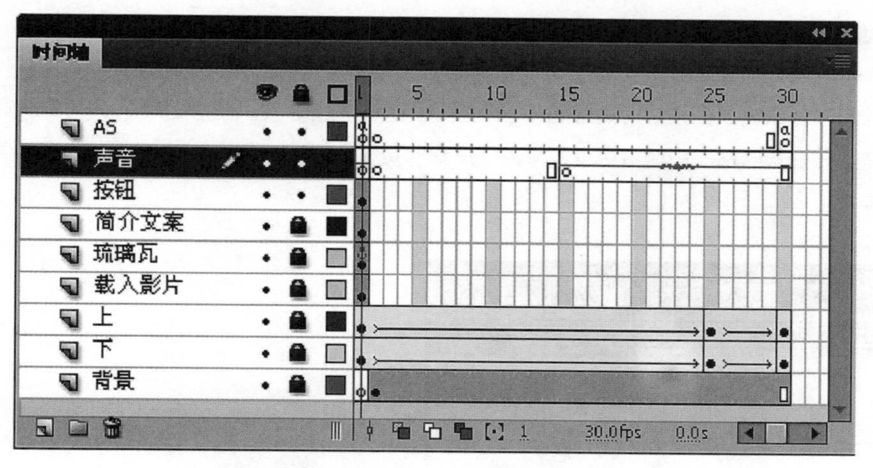

在时间轴面板中添加关键帧音频文件

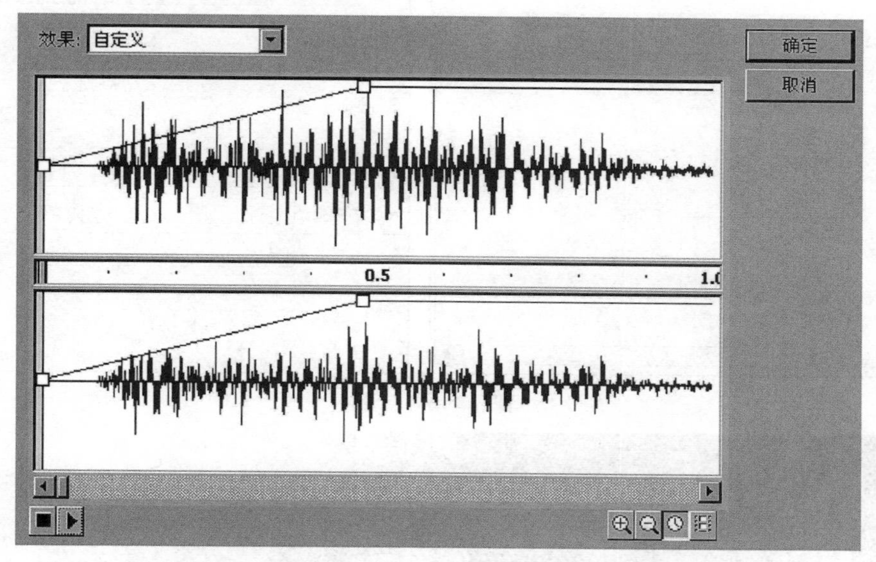

图5—3—4　创建声音图层自定义声音效果（二）

2. 双击播放按钮展开时间轴面板，新建“声音”图层。在关键帧2中拖入“01.wav”，在关键帧3中拖入“03.mp3”，如图5-3-5所示。

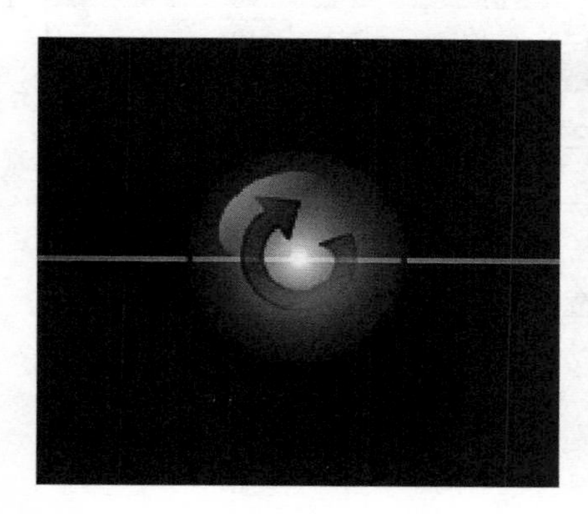

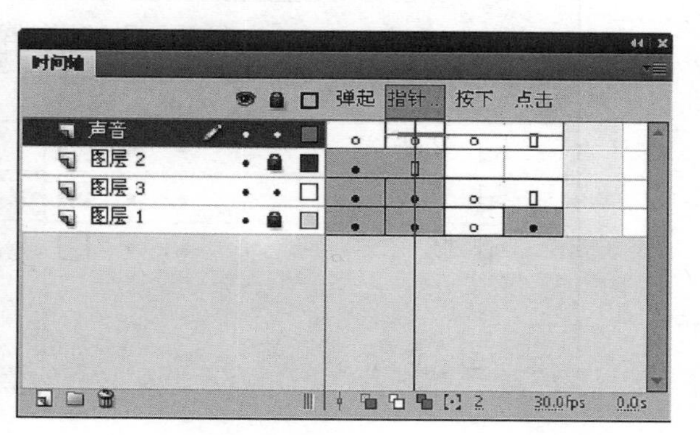

图5—3—5　给播放按钮添加音效图

5.3.3 烧制工艺音效

打开"烧制工艺.fla"工程文件，首先把音频素材导入库中。然后给四个按钮配置相同的音效。双击展开按钮时间轴面板，新建"声音"图层，在关键帧2中拖入"08.mp3"素材，并在其属性栏中编辑声音素材。然后在关键帧3中拖入"06.mp3"素材。如图5-3-6所示。

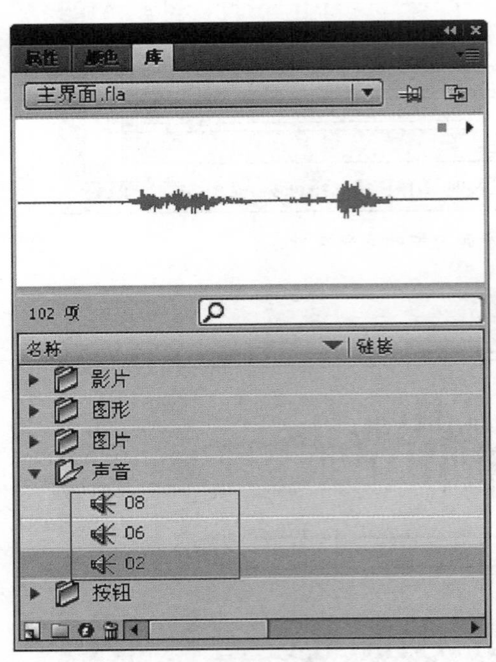

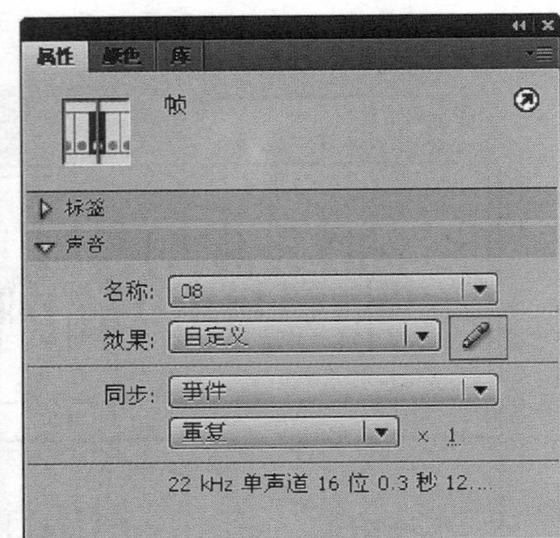

导入MP3格式声音素材

内容按钮时间轴关键帧的声音设置

图5-3-6　给按钮添加自定义音效（一）

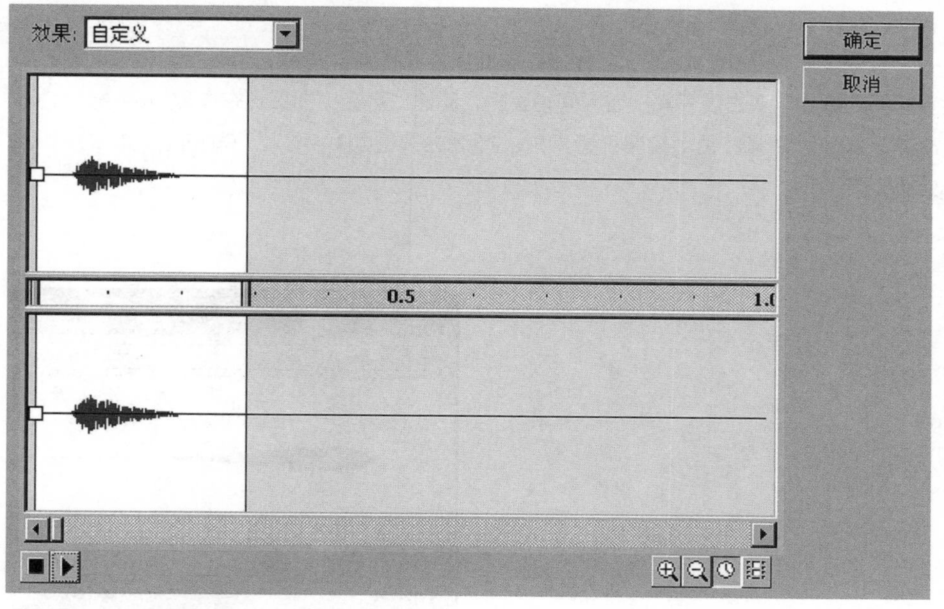

图5—3—6　给按钮添加自定义音效（二）

● 5.3.4　铺设工艺音效

打开“铺设工艺.fla”工程文件，首先把音频素材导入库中。然后给三个按钮配置相同的音效。双击展开按钮时间轴面板，新建“声音”图层，在关键帧2中拖入“08.mp3”素材，并在其属性栏中编辑声音素材。然后在关键帧3中拖入“06.mp3”素材。如图5-3-7所示。

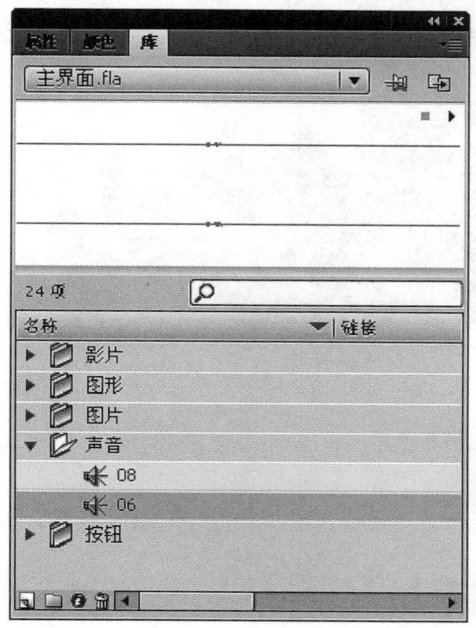

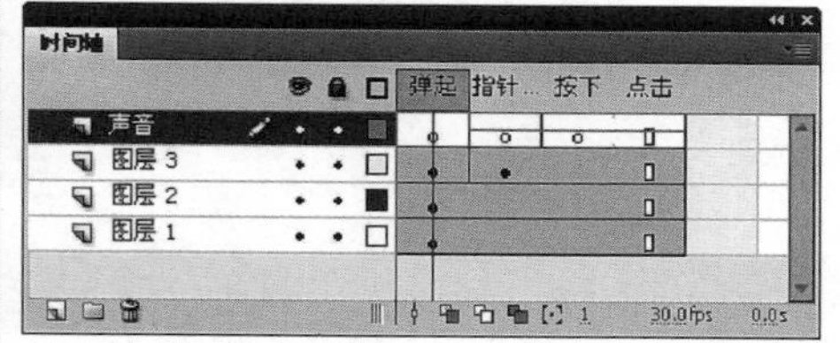

图5—3—7　给三个按钮添加音效

● 5.3.5 品种规格音效

打开“品种规格.fla”工程文件，首先把音频素材导入库中。然后给三个图形按钮配置相同的音效。双击展开其按钮时间轴面板，新建“声音”图层，在关键帧2中拖入“08.mp3”素材，在属性栏中编辑声音素材。然后在关键帧3中拖入“06.mp3”素材。如图5-3-8所示。

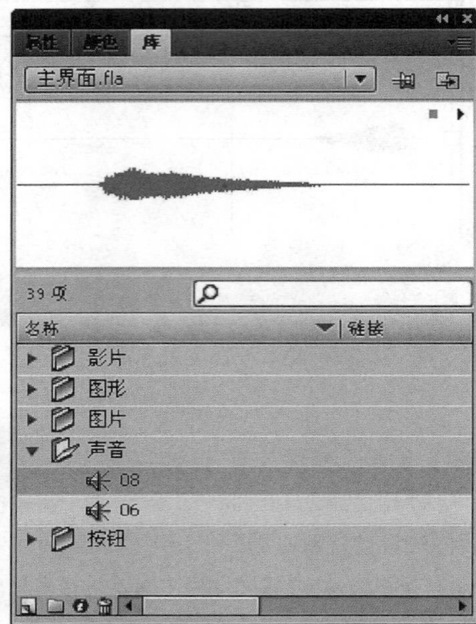

图5—3—8 给三个图形按钮添加音效

● 5.3.6 主界面音效

打开“主界面.fla”工程文件，首先把音频素材导入库中。然后给三个图形按钮配置相同的音效。双击展开“导航”影片剪辑元件时间轴面板，在其关键帧20中拖入“04.mp3”素材。然后再继续双击展开按钮元件，在其关键帧2中拖入“08.mp3”素材，在其关键帧3中拖入“09.mp3”素材。如图5-3-9所示。

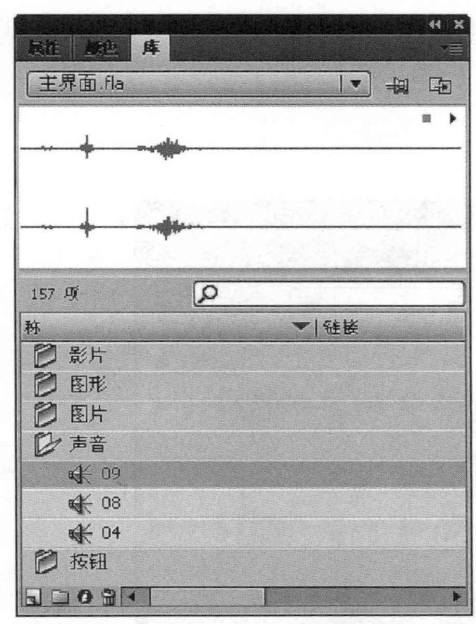

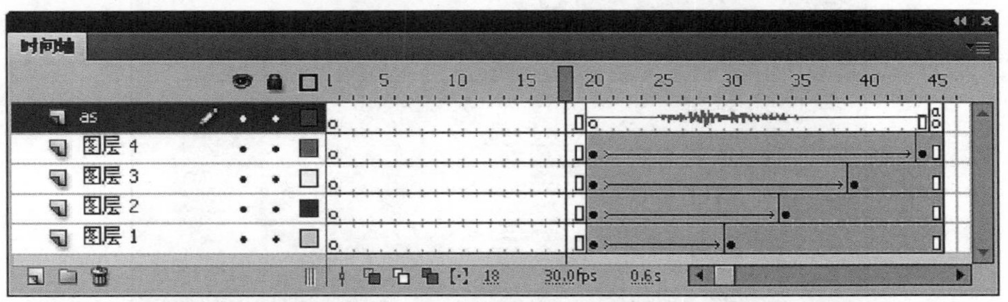

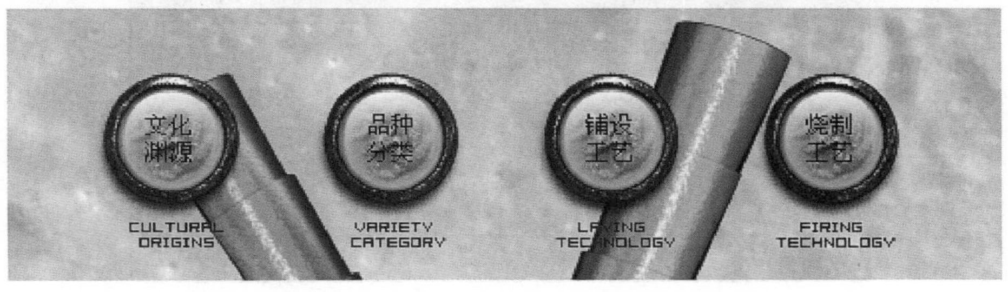

图5—3—9　给按钮和影片剪辑元件添加音效

5.4 背景音乐音量控制

多媒体课件首先需要适合教学环境使用，有音量控制功能的多媒体课件，更加符合人性化设计理念。音量控制有多种制作形式，例如：输入数字控制、旋转按钮控制、垂直起降控制以及水平滑动条控制等。本教程案例采用的是最常见的水平滑动条按钮控制形式。

● 5.4.1 音量控制设置

1. 启动Flash CS4软件，打开“琉璃瓦多媒体课件.fla”工程文件。如图5-4-1所示，把“sound.mp3”导入库中。

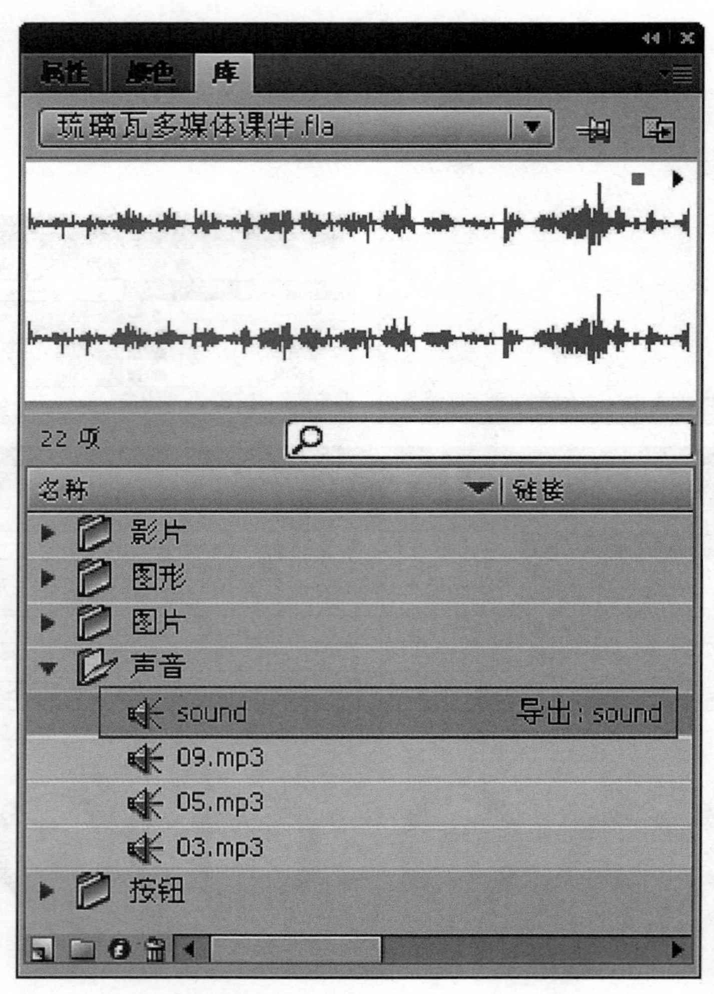

图5—4—1 导入sound.mp3音频素材

2. 新建“背景音乐”图层，创建一个“背景音乐控制”影片剪辑元件，如图5-4-2所示。

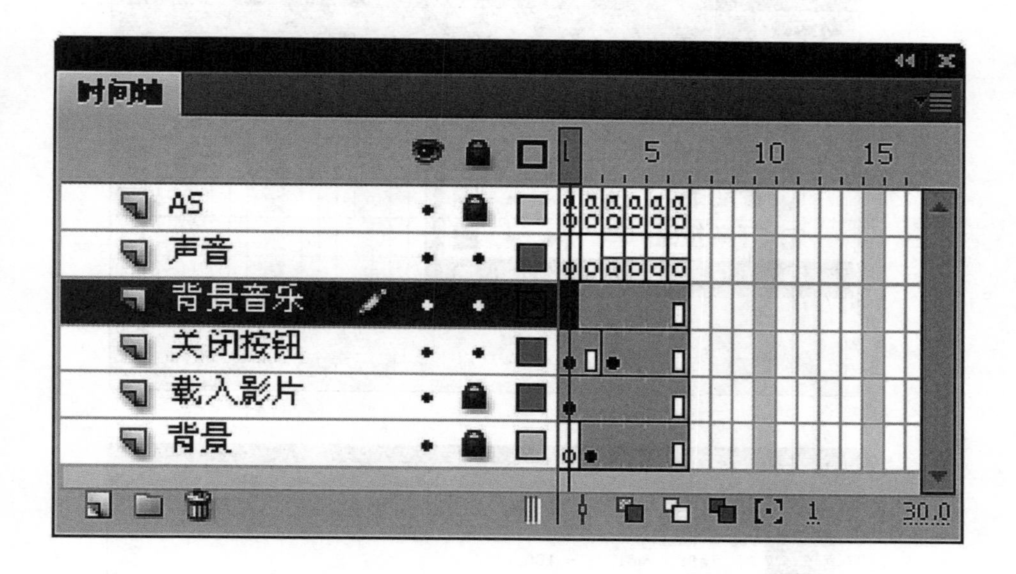

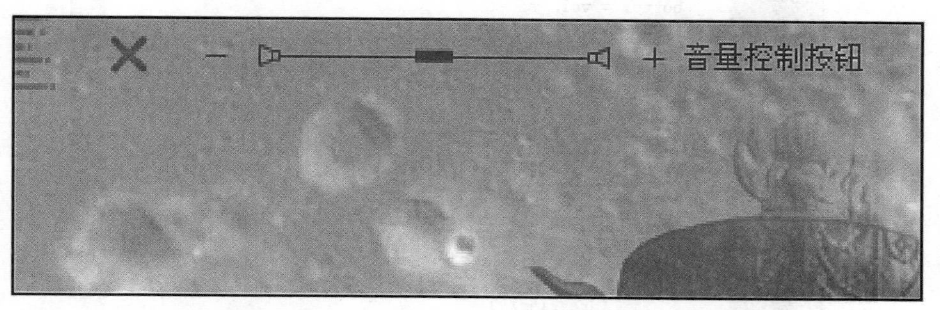

图5—4—2　背景音乐控制影片剪辑元件

3. 双击展开影片剪辑元件，新建“光波”图层，创建一个光波模拟动画影片剪辑元件。新建“开关按钮”图层，创建两个分别控制音量开关功能的影片剪辑元件。新建“滑动条”图层，创建一个滑动条按钮元件，用以控制音量大小。新建“文字”图层，输入标注文本。新建“as”图层，打开其动作面板输入脚本，如图5-4-3所示。其他图层元件控制脚本，详见本教程配套光盘实例文件。

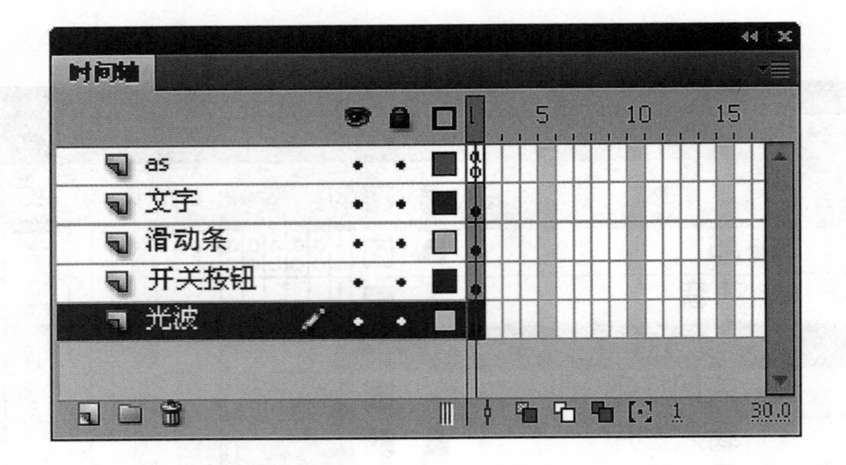

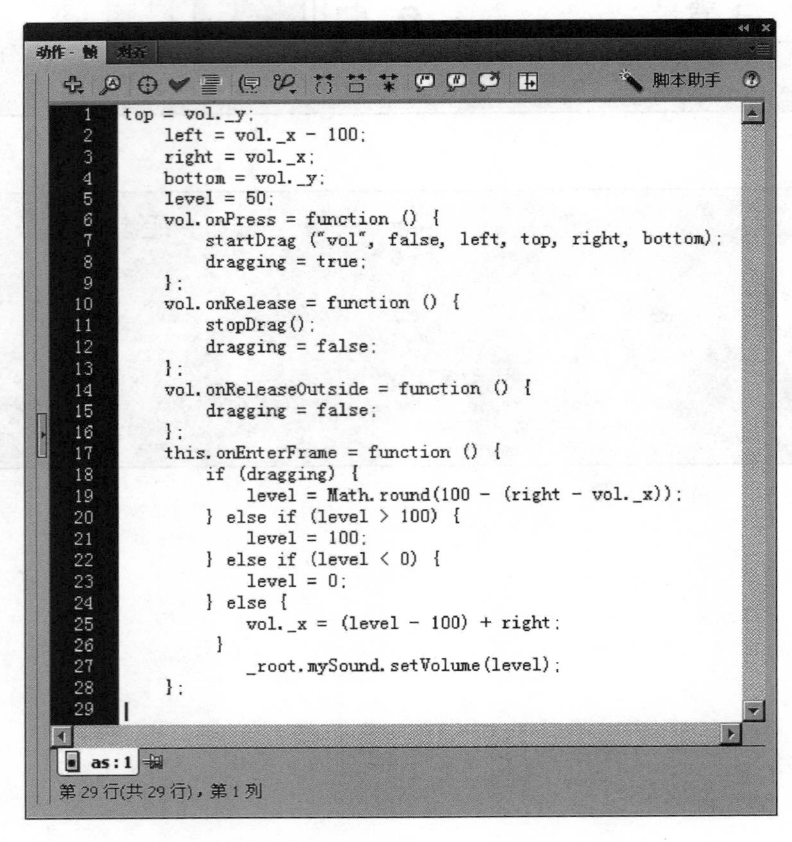

图5—4—3　音量滑动条控制脚本

● 5.4.2 背景音乐载入代码

1. 返回场景1时间轴面板，选中在“AS”图层，在其帧1的动作面板中添加音频载入脚本，如图5-4-4所示。

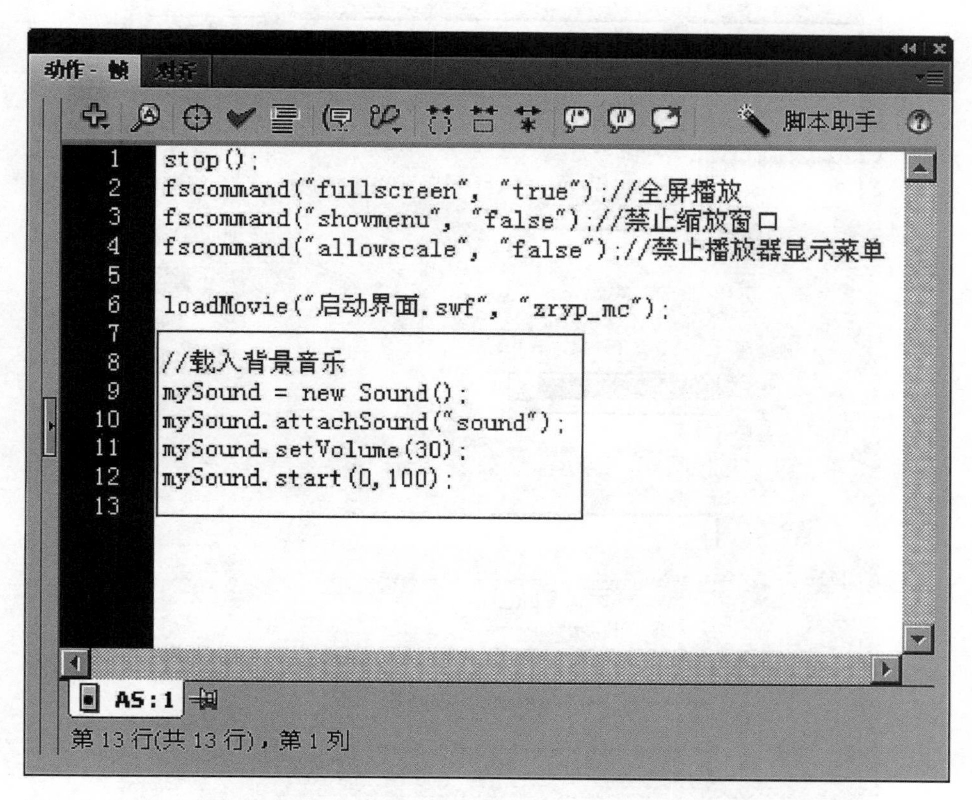

图5—4—4　添加背景音乐载入脚本

2. 其中的mySound.attachSound（“sound”）: 即脚本调用库中标识符为sound的声音；mySound.setVolume (30): 即声音的音量大小；mySound.stsrt (0,100): 即声音播放的次数。

5.4.3 AS调用库声音

选中库中名为“sound”的声音素材，单击鼠标右键，在弹出的选项栏面板中，设置声音链接为ActionScipt导出，标识符名为“sound”，选择MP3压缩格式，比特率为128kbps,品质为最佳，如图5-4-5所示。最后，单击“确定”按钮。

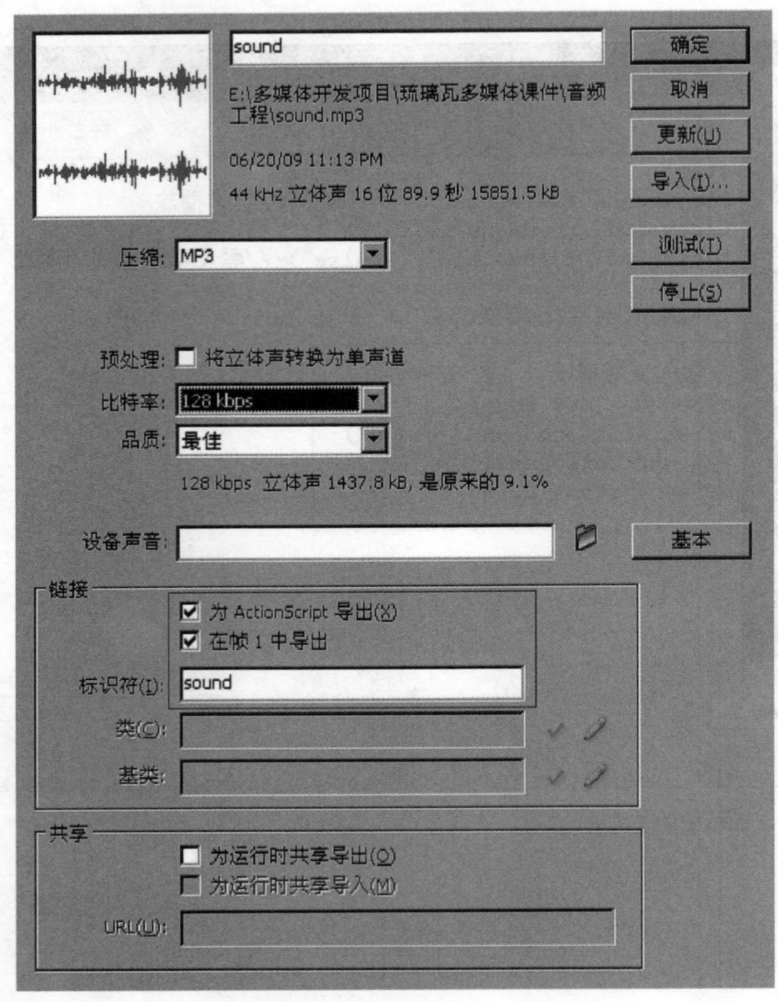

图5—4—5 设置sound链接为ActionScipt导出

5.5 本章小结

音频的制作是多媒体课件中不可缺少的部分，本章讲解了如何在没有专业声卡的情况下，仍然能够利用普通的电脑编辑制作音频。列举了ASIO4ALL与 Creative_kx驱动程序的应用特点。同时，还讲解了多媒体场景与按钮音效设置的应用原则以及音量控制使用代码的详细设置。另外，音频合成技术，以Nuendo 3.0在本教程的混合实例来说，无论软件是多么的专业和强大，只要能够掌握它的基本应用，就可以再深入其研究。

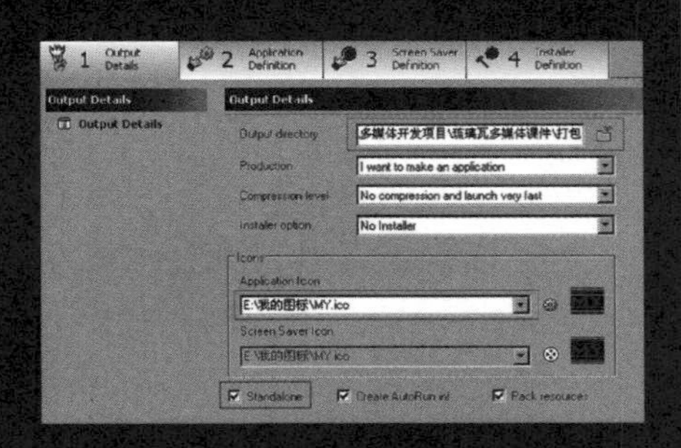

多媒体课件打包与发布

6

6 多媒体课件打包与发布

6.1 多媒体文件打包

多媒体课件打包成可执行文件，可以方便其在不同的运行环境下使用、传输和存储。所谓打包，就是把多个已经制作好的多媒体文件，集成为一个EXE格式的应用文件，它可以在Windows环境下直接运行，以辅助老师的课堂教学。当然多媒体课件也可以开发成学生自主学习应用类型，以及远程网络教学形式。

Swfkit 3.4软件功能强大，它是一个集成功能的工具，它不仅能创建 Flash播放程序或屏幕保护程序，而且能为他们建立安装程序。多媒体打包软件有很多种，都有各自的特点，Swfkit只是其中一款比较优秀的工具。下面具体讲解Swfkit软件的应用设置。

● 6.1.1 Swfkit 3.4项目设置

1. 启动Swfkit 3.4软件，如图6-1-1所示。首先指定Output directory 输出文件存储位置，以及Application Icon 图标路径。 Swfkit 3.4软件自带了Adobe Flash Player 9.0播放器，选中Stanfalone选项, 那么Swfkit发布后的EXE文件就可以在没有安装Adobe Flsh Player播放器的电脑上打开运行。

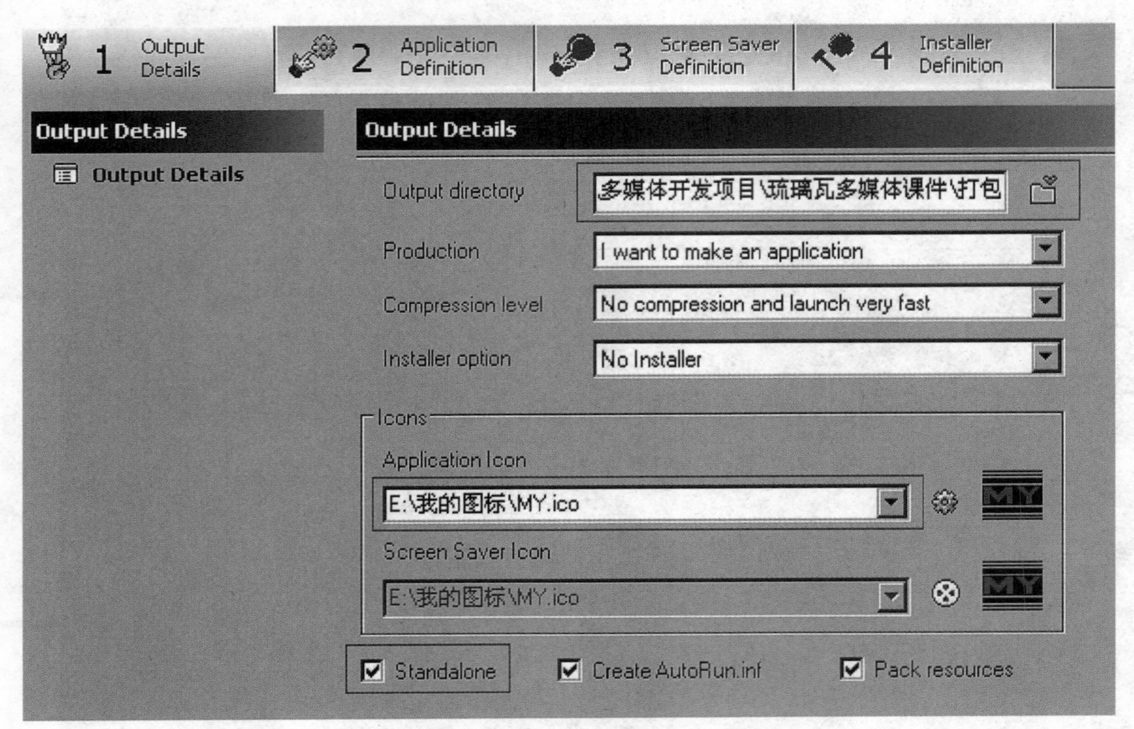

图6—1—1 项目输出文件位置

2. 单击Application Definition选项，设置软件发布的基本信息，如图6-1-2所示。

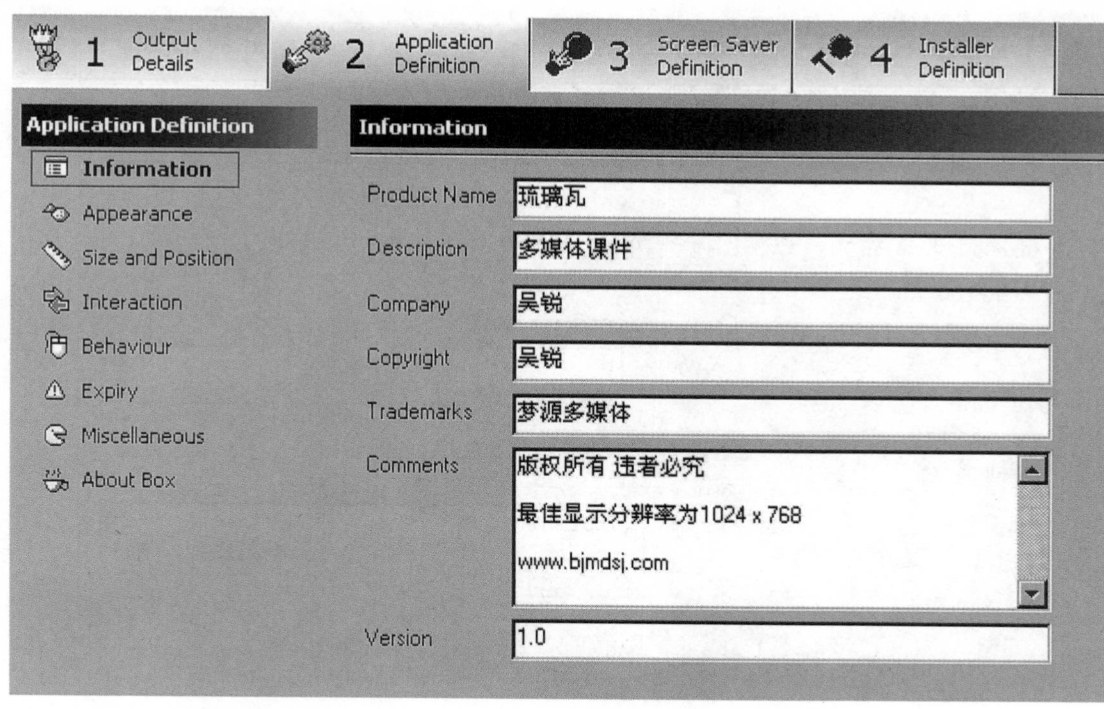

图6—1—2　软件发布的基本信息

3. 单击Appearance选项，设置软件的外观窗口，如图6-1-3所示。

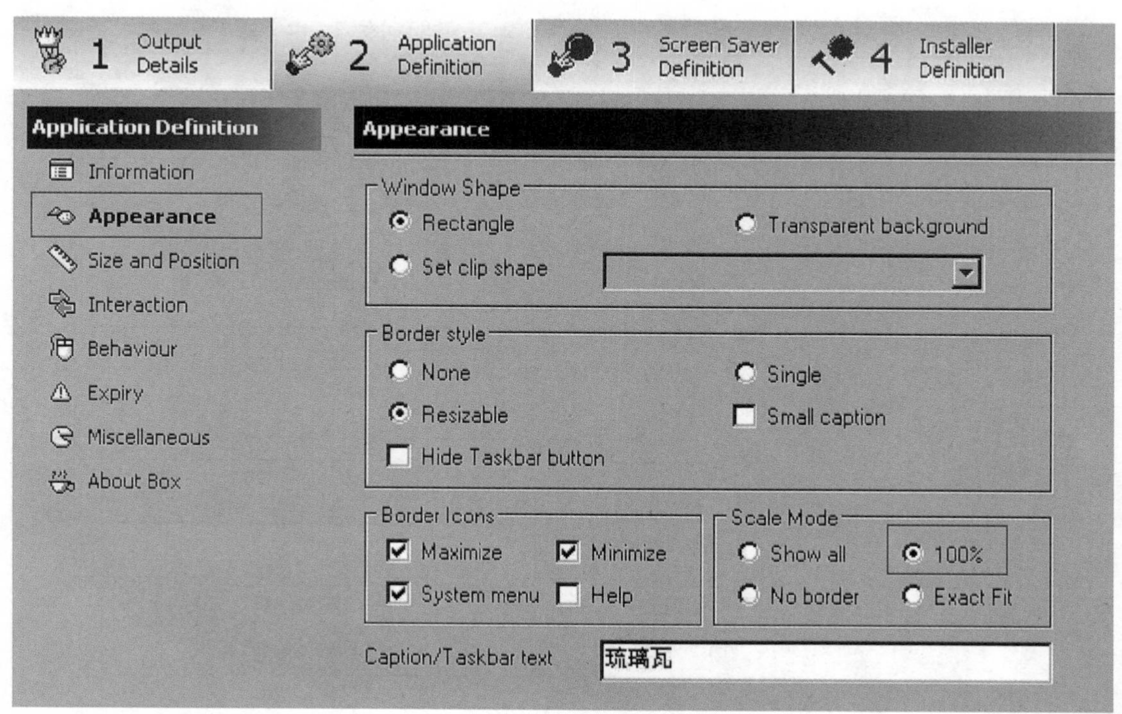

图6—1—3　选中Scale Mode中的100%

4. 单击Size and position选项，设置播放器窗口的对齐位置，如图6-1-4所示。

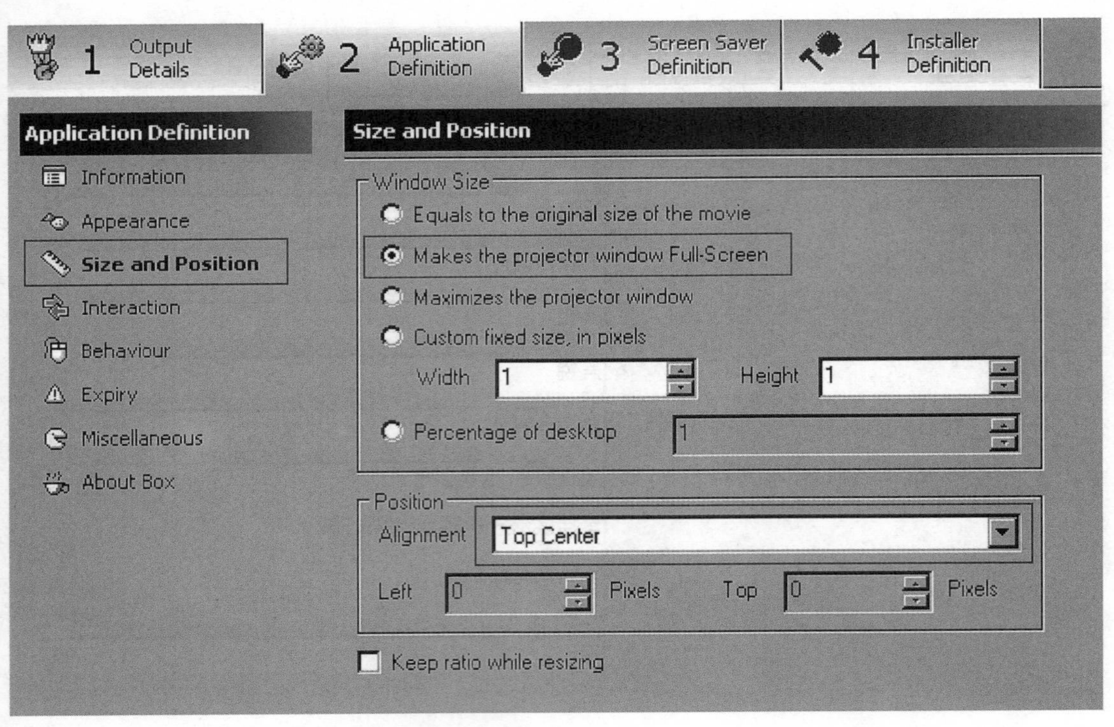

图6—1—4　选择顶对齐模式

5. 单击Interaction选项，软件与系统互动设置，如图6-1-5所示。

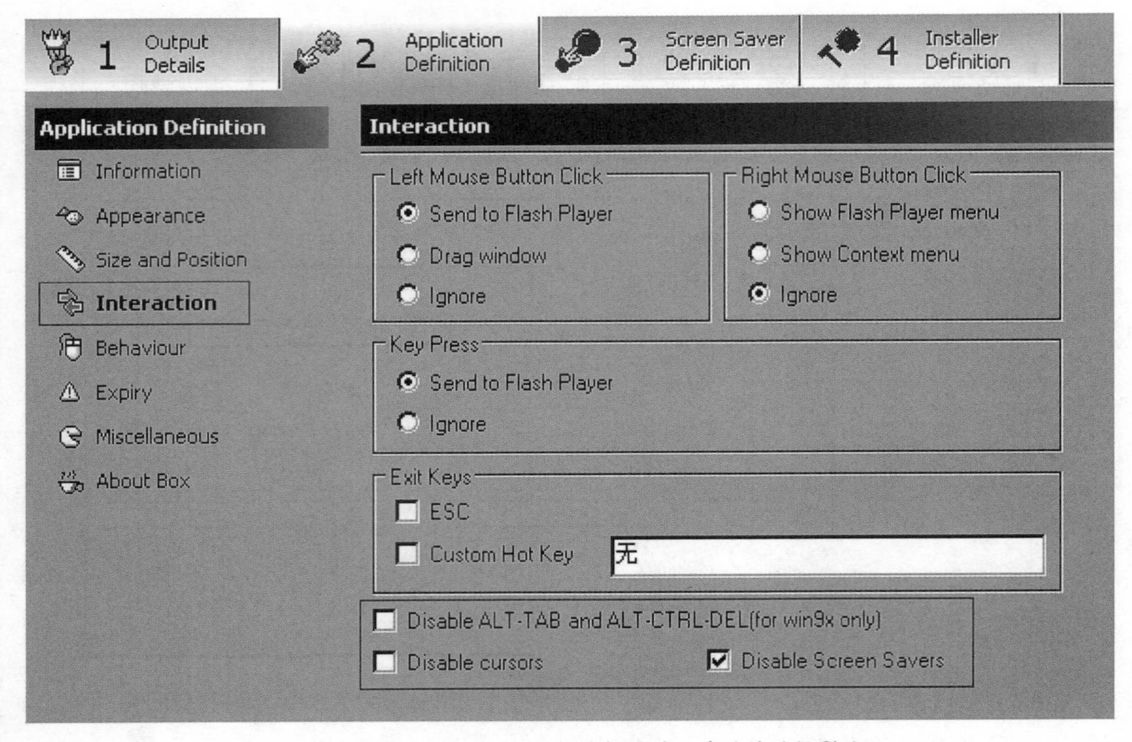

图6—1—5　选中Disable Screen Savers 软件播放时不受系统屏保影响

6. 单击Behaviour选项，这是播放软件对应鼠标行为命令，如图6-1-6所示，一般在不需要背景菜单时都可以不用选择。

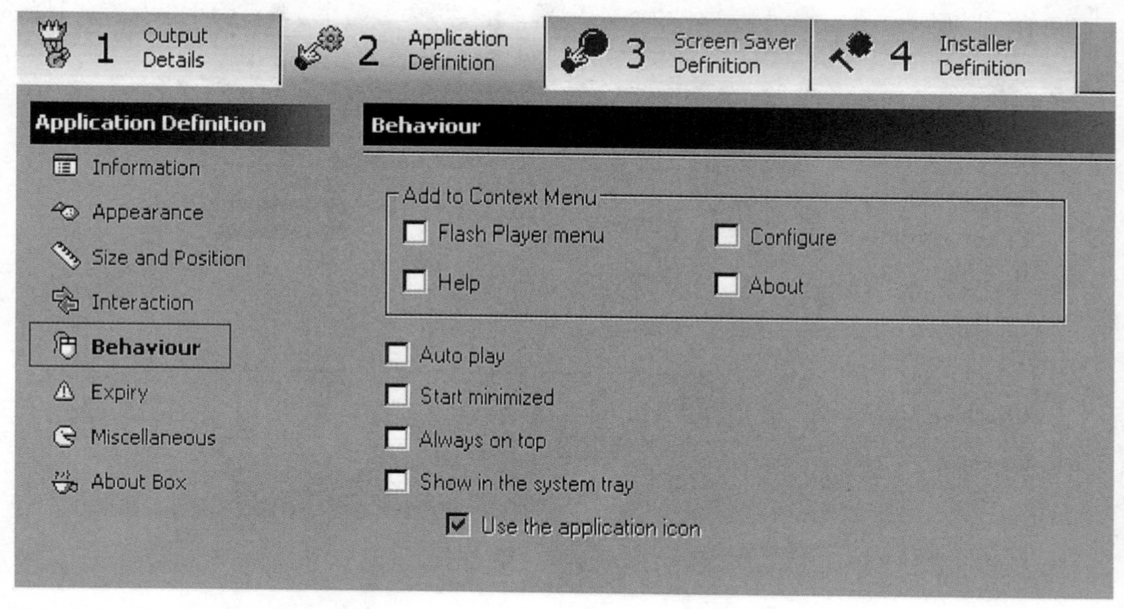

图6—1—6　对应鼠标行为选项

7. 单击Expiry选项，是有关软件使用期限的设置，如图6-1-7所示。

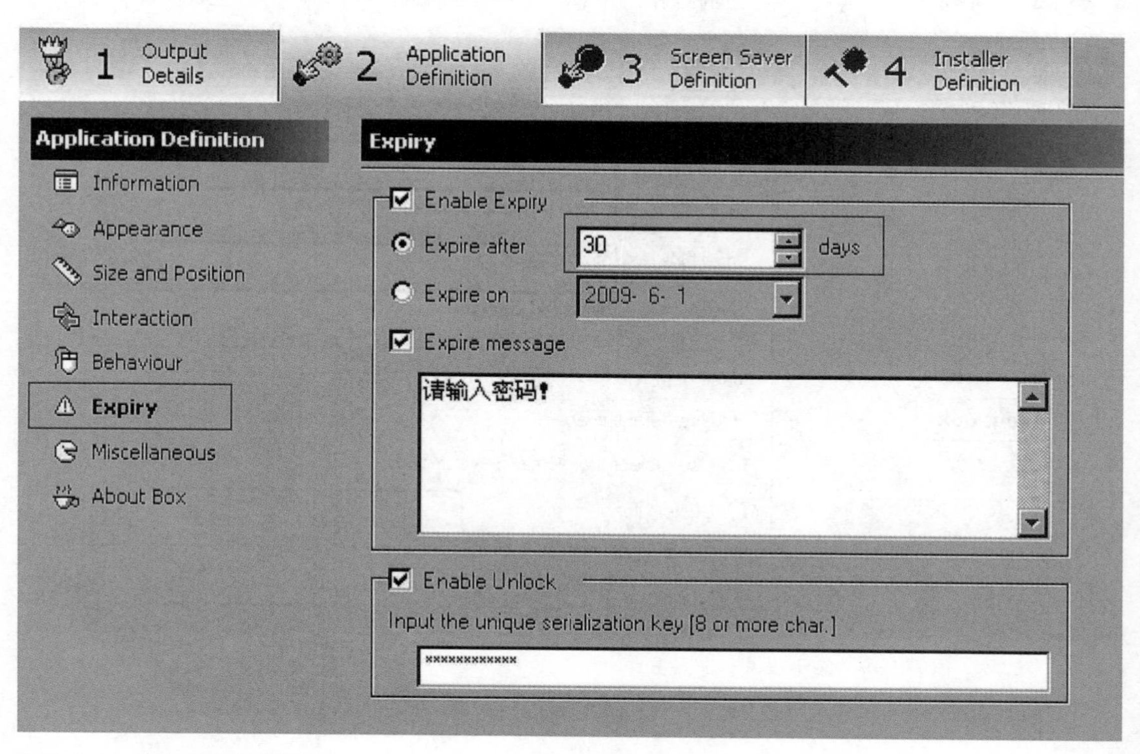

图6—1—7　有效期和解锁设定

8. 单击Miscellaneous选项，软件背景底色选择和文档指定设置，如图6-1-8所示。

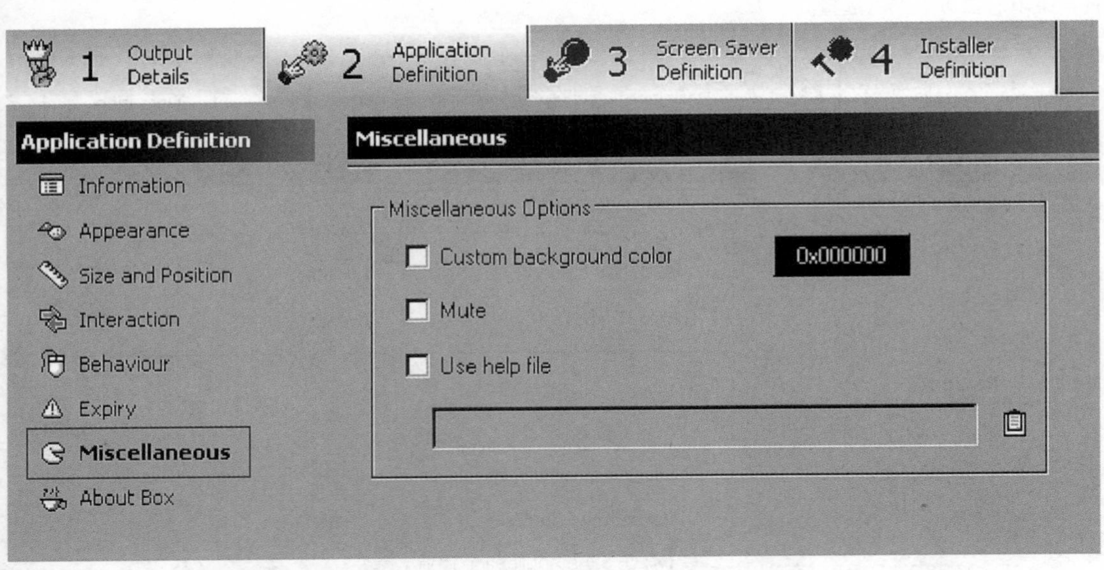

图6—1—8　背景底色设定

9. 单击About Box选项，是安装文件有关应用开发者联系信息设置，如图6-1-9所示。

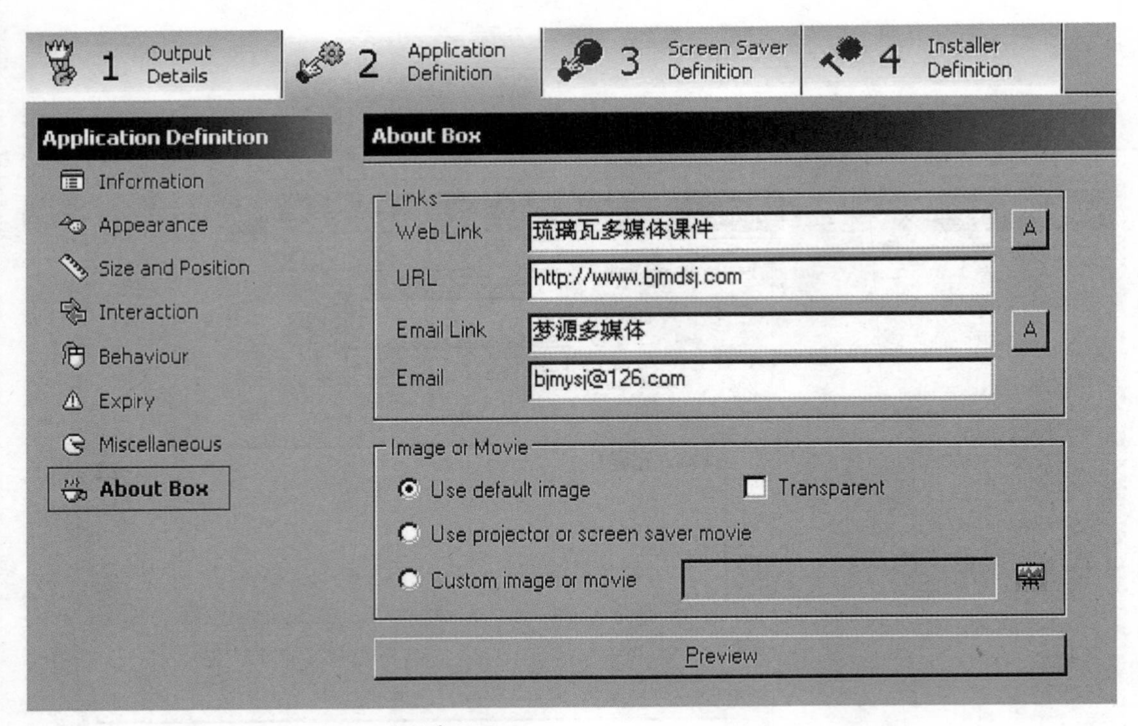

图6—1—9　显示联系信息设置

● 6.1.2　导入SWF格式文件

1. 先把所有Flash工程文件发布的SWF格式文件，都复制到专用的打包文件夹中。注意本教程案例有14个SWF格式文件，如图6-1-10所示。其中“琉璃瓦多媒体.swf”是主文件。

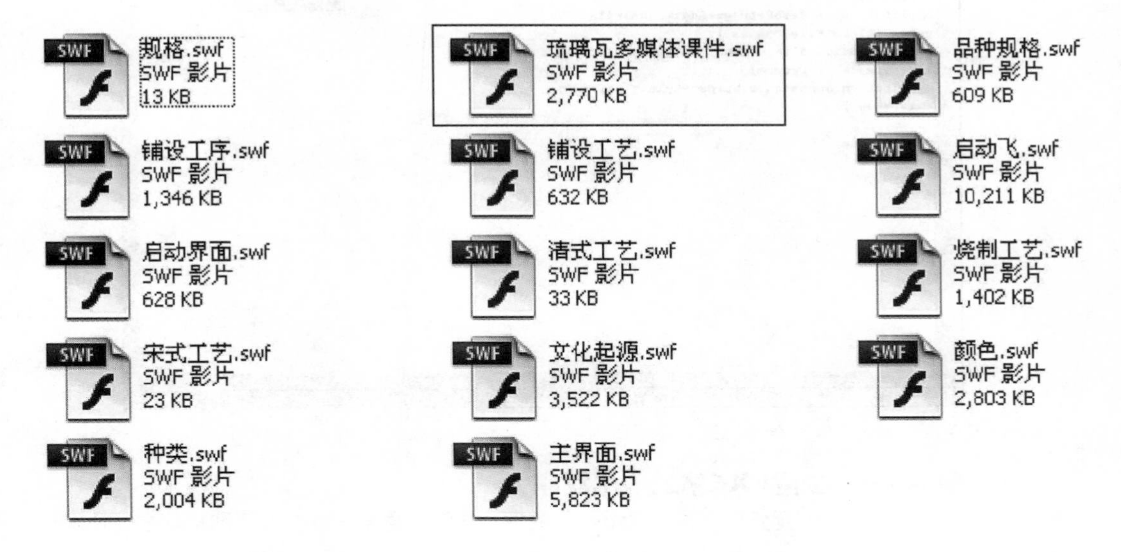

图6—1—10　14个SWF格式文件

2. 单击Resources按钮，再单击Add Movies按钮，然后导入全部的swf文件。最后双击“琉璃瓦多媒体课件.swf”主程序文件，如图6-1-11所示。如果需要可以在下面输入加密码。

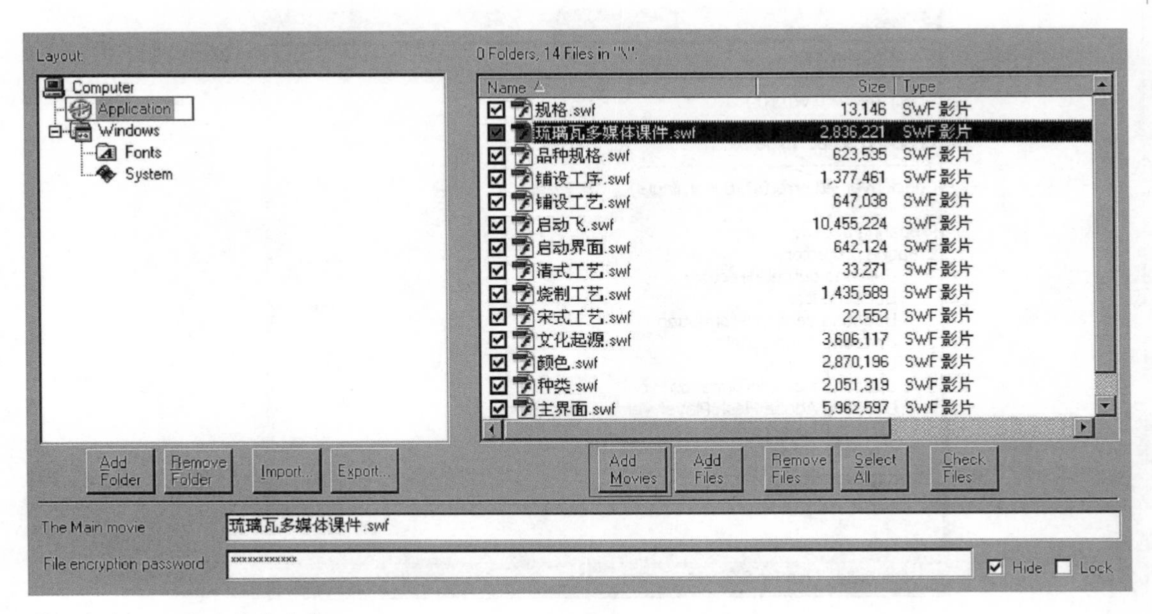

图6—1—11　双击主程序文件

● 6.1.3　输入Scripts脚本

单击Scripts按钮，选择Items命令，输入脚本，如图6-1-12所示。

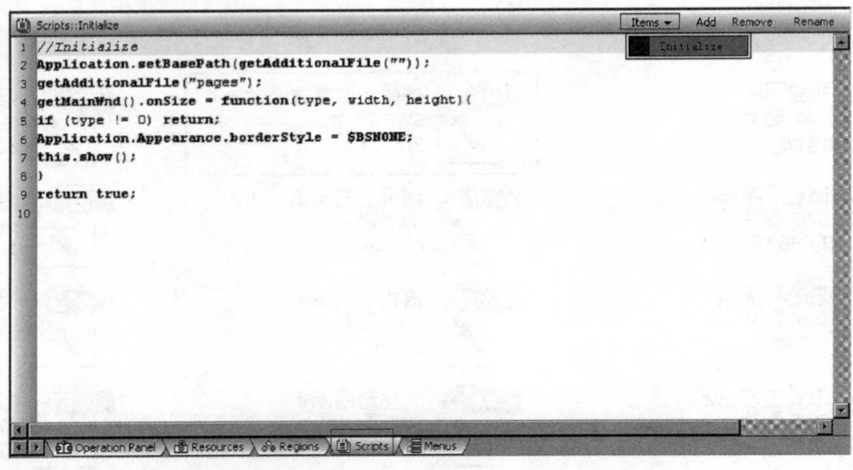

图6—1—12　输入脚本语言

● 6.1.4　创建EXE格式应用程序

上述全部设置好后，单击菜单栏中的保存按钮，再单击发布按钮图标。在成功发布后，swfkit软件会在其Messages信息框内显示“Done”如图6-1-13所示。生成在打包文件夹中的AUTORUN文件，可以刻录在多媒体课件应用光盘里，电脑光驱就会自动打开运行。

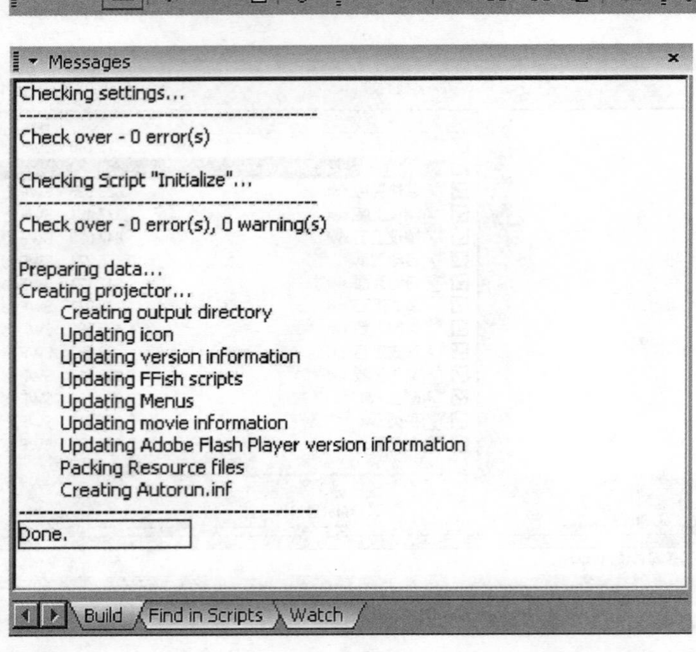

图6—1—13　打包发布的多媒体课件应用软件

6.2 多媒体课件推广及应用

多媒体课件开发完成后，就可以辅助课堂教学使用，也可以通过网络平台发布。如果觉得所开发的多媒体课件作品是比较优秀的，参加多媒体竞赛能够提升作品的应用价值。因为国家对高校的网络课程建设十分重视，而其核心应用就是多媒体课件，所以国内有众多的大小不同的多媒体课件制作竞赛。同时，参加比赛可以拓宽视野，提高制作水平。

● 6.2.1 课堂教学使用

多媒体课件开发完成，再用打包软件创建成EXE格式应用文件，既可以刻录成光盘，也可以放置到移动存储设备里，然后通过计算机平台运行，这是课堂教学使用多媒体课件最普遍的方式。在高速发展的信息化社会里，多媒体课件无疑是教育领域不可缺少的教学手段。

● 6.2.2 网络平台发布

只要是自主开发的多媒体课件，没有版权的问题，就可以发布到相关网站上，并以付费或免费方式下载。现在的网络化远程教育教学中，多媒体课件已经成为最有效的实用形式。

● 6.2.3 参加多媒体竞赛

首先是原创开发，并且是精心设计制作的多媒体课件作品，完全可以通过参加多媒体竞赛，进一步提升作品的应用价值。目前，国内较有影响的全国性多媒体大赛主要有：教育部教育管理信息中心每年主办的全国多媒体课件大赛；中国建设教育协会主办的建筑类多媒体课件大赛；中央电化教育馆主办的全国多媒体教育软件大奖赛；以及中国动画学会等多个单位联合主办的中国学院奖大赛等。

6.3 本章小结

本章具体解说了多媒体课件打包软件Swfkit 3.4的应用设置，同时还指出了如何更好提升多媒体课件的应用价值。应该说优秀的多媒体课件作品，都是开发者精心制作而成的，如果能在满足教学使用时还能够获得社会认可和推广，那应该是一件让人高兴的事。

图书在版编目（CIP）数据

FLASH多媒体课件开发实例教程 / 吴锐，何源编著.
北京：中国建筑工业出版社，2009
(多媒体课件开发实例教程系列丛书)
ISBN 978-7-112-11368-2

Ⅰ.F… Ⅱ.①吴…②何… Ⅲ.多媒体-计算机辅助教学-软件工具，FLASH-教材 Ⅳ.G434

中国版本图书馆CIP数据核字（2009）第170317号

多媒体课件开发实例教程系列丛书
FLASH多媒体课件开发实例教程
吴锐 何源 编著

*

中国建筑工业出版社出版、发行（北京西郊百万庄）
各地新华书店、建筑书店经销
北京方舟正佳图文设计有限公司制版
北京云浩印刷有限责任公司印刷

*

开本：787×1092毫米 1/16 印张：16 字数：400千字
2009年11月第一版 2009年11月第一次印刷
定价：56.00元(含光盘)
ISBN 978-7-112-11368-2
(18576)